しっかり学ぶ 線形代数

田澤義彦 = 著

東京電機大学出版局

はじめに

　本書は理工系大学初年次生のための線形代数の教科書である．高校の数学と専門科目で必要とされる数学の橋渡しを念頭に置いて編集した．

　通常理工系の大学で教えられる線形代数の初歩，つまりベクトル，行列，行列式，連立1次方程式，線形写像，固有値などの標準的な内容に加えて，情報系の数学で必要とされる有限体上の線形代数や，固有値の回路理論への応用にも簡単に触れてある．

　証明については，紙数の許す限り，アイデアを簡単に説明する部分と厳密な記述を併記してある．初めて学ぶ場合は後者を飛ばし，あとであらためて読み返すことを勧める．

　本書は数式処理ソフトウェアの併記を念頭に置いて書かれた講義用テキストを，コンピュータ関連部分をウェブ上に移して再編したものである．講義用テキストの校正に関して白川健氏，堀口正之氏に，有益なコメントに関して根本幾氏，榊原進氏，新津靖氏に，本書の出版に関して植村八潮氏，吉田拓歩氏に感謝の意を表したい．

2007年3月

田澤　義彦

ウェブ上の資料について

　筆者は，2001年に開設された東京電機大学情報環境学部において，数式処理ソフトウエア Mathematica を全面的に取り入れた数学の授業を行っている．「はじめに」で述べた講義用テキストはそのための教材であり，当初はキャンパス内でネット配信したが，学生諸君の勉学の都合を考慮して印刷媒体にし，ほぼ毎年改訂してきた．

　今回その講義用テキストの中のコンピュータ関連部分を分離したのは，印刷媒体と電子ファイルのいわば「息の長さ」の違いのためである．電子ファイルに付加したい項目やバージョンアップに伴う変更は，ウェブ配信のほうが機敏に対応でき，さらに筆者が現在試行中の Video-On-Demand システムとの関連にも生かすことができる．このように多様化しつつある講義資料の中での印刷媒体の位置づけを明確にしたい，という意思のもとに本書を編集した．

　本書に関連した電子ファイルは，次のサイトからダウンロードできる．例題と問題の大部分についての Mathematica による解法のノートブックと，本書に含まれる図版の資料を載せてある．また，固有値の視覚化や振動現象など，いくつかのアニメーションファイルも含まれる．これらのアニメーションは，読書がパラメータ，たとえば振動の錘の質量やバネ係数を変更して自分のアニメーションにできる，いわばバーチャルな実験装置である．

　このサイトには，ミスプリントの訂正なども含め，関連したファイルを随時追加する予定である．

東京電機大学出版局ウェブページ　　http://www.tdupress.jp/
[メインメニュー] → [ダウンロード] → [しっかり学ぶ 線形代数]

目次

第1章　基本事項の確認　1
- 1.1　ベクトル 1
- 1.2　行列 9
- 1.3　行列の積 12
- 1.4　連立1次方程式 20
- 1.5　基本変形 23
- 　　　章末問題 29

第2章　ベクトル　31
- 2.1　空間のベクトル 31
- 2.2　数ベクトル 38
- 2.3　抽象的ベクトル空間 47
- 　　　章末問題 51

第3章　行列　53
- 3.1　行列の一般的な表現 53
- 3.2　正則行列 56
- 3.3　行列の分割 58
- 　　　章末問題 60

第4章　行列式　61
- 4.1　置換 61
- 4.2　行列式 66
- 4.3　行列式の性質 72

- 4.4 外積と行列式 80
  - 章末問題 83

第5章　行列式の展開　84
- 5.1 余因子と展開 84
- 5.2 逆行列 92
  - 章末問題 101

第6章　連立1次方程式　102
- 6.1 予備的考察 102
- 6.2 クラーメルの公式 107
  - 章末問題 111

第7章　基本変形　112
- 7.1 基本行列と基本変形 112
- 7.2 行列の階数 116
- 7.3 掃き出し法 121
  - 章末問題 129

第8章　線形写像　130
- 8.1 線形写像 130
- 8.2 基本的な線形変換 136
- 8.3 線形変換の合成・逆変換・直交変換 141
- 8.4 部分ベクトル空間・核・像 145
  - 章末問題 155

第9章　群・環・体　157
- 9.1 群・環・体 157
- 9.2 有限群 $\mathbb{Z}_n$ 161
- 9.3 有限体 $\mathbb{Z}_p$ 167
- 9.4 有限体上の行列の演算 172
  - 章末問題 178

第 10 章 固有値　179

10.1　固有値・固有ベクトルの定義 179
10.2　固有値・固有ベクトルの求め方 185
10.3　固有値の重複度 191
10.4　実対称行列の対角化 195
　　　章末問題 204

第 11 章 固有値の応用　205

11.1　2 次形式の標準化 205
11.2　2 次曲線の分類 212
11.3　2 次曲面の分類 221
11.4　連立微分方程式と連成振動 224
　　　章末問題 232

第 12 章 電気回路　233

12.1　電流 233
12.2　回路の微分方程式 242

問題の解答　247

章末問題の解答　257

参考文献　267

索引　268

第1章

基本事項の確認

　この章では，高等学校の数学 B で学んだベクトルと数学 C で学んだ行列についての基本事項を確認する．

　図形の性質はベクトルを用いて調べることができる．ベクトルの成分表示を一般化すると，行列が得られる．行列を用いると連立 1 次方程式が簡潔に表現され，逆行列や行列の基本変形を用いることにより連立 1 次方程式を簡単に解くことができる．

キーワード　　ベクトル，ベクトルの和と実数倍，ベクトルの成分，内積，位置ベクトル，直線・円・球面のベクトル方程式，行列，行列の和と実数倍，行列の積，逆行列，連立 1 次方程式，行列の基本変形，掃き出し法．

1.1　ベクトル

〔1〕ベクトル

　平面または空間において，二つの点 A, B を結ぶ線分に向きをつけたものを**有向線分**という．有向線分は図 1-1 のように矢印をつけた線分で表される．有向線分について，位置を問題にせず向きと長さだけに着目して分類したものを**ベクトル** (vector) という．有向線分 AB の表すベクトルを $\overrightarrow{AB}$ と書く．図 1-1 では，$\overrightarrow{AB}$ と $\overrightarrow{CD}$ は同じベクトルを表している．

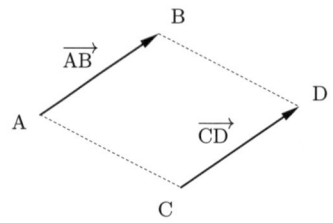

図 1-1　ベクトル：向きのついた線分

　ベクトルを一つの文字で表すときには，文字の上に矢印をつけて $\vec{a}$ のように書くか，ボールド体 (太字) で **a** のように書く．有向線分 AB の長さをベクトル $\overrightarrow{AB}$ の**長さ**または**大きさ**といい，$|\overrightarrow{AB}|$ で表す．長さ 1 のベクトルを**単位ベクトル**という．$\overrightarrow{AA}$ のようにベクトルの始点と終点が一致しているとき，**零ベクトル**といい，$\vec{0}$ で表す．零ベクトルの長さは 0 であるが，方向は考えない．

〔2〕ベクトルの和と実数倍

　二つのベクトル $\vec{a}$, $\vec{b}$ に対して，3 点 A, B, C を，$\vec{a} = \overrightarrow{AB}$, $\vec{b} = \overrightarrow{BC}$ となるようにとるとき，$\overrightarrow{AC}$ を $\vec{a}$ と $\vec{b}$ の**和**と定め，$\vec{a} + \vec{b}$ と表す (図 1-2)．

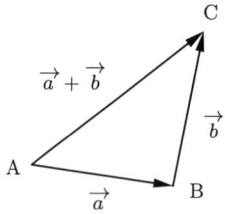

図 1-2　ベクトルの和

　ベクトル $\vec{a} \neq \vec{0}$ と実数 m に対し，$\vec{a}$ の **m 倍** $m\vec{a}$ を，$m > 0$ ならば $\vec{a}$ と同じ向きで長さが m 倍のベクトル，$m < 0$ ならば $\vec{a}$ と逆の向きで長さが $|m|$ 倍のベクトル，$m = 0$ ならば $\vec{0}$ と定める (図 1-3)．また，$\vec{a} = \vec{0}$ のときには，$m\vec{0} = \vec{0}$ と定める．

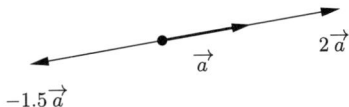

図 1-3　ベクトルの実数倍

[3] ベクトルの成分

Oを原点とする座標平面において，x 軸の正の方向に向かう単位ベクトルを $\vec{e_1}$ で表し，y 軸の正の方向に向かう単位ベクトルを $\vec{e_2}$ で表し，$\vec{e_1}$, $\vec{e_2}$ を**基本ベクトル**という．ベクトル $\vec{a}$ に対し $\overrightarrow{OP} = \vec{a}$ となるように点 P をとり，P の座標を (a_1, a_2) とすれば，$\vec{a}$ は

$$\vec{a} = a_1 \vec{e_1} + a_2 \vec{e_2}$$

と表される．a_1, a_2 をそれぞれ $\vec{a}$ の x 成分，y 成分という．このとき $\vec{a}$ を $\vec{a} = (a_1, a_2)$ のように表現する．この表記法をベクトルの**成分表示**という（図 1-4）．

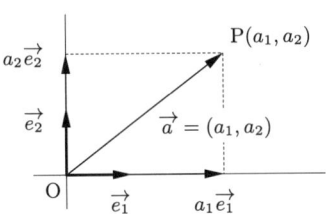

図 1-4　平面のベクトルの成分表示

空間のベクトルに対しても同様に成分表示が考えられる．x 軸，y 軸，z 軸方向の基本ベクトルを $\vec{e_1}$, $\vec{e_2}$, $\vec{e_3}$ とし，ベクトル $\vec{a}$ が $\vec{a} = a_1 \vec{e_1} + a_2 \vec{e_2} + a_3 \vec{e_3}$ と表されているとき，$\vec{a}$ の成分表示は $\vec{a} = (a_1, a_2, a_3)$ となる（図 1-5）．

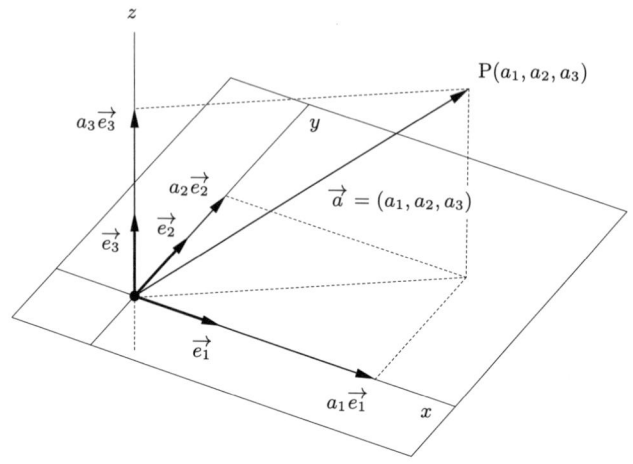

図 1-5 空間のベクトルの成分表示

ベクトルが成分で表されているときには，ベクトルの和と実数倍，およびベクトルの長さは次のようになる．

平面の場合： $(a_1, a_2) + (b_1, b_2) = (a_1 + b_1, a_2 + b_2)$

$m(a_1, a_2) = (ma_1, ma_2)$

$|(a_1, a_2)| = \sqrt{(a_1)^2 + (a_2)^2}$

空間の場合： $(a_1, a_2, a_3) + (b_1, b_2, b_3) = (a_1 + b_1, a_2 + b_2, a_3 + b_3)$

$m(a_1, a_2, a_3) = (ma_1, ma_2, ma_3)$

$|(a_1, a_2, a_3)| = \sqrt{(a_1)^2 + (a_2)^2 + (a_3)^2}$

〔4〕ベクトルの内積

$\vec{0}$ でない二つのベクトル $\vec{a}$, $\vec{b}$ に対し，3 点 O, A, B を $\vec{a} = \overrightarrow{\mathrm{OA}}$, $\vec{b} = \overrightarrow{\mathrm{OB}}$ となるようにとるとき，角 $\theta = \angle \mathrm{AOB}$ ($0 \leqq \theta \leqq \pi$) を $\vec{a}$ と $\vec{b}$ の**なす角**という（図 1-6 左図）．このとき，$\vec{a}$ と $\vec{b}$ の**内積** $\vec{a} \cdot \vec{b}$ を

$$\vec{a} \cdot \vec{b} = |\vec{a}||\vec{b}| \cos \theta \tag{1.1}$$

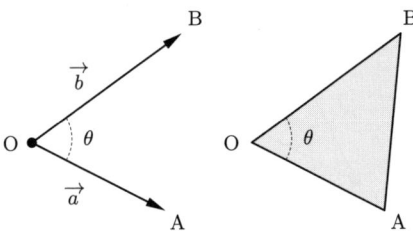

図 1-6　二つのベクトルのなす角 θ

で定める．$\vec{a},\ \vec{b}$ のうち少なくとも一方が零ベクトルのときには，$\vec{a}\cdot\vec{b}=0$ と定める．ベクトルが成分で表されているときには，余弦定理

$$|\overrightarrow{AB}|^2 = |\overrightarrow{OA}|^2 + |\overrightarrow{OB}|^2 - 2|\overrightarrow{OA}||\overrightarrow{OB}|\cos\theta$$

を用いることにより，内積は次の式で計算されることが示される．

平面の場合：　$(a_1, a_2)\cdot(b_1, b_2) = a_1 b_1 + a_2 b_2$

空間の場合：　$(a_1, a_2, a_3)\cdot(b_1, b_2, b_3) = a_1 b_1 + a_2 b_2 + a_3 b_3$

したがって，特に $|\vec{a}|^2 = \vec{a}\cdot\vec{a}$ と表されることがわかる．

[5] ベクトル方程式

点 P に対し，原点 O から P に向かうベクトル $\vec{p} = \overrightarrow{OP}$ を点 P の**位置ベクトル**という．

定点 P_0 を通り，$\vec{0}$ でないベクトル $\vec{u}$ に平行な直線を ℓ とする．P_0 の位置ベクトルを $\overrightarrow{p_0}$ とし，ℓ 上の任意の点 P の位置ベクトルを $\vec{p}$ とすれば，

$$\vec{p} = \overrightarrow{p_0} + t\vec{u} \tag{1.2}$$

を満たすような実数 t がとれる．この式で t がすべての実数値をとって変化するとき，点 P は直線 ℓ のすべての点を動く．この式を**直線のベクトル方程式**という（図 1-7）．

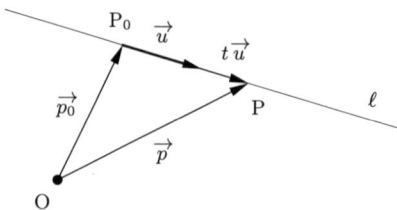

図 1-7　直線のベクトル方程式

また，定点 P_0 から P までの距離が一定の値 r である，という条件は，$|\overrightarrow{P_0P}| = r$，つまり

$$(\overrightarrow{p} - \overrightarrow{p_0}) \cdot (\overrightarrow{p} - \overrightarrow{p_0}) = r^2 \tag{1.3}$$

で表される．この式は，平面の場合には点 P_0 を中心とし半径 r の**円のベクトル方程式**となり，空間の場合には，点 P_0 を中心とし半径 r の**球面のベクトル方程式**となる．平面の場合，$P_0(a,b)$，$P(x,y)$ とおいて書き直せば，円の方程式は

$$(x-a)^2 + (y-b)^2 = r^2 \tag{1.4}$$

となる．空間の場合，$P_0(a,b,c)$，$P(x,y,z)$ とおいて書き直せば，球面の方程式は

$$(x-a)^2 + (y-b)^2 + (z-c)^2 = r^2 \tag{1.5}$$

となる（図 1-8）．

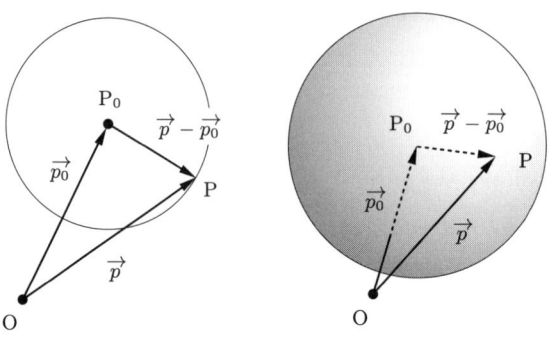

図 1-8　円と球面のベクトル方程式

例題 1.1

(1) $\vec{a} = (1, 2, -1)$, $\vec{b} = (2, -1, 1)$ とするとき，$3\vec{a} - 2\vec{b}$, $\vec{a} \cdot \vec{b}$, $\vec{a}$ と $\vec{b}$ のなす角 θ のコサインの値を求めよ．

(2) 2 点 $(1, 0, 2)$, $(-1, 2, 1)$ を通る直線のベクトル方程式を求めよ．

(3) 原点を中心とし半径 1 の球面を，緯度にあたるパラメータ u と経度にあたるパラメータ v を用いてパラメータ表示せよ．

(4) $x^2 + y^2 + z^2 - 2x + 6y + 6 = 0$ の表す球面の中心と半径を求めよ．

解答

(1) $3\vec{a} - 2\vec{b} = (-1, 8, -5)$, $\vec{a} \cdot \vec{b} = -1$, $\cos\theta = -1/6$

(2) $\vec{p} = t(-2, 2, -1) + (1, 0, 2)$

(3) 図 1-9 のように，xz 平面上の緯度 u の点を Q，z 軸を軸として Q を角度 v だけ回転した点（経度 v の点）を P とする．P, Q を xy 平面に垂直に正射影した点（P, Q から xy 平面に下ろした垂線の足）をそれぞれ P′, Q′ とする．

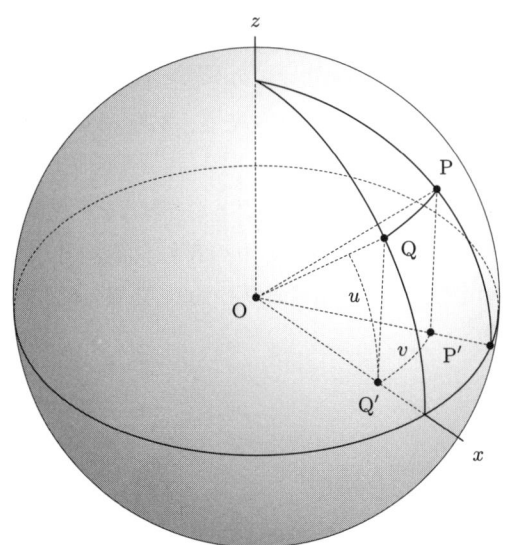

図 1-9　緯度 u，経度 v

Q の xz 平面での座標は $(\cos u, \sin u)$, Q' の xy 平面での座標は $(\cos u, 0)$ である. Q' を xy 平面上で v だけ回転した点が P' だから, P' の xy 平面での座標は $(\cos u \cos v, \cos u \sin v)$ であり, P の座標は $(\cos u \cos v, \cos u \sin v, \sin u)$ である. したがって, 求めるパラメータ表示は次の形となる.

$$f(u,v) = (\cos u \cos v, \cos u \sin v, \sin u), \quad -\frac{\pi}{2} \leqq u \leqq \frac{\pi}{2}, \quad 0 \leqq v \leqq 2\pi$$

(4) $(x-1)^2 + (y+3)^2 + z^2 = 2^2$ だから, 中心 $(1, -3, 0)$, 半径 2 の球面である. (3) のパラメータ表示に 2 をかけて半径を 2 倍にし, 定ベクトル $(1, -3, 0)$ を加えて平行移動すればよいから, パラメータ表示は次の形になる.

$$f(u,v) = 2(\cos u \cos v, \cos u \sin v, \sin u) + (1, -3, 0),$$
$$-\frac{\pi}{2} \leqq u \leqq \frac{\pi}{2}, \quad 0 \leqq v \leqq 2\pi$$

$\boxed{\text{問題 1.1}}$

(1) $\vec{a} = (2,3)$, $\vec{b} = (-1,1)$ とするとき, $2\vec{a} + 3\vec{b}$, $\vec{a} \cdot \vec{b}$, $\vec{a}$ と $\vec{b}$ のなす角 θ のコサインの値を求めよ.

(2) $(-1,2)$, $(2,3)$ を通る直線のベクトル方程式を求めよ.

(3) $x^2 + y^2 + 4x + 2y + 1 = 0$ の表す円の中心と半径を求めよ.

(4) $\vec{a} = (1,2,3)$, $\vec{b} = (2,-1,1)$ とするとき, $3\vec{a} + 5\vec{b}$, $\vec{a} \cdot \vec{b}$, $\vec{a}$ と $\vec{b}$ のなす角 θ のコサインを求めよ.

(5) $(-1,1,2)$, $(0,2,3)$ を通る直線のベクトル方程式を求めよ.

(6) $x^2 + y^2 + z^2 - 2x + 6y + 4z + 10 = 0$ の表す球面の中心と半径を求めよ.

(7) (5) の直線の上の点と (6) の球面の上の点の距離の最小値を求めよ.

1.2 行列

[1] 行列

たとえば

$$A = \begin{pmatrix} 1 & 2 & 3 & -1 \\ 2 & 1 & 4 & 0 \\ 5 & 3 & 8 & 3 \end{pmatrix}, \quad B = \begin{pmatrix} a & b \\ c & d \end{pmatrix} \tag{1.6}$$

のように，数字または文字が縦横に長方形状に並んだものを**行列** (matrix) といい，記号では上の A, B のように大文字のアルファベットで表す．

行列を構成する数字や文字を**成分**または**要素**という．横の並びを**行** (row)，縦の並びを**列** (column) という．上の A は三つの行と四つの列からなるので，3 行 4 列の行列または簡単に 3×4 行列という．B は 2×2 行列である．二つの行列 A, B がともに $m \times n$ 行列であるとき，A と B は**同じ型**であるという．また，たとえば式 (1.6) で 4 は A の 2 行目かつ 3 列目にあるので，A の (2,3) 成分であるという．行列と対比させていうとき，数字や文字を**スカラー**という．

行の数と列の数が同じ数 n のとき，n 次**正方行列**という．たとえば

$$\begin{pmatrix} 1 & 2 & 3 \\ 2 & 1 & 4 \\ 5 & 3 & 8 \end{pmatrix}$$

は 3 次の正方行列である．特に，

$$\begin{pmatrix} -1 & 0 & 0 \\ 0 & 1 & 0 \\ 0 & 0 & 8 \end{pmatrix}$$

のように，左上から右下に向かう対角線以外の成分が 0 となっている正方行列を**対角行列**といい，対角線上の成分を**対角成分**という．対角成分がすべて 1 であるような対角行列を**単位行列**といい，E で表す．たとえば

$$E = \begin{pmatrix} 1 & 0 & 0 \\ 0 & 1 & 0 \\ 0 & 0 & 1 \end{pmatrix}$$

は3次の単位行列である．成分がすべて0である行列を**零行列**といい，Oで表す．たとえば

$$O = \begin{pmatrix} 0 & 0 & 0 \\ 0 & 0 & 0 \end{pmatrix}$$

は2×3零行列である．

[2] 行列の線形演算

同じ型の行列同士は**和**をとることができる．たとえば

$$\begin{pmatrix} 1 & 2 & 3 \\ 4 & 5 & 6 \end{pmatrix} + \begin{pmatrix} 2 & -1 & 5 \\ -3 & 0 & 1 \end{pmatrix} = \begin{pmatrix} 3 & 1 & 8 \\ 1 & 5 & 7 \end{pmatrix}$$

のように，同じ位置にある成分をそれぞれ加え合わせればよい．行列の**スカラー倍**は，たとえば

$$3 \begin{pmatrix} 1 & 2 \\ 3 & 4 \end{pmatrix} = \begin{pmatrix} 3 & 6 \\ 9 & 12 \end{pmatrix}$$

のように，そのスカラーをすべての成分にかければよい．同じ型の行列の差 $A - B$ は，同じ位置にある成分ごとに差をとることによって得られる．Bを(-1)倍してAに加え，$A + (-1)B$としても同じことである．行列の和とスカラー倍を合わせて，行列の**線形演算**という．

例題 1.2 行列 $\begin{pmatrix} 1 & 2 \\ 3 & 4 \end{pmatrix} - 5 \begin{pmatrix} 2 & 1 \\ -1 & 3 \end{pmatrix}$ を計算せよ．

解答 与式 $= \begin{pmatrix} 1 & 2 \\ 3 & 4 \end{pmatrix} - \begin{pmatrix} 10 & 5 \\ -5 & 15 \end{pmatrix}$

$= \begin{pmatrix} 1-10 & 2-5 \\ 3-(-5) & 4-15 \end{pmatrix} = \begin{pmatrix} -9 & -3 \\ 8 & -11 \end{pmatrix}$

問題 1.2　次の計算をせよ．

(1) $2\begin{pmatrix} 2 \\ 3 \end{pmatrix} + 3\begin{pmatrix} 4 \\ -1 \end{pmatrix}$

(2) $-3\begin{pmatrix} 1 & 2 & -1 \end{pmatrix} + \begin{pmatrix} -3 & 0 & 5 \end{pmatrix}$

(3) $\begin{pmatrix} 2 & -1 \\ 1 & 3 \end{pmatrix} + \begin{pmatrix} 0 & 5 \\ 4 & 1 \end{pmatrix}$

(4) $5\begin{pmatrix} 1 & 0 \\ -2 & -3 \end{pmatrix} - 2\begin{pmatrix} 4 & -1 \\ 2 & 7 \end{pmatrix}$

(5) $3\begin{pmatrix} a & 2 \\ 1 & b \\ c & 0 \end{pmatrix} - \begin{pmatrix} 0 & c \\ b & 1 \\ -1 & a \end{pmatrix}$

(6) $2\begin{pmatrix} 1 & 0 & 2 \\ 0 & -2 & 0 \\ 3 & 0 & 1 \end{pmatrix} - \begin{pmatrix} 2 & -1 & 1 \\ 2 & -2 & 3 \\ -1 & -3 & 1 \end{pmatrix}$

簡単に確かめられるように，行列の線形演算について次の関係が成り立つ．

❖ 定理 1.1 ❖

A, B, C, O が同じ型ならば

(1) $A + B = B + A$
(2) $(A + B) + C = A + (B + C)$
(3) $A + (-A) = O$
(4) $A + O = A$
(5) $k(A + B) = kA + kB$
(6) $(k + l)A = kA + lA$
(7) $k(lA) = (kl)A$

定理 1.1 は，A, B, C が行列の場合でも，線形演算に関しては通常の文字式の場合と同様に計算してよいこと，また零行列 O は数字の 0 に対応することを示す．

問題 1.3　A, B が 2×2 行列である場合に，成分表示を用いた計算で定理 1.1 の (1), (3), (5), (7) を確かめよ．

例題 1.3 $A = \begin{pmatrix} 1 & 1 & 0 \\ 0 & 1 & 1 \end{pmatrix}$, $B = \begin{pmatrix} 0 & 1 & 3 \\ 1 & 0 & 2 \end{pmatrix}$, $C = \begin{pmatrix} 1 & 3 & -1 \\ 2 & 3 & 4 \end{pmatrix}$ のとき，$(2A + 3B - C) + 5(-2A + 2B + C)$ を計算せよ．

解答

$$(2A + 3B - C) + 5(-2A + 2B + C) = -8A + 13B + 4C$$

$$= \begin{pmatrix} -8 & -8 & 0 \\ 0 & -8 & -8 \end{pmatrix} + \begin{pmatrix} 0 & 13 & 39 \\ 13 & 0 & 26 \end{pmatrix} + \begin{pmatrix} 4 & 12 & -4 \\ 8 & 12 & 16 \end{pmatrix}$$

$$= \begin{pmatrix} -4 & 17 & 35 \\ 21 & 4 & 34 \end{pmatrix}$$

問題 1.4 上の A, B, C に対し，$2(A - B + C) - 3(A + 2B - 3C)$ を求めよ．

1.3 行列の積

〔1〕行列の積

行列の和やスカラー倍に比べて，行列の積はやや面倒である．例として $A = \begin{pmatrix} 1 & 2 & 3 \\ 4 & 5 & 6 \end{pmatrix}$, $B = \begin{pmatrix} 1 & 0 & 2 \\ 0 & 2 & 0 \\ 3 & 0 & 1 \end{pmatrix}$ の積を考えよう．

まず，A の第 1 行 $\begin{pmatrix} 1 & 2 & 3 \end{pmatrix}$ と B の第 1 列 $\begin{pmatrix} 1 \\ 0 \\ 3 \end{pmatrix}$ に着目し，最初の数同士をかけて 1×1 とし，2 番目の数同士をかけて 2×0 とし，3 番目の数同士をかけて 3×3 とし，それらを加えた $1 \times 1 + 2 \times 0 + 3 \times 3 = 10$ を新しい行列の $(1,1)$ 成分にする．

$$\begin{pmatrix} \boxed{1 \ 2 \ 3} \\ 4 \ 5 \ 6 \end{pmatrix} \begin{pmatrix} \boxed{1} & 0 & 2 \\ \boxed{0} & 2 & 0 \\ \boxed{3} & 0 & 1 \end{pmatrix} = \begin{pmatrix} 1 \times 1 + 2 \times 0 + 3 \times 3 & \\ & \end{pmatrix}$$

$$= \begin{pmatrix} 10 & \\ & \end{pmatrix}$$

次に，A の第 1 行 $\begin{pmatrix} 1 & 2 & 3 \end{pmatrix}$ と B の第 2 列 $\begin{pmatrix} 0 \\ 2 \\ 0 \end{pmatrix}$ に着目し，最初の数同士をかけて 1×0 とし，2 番目の数同士をかけて 2×2 とし，3 番目の数同士をかけて 3×0 とし，それらを加えた $1 \times 0 + 2 \times 2 + 3 \times 0 = 4$ を新しい行列の $(1, 2)$ 成分にする．

$$\begin{pmatrix} 1 & 2 & 3 \\ 4 & 5 & 6 \end{pmatrix} \begin{pmatrix} 1 & 0 & 2 \\ 0 & 2 & 0 \\ 3 & 0 & 1 \end{pmatrix} = \begin{pmatrix} 10 & 1 \times 0 + 2 \times 2 + 3 \times 0 & \end{pmatrix}$$
$$= \begin{pmatrix} 10 & 4 & \end{pmatrix}$$

同様にして，A の第 1 行と B の第 3 列の数同士をかけて加え，得られた 5 を新しい行列の $(1, 3)$ 成分にする．

このように A の第 1 行と B のすべての列とのかけ算が終わったら，今度は A の第 2 行 $\begin{pmatrix} 4 & 5 & 6 \end{pmatrix}$ と B の第 1 列 $\begin{pmatrix} 1 \\ 0 \\ 3 \end{pmatrix}$ に着目して，対応する数同士をかけた $4 \times 1 + 5 \times 0 + 6 \times 3 = 22$ を新しい行列の $(2, 1)$ 成分とする．

$$\begin{pmatrix} 1 & 2 & 3 \\ 4 & 5 & 6 \end{pmatrix} \begin{pmatrix} 1 & 0 & 2 \\ 0 & 2 & 0 \\ 3 & 0 & 1 \end{pmatrix} = \begin{pmatrix} 10 & & 4 & 5 \\ 4 \times 1 + 5 \times 0 + 6 \times 3 & & \end{pmatrix}$$
$$= \begin{pmatrix} 10 & 4 & 5 \\ 22 & & \end{pmatrix}$$

これを繰り返して，最後に

$$\begin{pmatrix} 1 & 2 & 3 \\ 4 & 5 & 6 \end{pmatrix} \begin{pmatrix} 1 & 0 & 2 \\ 0 & 2 & 0 \\ 3 & 0 & 1 \end{pmatrix} = \begin{pmatrix} 10 & 4 & 5 \\ 22 & 10 & 14 \end{pmatrix}$$

となる．このように，A の列の数と B の行の数が等しい場合に，A と B の積を作ることができる．

例題 1.4 行列の積を計算せよ．

(1) $\begin{pmatrix} 2 & 3 \\ -1 & 1 \end{pmatrix} \begin{pmatrix} 4 & 1 \\ 1 & 2 \end{pmatrix}$ (2) $\begin{pmatrix} 1 & 3 & 0 \\ 2 & 0 & 1 \\ 0 & -1 & 2 \end{pmatrix} \begin{pmatrix} 1 & 2 & 3 \\ 2 & 3 & 1 \\ 3 & 1 & 2 \end{pmatrix}$

(3) $\begin{pmatrix} 1 & 2 & 3 \\ 4 & 5 & 6 \end{pmatrix} \begin{pmatrix} 1 \\ 0 \\ -1 \end{pmatrix}$ (4) $\begin{pmatrix} 1 \\ 2 \\ 3 \end{pmatrix} \begin{pmatrix} 4 & 5 & 6 \end{pmatrix}$

(5) $\begin{pmatrix} 1 & 2 \\ 3 & -1 \end{pmatrix} \begin{pmatrix} a & b \\ b & c \end{pmatrix}$

解答

(1) $\begin{pmatrix} 2\times 4 + 3\times 1 & 2\times 1 + 3\times 2 \\ -1\times 4 + 1\times 1 & -1\times 1 + 1\times 2 \end{pmatrix} = \begin{pmatrix} 11 & 8 \\ -3 & 1 \end{pmatrix}$

(2) $\begin{pmatrix} 1\times 1+3\times 2+0\times 3 & 1\times 2+3\times 3+0\times 1 & 1\times 3+3\times 1+0\times 2 \\ 2\times 1+0\times 2+1\times 3 & 2\times 2+0\times 3+1\times 1 & 2\times 3+0\times 1+1\times 2 \\ 0\times 1-1\times 2+2\times 3 & 0\times 2-1\times 3+2\times 1 & 0\times 3-1\times 1+2\times 2 \end{pmatrix}$

$= \begin{pmatrix} 7 & 11 & 6 \\ 5 & 5 & 8 \\ 4 & -1 & 3 \end{pmatrix}$

(3) $\begin{pmatrix} 1\times 1+2\times 0+3\times(-1) \\ 4\times 1+5\times 0+6\times(-1) \end{pmatrix} = \begin{pmatrix} -2 \\ -2 \end{pmatrix}$

(4) $\begin{pmatrix} 1\times 4 & 1\times 5 & 1\times 6 \\ 2\times 4 & 2\times 5 & 2\times 6 \\ 3\times 4 & 3\times 5 & 3\times 6 \end{pmatrix} = \begin{pmatrix} 4 & 5 & 6 \\ 8 & 10 & 12 \\ 12 & 15 & 18 \end{pmatrix}$

(5) $\begin{pmatrix} 1\times a+2\times b & 1\times b+2\times c \\ 3\times a-1\times b & 3\times b-1\times c \end{pmatrix} = \begin{pmatrix} a+2b & b+2c \\ 3a-b & 3b-c \end{pmatrix}$

行列の積の計算は四則演算の繰り返しであるが，計算量が多いので計算間違いを生じやすい．実用上では，行列の計算をコンピュータで処理する．本書に登場する例題や問題は計算の法則を理解するためのものであり，成分を整数にするなど計算が複雑にならないようにしてある．この種の計算に慣れるためには，ゆっくりていねいに，面倒臭がらずに計算することが大切である．

問題 1.5 行列の積を計算せよ．

(1) $\begin{pmatrix} 1 & 3 \\ 2 & 1 \end{pmatrix} \begin{pmatrix} -1 & 1 \\ 2 & 0 \end{pmatrix}$ (2) $\begin{pmatrix} -1 & 1 & 0 \\ 1 & 0 & -1 \\ 0 & -1 & 1 \end{pmatrix} \begin{pmatrix} 1 & 1 & 3 \\ 2 & 1 & -3 \\ 3 & -1 & 2 \end{pmatrix}$

(3) $\begin{pmatrix} 3 & 2 & -1 \end{pmatrix} \begin{pmatrix} 2 \\ 4 \\ 6 \end{pmatrix}$ (4) $\begin{pmatrix} 5 \\ -1 \\ 2 \end{pmatrix} \begin{pmatrix} 1 & 1 & 0 \end{pmatrix}$

(5) $\begin{pmatrix} a & 2 \\ 3 & b \end{pmatrix} \begin{pmatrix} 0 & c \\ d & 1 \end{pmatrix}$

例題 1.5

(1) $A = \begin{pmatrix} 1 & 0 \\ 0 & -1 \end{pmatrix}$, $B = \begin{pmatrix} 1 & 2 \\ 3 & 4 \end{pmatrix}$ とするとき，$AB \neq BA$ を示せ．

(2) $A = \begin{pmatrix} 1 & 2 & 3 \\ 4 & 5 & 6 \end{pmatrix}$, $E_2 = \begin{pmatrix} 1 & 0 \\ 0 & 1 \end{pmatrix}$, $E_3 = \begin{pmatrix} 1 & 0 & 0 \\ 0 & 1 & 0 \\ 0 & 0 & 1 \end{pmatrix}$ とするとき，

$E_2 A = AE_3 = A$ となることを示せ．

(3) $A = \begin{pmatrix} 1 & 2 \\ 0 & 1 \end{pmatrix}$, $B = \begin{pmatrix} 0 & 3 \\ 3 & -1 \end{pmatrix}$, $C = \begin{pmatrix} 3 & 0 \\ 0 & 5 \end{pmatrix}$ とするとき，$(A+B)C = AC + BC$ となることを示せ．

解答

(1) $AB = \begin{pmatrix} 1 & 0 \\ 0 & -1 \end{pmatrix} \begin{pmatrix} 1 & 2 \\ 3 & 4 \end{pmatrix} = \begin{pmatrix} 1 & 2 \\ -3 & -4 \end{pmatrix}$

$BA = \begin{pmatrix} 1 & 2 \\ 3 & 4 \end{pmatrix} \begin{pmatrix} 1 & 0 \\ 0 & -1 \end{pmatrix} = \begin{pmatrix} 1 & -2 \\ 3 & -4 \end{pmatrix}$

$\therefore\ AB \neq BA$

(2) $E_2 A = \begin{pmatrix} 1 & 0 \\ 0 & 1 \end{pmatrix} \begin{pmatrix} 1 & 2 & 3 \\ 4 & 5 & 6 \end{pmatrix}$

$= \begin{pmatrix} 1\times 1+0\times 4 & 1\times 2+0\times 5 & 1\times 3+0\times 6 \\ 0\times 1+1\times 4 & 0\times 2+1\times 5 & 0\times 3+1\times 6 \end{pmatrix}$

$= \begin{pmatrix} 1 & 2 & 3 \\ 4 & 5 & 6 \end{pmatrix} = A$

$$AE_3 = \begin{pmatrix} 1 & 2 & 3 \\ 4 & 5 & 6 \end{pmatrix} \begin{pmatrix} 1 & 0 & 0 \\ 0 & 1 & 0 \\ 0 & 0 & 1 \end{pmatrix}$$

$$= \begin{pmatrix} 1\times1+2\times0+3\times0 & 1\times0+2\times1+3\times0 & 1\times0+2\times0+3\times1 \\ 4\times1+5\times0+6\times0 & 4\times0+5\times1+6\times0 & 4\times0+5\times0+6\times1 \end{pmatrix}$$

$$= \begin{pmatrix} 1 & 2 & 3 \\ 4 & 5 & 6 \end{pmatrix} = A$$

(3) $(A+B)C = \left(\begin{pmatrix} 1 & 2 \\ 0 & 1 \end{pmatrix} + \begin{pmatrix} 0 & 3 \\ 3 & -1 \end{pmatrix} \right) \begin{pmatrix} 3 & 0 \\ 0 & 5 \end{pmatrix}$

$$= \begin{pmatrix} 1 & 5 \\ 3 & 0 \end{pmatrix} \begin{pmatrix} 3 & 0 \\ 0 & 5 \end{pmatrix} = \begin{pmatrix} 3 & 25 \\ 9 & 0 \end{pmatrix}$$

$$AC + BC = \begin{pmatrix} 1 & 2 \\ 0 & 1 \end{pmatrix} \begin{pmatrix} 3 & 0 \\ 0 & 5 \end{pmatrix} + \begin{pmatrix} 0 & 3 \\ 3 & -1 \end{pmatrix} \begin{pmatrix} 3 & 0 \\ 0 & 5 \end{pmatrix}$$

$$= \begin{pmatrix} 3 & 10 \\ 0 & 5 \end{pmatrix} + \begin{pmatrix} 0 & 15 \\ 9 & -5 \end{pmatrix} = \begin{pmatrix} 3 & 25 \\ 9 & 0 \end{pmatrix}$$

$\therefore (A+B)C = AB + AC$

例題 1.5 (1) は，行列の積においては通常の数字の積とは異なり，$AB \neq BA$ となりうることを示す．このことを行列の積の**非可換性**といい，特に $AB = BA$ となっているとき A と B は**可換**であるという．

問題 1.6

(1) $A = \begin{pmatrix} 1 & 2 \\ 3 & 6 \end{pmatrix}$, $B = \begin{pmatrix} 6 & -2 \\ -3 & 1 \end{pmatrix}$ とするとき，$AB = O$ となることを示せ．

(2) $m \times n$ 行列の零行列を O_{mn} で表し，$A = \begin{pmatrix} 1 & 2 & 3 \\ 4 & 5 & 6 \end{pmatrix}$ とするとき，$O_{12}A = O_{13}$，$AO_{32} = O_{22}$ となることを示せ．

(3) 例題 1.5 (3) の A, B, C に対し，$A(B+C) = AB + AC$ を示せ．

問題 1.6 (1) は，行列の積においては通常の数字の積とは異なり，$A \neq O$ かつ $B \neq O$ であっても $AB = O$ となりうることを示す．このような A, B を**零因子**という．

例題 1.5 と問題 1.6 に出てきた行列の積の性質は,より一般的に成り立つので,定理の形にまとめておこう.通常のかけ算と類似の性質を定理 1.2 に,通常のかけ算とは異なる性質を定理 1.3 に記す.いずれも,登場する行列は互いに積や和が計算できる型である場合を想定している.

> ♣ **定理 1.2** ♣
>
> (1) $(AB)C = A(BC)$ (結合法則)
> (2) $(A+B)C = AC + BC$ (分配法則)
> (3) $C(A+B) = CA + CB$ (分配法則)
> (4) $AO = OA = O$ (零行列の性質)
> (5) $AE = EA = A$ (単位行列の性質)

(4),(5) は,行列の積においては,零行列と単位行列が通常のかけ算の 0 と 1 に対応することを示している.

> ♣ **定理 1.3** ♣
>
> (1) $AB = BA$ とは限らない(非可換性)
> (2) $A \neq O$, $B \neq O$ であっても $AB = O$ となりうる(零因子)

行列の線形演算と積をまとめると,非可換性と零因子の存在に注意すれば,あとは通常の式と同じように計算してよいということである.

〔2〕逆行列

正方行列 A に対して

$$AB = BA = E$$

となる行列 B が存在するとき,B を A の**逆行列**といい,A^{-1} で表す.逆行列は,通常の数のかけ算でいえば,$a \neq 0$ の逆数 a^{-1} に対応する.

A が 2 次の正方行列の場合には,以下のように比較的簡単に逆行列を求めるこ

とができる．$A = \begin{pmatrix} a & b \\ c & d \end{pmatrix}$ に対して，行列 $B = \begin{pmatrix} p & q \\ r & s \end{pmatrix}$ があって，$AB = E$ となっているとする．つまり

$$\begin{pmatrix} a & b \\ c & d \end{pmatrix} \begin{pmatrix} p & q \\ r & s \end{pmatrix} = \begin{pmatrix} ap+br & aq+bs \\ cp+dr & cq+ds \end{pmatrix} = \begin{pmatrix} 1 & 0 \\ 0 & 1 \end{pmatrix}$$

となり，各成分ごとに表せば以下のようになる．

$$\begin{cases} ap + br = 1 & (1) \\ cp + dr = 0 & (2) \end{cases}$$
$$\begin{cases} aq + bs = 0 & (3) \\ cq + ds = 1 & (4) \end{cases}$$

$(1) \times d - (2) \times b$ によって (1)，(2) から r を消去した式を作り，$(1) \times c - (2) \times a$ によって (1)，(2) から p を消去した式を作れば

$$\begin{cases} (ad-bc)p = d & (5) \\ (ad-bc)r = -c & (6) \end{cases}$$

同様に，(3)，(4) から s を消去した式と，(3)，(4) から q を消去した式を作れば

$$\begin{cases} (ad-bc)q = -b & (7) \\ (ad-bc)s = a & (8) \end{cases}$$

ここで，簡単のため $\Delta = ad - bc$ とおく．$\Delta \neq 0$ のときには (5)，(6)，(7)，(8) より

$$p = \frac{d}{\Delta}, \quad q = -\frac{b}{\Delta}, \quad r = -\frac{c}{\Delta}, \quad s = \frac{a}{\Delta}$$

となり，

$$B = \frac{1}{\Delta} \begin{pmatrix} d & -b \\ -c & a \end{pmatrix}$$

が得られる．この B は作り方から $AB = E$ を満たすのだが，行列の積を計算することにより，$BA = E$ であることも容易に確かめられる．したがって B は A の逆行列である．

$\Delta = 0$ のときには (7) と (8) より $a = b = 0$ で，これを (1) に代入すると $0 = 1$ となり，矛盾が起こる．つまり $AB = E$ を満たすような行列 B は存在せず，A は逆行列をもたない．

以上をまとめると，次の定理となる．

> **❖ 定理 1.4 ❖**
>
> 2次の正方行列 $A = \begin{pmatrix} a & b \\ c & d \end{pmatrix}$ が逆行列をもつための必要十分条件は $\Delta = ad - bc \neq 0$ であり，このとき
>
> $$A^{-1} = \frac{1}{\Delta} \begin{pmatrix} d & -b \\ -c & a \end{pmatrix} \tag{1.7}$$

例題 1.6 次の行列は逆行列をもつか．もつ場合には逆行列を求めよ．

(1) $A = \begin{pmatrix} 1 & 2 \\ 3 & 4 \end{pmatrix}$ (2) $B = \begin{pmatrix} 1 & 2 \\ 2 & 4 \end{pmatrix}$

解答

(1) $\Delta = 1 \times 4 - 2 \times 3 = -2 \neq 0$ だから逆行列をもち

$$A^{-1} = -\frac{1}{2} \begin{pmatrix} 4 & -2 \\ -3 & 1 \end{pmatrix}$$

(2) $\Delta = 1 \times 4 - 2 \times 2 = 0$ だから逆行列をもたない．

問題 1.7 次の行列が逆行列をもてばそれを求めよ．

(1) $A = \begin{pmatrix} 1 & 2 \\ 3 & 5 \end{pmatrix}$ (2) $B = \begin{pmatrix} 1 & 2 \\ 3 & 6 \end{pmatrix}$

(3) $C = \begin{pmatrix} 3 & 2 \\ -2 & 1 \end{pmatrix}$ (4) $D = \begin{pmatrix} 1 & 0 \\ -1 & 6 \end{pmatrix}$

問題 1.8 行列 $A = \begin{pmatrix} a & a+1 \\ a-1 & a+2 \end{pmatrix}$ が逆行列をもたないような定数 a の値を求めよ．

1.4 連立1次方程式

〔1〕連立1次方程式

未知数の1次式よりなる連立方程式を**連立1次方程式**という．たとえば

$$\begin{cases} ax + by = p \\ cx + dy = q \end{cases} \tag{1.8}$$

は x, y を未知数とする2元（つまり，未知数が2個の）連立1次方程式であり，

$$\begin{cases} a_1 x + b_1 y + c_1 z = p \\ a_2 x + b_2 y + c_2 z = q \\ a_3 x + b_3 y + c_3 z = r \end{cases} \tag{1.9}$$

は x, y, z を未知数とする3元連立1次方程式である．連立1次方程式は行列を用いて表現できる．たとえば式 (1.8) については

$$A = \begin{pmatrix} a & b \\ c & d \end{pmatrix}, \quad X = \begin{pmatrix} x \\ y \end{pmatrix}, \quad P = \begin{pmatrix} p \\ q \end{pmatrix} \tag{1.10}$$

とおけば

$$AX = P \tag{1.11}$$

と簡潔に表現される．実際，式 (1.10) を式 (1.11) に代入すると

$$\begin{pmatrix} a & b \\ c & d \end{pmatrix} \begin{pmatrix} x \\ y \end{pmatrix} = \begin{pmatrix} p \\ q \end{pmatrix}$$

左辺は行列としての積であり，積を実行すると

$$\begin{pmatrix} ax + by \\ cx + dy \end{pmatrix} = \begin{pmatrix} p \\ q \end{pmatrix}$$

両辺は 2×1 行列として等しいから，対応する成分が等しく

$$\begin{cases} ax + by = p \\ cx + dy = q \end{cases}$$

となり，式 (1.8) に一致する．同様に，式 (1.9) についても

$$A = \begin{pmatrix} a_1 & b_1 & c_1 \\ a_2 & b_2 & c_2 \\ a_3 & b_3 & c_3 \end{pmatrix}, \quad X = \begin{pmatrix} x \\ y \\ z \end{pmatrix}, \quad P = \begin{pmatrix} p \\ q \\ r \end{pmatrix}$$

とおけば

$$AX = P$$

と表現され，見かけ上は式 (1.11) に一致する．連立 1 次方程式を式 (1.11) の形に表したとき，A を**係数行列**といい，A と P を合併した行列，つまり式 (1.10) でいえば

$$\begin{pmatrix} a & b & p \\ c & d & q \end{pmatrix}$$

を**拡大係数行列**という．

問題 1.9 次の連立 1 次方程式を行列で表せ．

(1) $\begin{cases} x + y = 2 \\ 2x - y = 3 \end{cases}$ (2) $\begin{cases} 5x - 2y = 4 \\ -2x + y = 8 \end{cases}$

(3) $\begin{cases} x - y + 2z = 2 \\ 3x + 2y - z = 5 \\ -x + 3y + z = -2 \end{cases}$ (4) $\begin{cases} x - y - 1 = 0 \\ y - z - 2 = 0 \\ z - x - 3 = 0 \end{cases}$

〔2〕 逆行列による解法

具体例を用いて，連立 1 次方程式の解き方を考えてみよう．

$$\begin{cases} x + 2y = 4 \\ x + 3y = 5 \end{cases} \tag{1.12}$$

については

$$A = \begin{pmatrix} 1 & 2 \\ 1 & 3 \end{pmatrix}, \quad X = \begin{pmatrix} x \\ y \end{pmatrix}, \quad P = \begin{pmatrix} 4 \\ 5 \end{pmatrix}$$

とおけば

$$AX = P \quad \text{つまり} \quad \begin{pmatrix} 1 & 2 \\ 1 & 3 \end{pmatrix} \begin{pmatrix} x \\ y \end{pmatrix} = \begin{pmatrix} 4 \\ 5 \end{pmatrix} \tag{1.13}$$

となる．A は $\Delta = 1 \times 3 - 2 \times 1 = 1 \neq 0$ だから逆行列をもち

$$A^{-1} = \begin{pmatrix} 3 & -2 \\ -1 & 1 \end{pmatrix} \tag{1.14}$$

A^{-1} を $AX = P$ の両辺に左からかけると，左辺は $A^{-1}(AX) = (A^{-1}A)X = EX = X$ となることに注意して

$$X = A^{-1}P \text{ つまり } \begin{pmatrix} x \\ y \end{pmatrix} = \begin{pmatrix} 3 & -2 \\ -1 & 1 \end{pmatrix} \begin{pmatrix} 4 \\ 5 \end{pmatrix} = \begin{pmatrix} 2 \\ 1 \end{pmatrix} \tag{1.15}$$

したがって

$$\begin{pmatrix} x \\ y \end{pmatrix} = \begin{pmatrix} 2 \\ 1 \end{pmatrix} \text{ つまり } x = 2, \ y = 1$$

が解となる．つまり，連立1次方程式を $AX = P$ の形で表したとき，係数行列 A が逆行列をもてば $X = A^{-1}P$ が解となる．このことは未知数が3個以上の場合でも一般に成り立つ．

> ❖ 定理 1.5 ❖
>
> 連立1次方程式 $AX = P$ において，係数行列 A が逆行列をもてば $X = A^{-1}P$ が解となる．

係数行列が逆行列をもたない場合については，第7章で扱う．

例題 1.7 逆行列を用いて連立1次方程式 $\begin{cases} x + 2y = 8 \\ -3x + 5y = 9 \end{cases}$ を解け．

解答 $A = \begin{pmatrix} 1 & 2 \\ -3 & 5 \end{pmatrix}$ は逆行列 $A = \dfrac{1}{11}\begin{pmatrix} 5 & -2 \\ 3 & 1 \end{pmatrix}$ をもつから

$$\begin{pmatrix} x \\ y \end{pmatrix} = \frac{1}{11}\begin{pmatrix} 5 & -2 \\ 3 & 1 \end{pmatrix}\begin{pmatrix} 8 \\ 9 \end{pmatrix} = \begin{pmatrix} 2 \\ 3 \end{pmatrix}$$

したがって解は $x = 2, \ y = 3$.

問題 1.10 逆行列を用いて次の連立1次方程式を解け．

(1) $\begin{cases} 3x + 2y = 4 \\ 7x + 5y = 9 \end{cases}$ (2) $\begin{cases} 9x - 5y = 0 \\ 7x - 3y = -4 \end{cases}$

1.5　基本変形

〔1〕未知数の消去

一般に，連立方程式は未知数を次々に消去して，一つの未知数についての方程式を導くことができれば，解を求めることができる．未知数を消去するという操作の中で，係数および定数項がどのように変化するか，つまり拡大係数行列がどう変化するのかを具体例で見てみよう．

連立 1 次方程式

$$\begin{cases} x+2y+3z=6 & (1) \\ x+3y+2z=4 & (2) \\ 2x+3y+z=8 & (3) \end{cases} \tag{1.16}$$

を考える．以下において，この連立方程式から未知数を消去していくのだが，そのとき消去して得られた式だけでなく，三つの式を連立させたまま変形する．つまり，連立方程式をセットで変形するのである．

左側に未知数を消去する操作を記し，右側にそれに対応する拡大係数行列を示す．式の変形が行列の変形にどう対応するかを対比させてみよう．

$$\begin{cases} x+2y+3z=6 & (1) \\ x+3y+2z=4 & (2) \\ 2x+3y+z=8 & (3) \end{cases} \qquad \begin{pmatrix} 1 & 2 & 3 & 6 \\ 1 & 3 & 2 & 4 \\ 2 & 3 & 1 & 8 \end{pmatrix}$$

$(2)-(1)$, $(3)-2\times(1)$ により (2), (3) から x を消去する

第 2 行 − 第 1 行
第 3 行 − 2× 第 1 行

$$\begin{cases} x+2y+3z=6 & (4) \\ y-z=-2 & (5) \\ -y-5z=-4 & (6) \end{cases} \longrightarrow \begin{pmatrix} 1 & 2 & 3 & 6 \\ 0 & 1 & -1 & -2 \\ 0 & -1 & -5 & -4 \end{pmatrix}$$

$(4)-2\times(5)$, $(6)+(5)$ により (4), (6) から y を消去する

第 1 行 − 2× 第 2 行
第 3 行 + 第 2 行

$$\begin{cases} x+5z=10 & (7) \\ y-z=-2 & (8) \\ -6z=-6 & (9) \end{cases} \longrightarrow \begin{pmatrix} 1 & 0 & 5 & 10 \\ 0 & 1 & -1 & -2 \\ 0 & 0 & -6 & -6 \end{pmatrix}$$

(9) の両辺を (-6) で割る　　　　　第 3 行 $\div (-6)$

$$\begin{cases} x & +5z = & 10 & (10) \\ & y - z = & -2 & (11) \\ & z = & 1 & (12) \end{cases} \longrightarrow \begin{pmatrix} 1 & 0 & 5 & 10 \\ 0 & 1 & -1 & -2 \\ 0 & 0 & 1 & 1 \end{pmatrix}$$

$(10) - 5 \times (12)$, $(11) + (12)$ により (10),　　第 1 行 $-5 \times$ 第 3 行
(11) から z を消去する　　　　　　　　　　　　第 2 行 $+$ 第 3 行

$$\begin{cases} x & = & 5 & (13) \\ & y & = -1 & (14) \\ & & z = 1 & (15) \end{cases} \longrightarrow \begin{pmatrix} 1 & 0 & 0 & \boxed{5} \\ 0 & 1 & 0 & \boxed{-1} \\ 0 & 0 & 1 & \boxed{1} \end{pmatrix}$$

左段最後の (13),(14),(15) が解であるが,これは右段の最後の行列の第 4 列に現れている.

〔2〕基本変形

上の例において左段の方程式の変形は

(a) 方程式の両辺に 0 でない定数をかける
(b) 方程式の両辺に定数をかけて他の方程式に加える

の組み合わせである.また,この例では現れていないが,必要ならば

(c) 二つの方程式の順番を入れ替える

という操作を含め,これら (a), (b), (c) を繰り返して,最後の解の形 (13), (14), (15) に導く.同じことを右段の拡大係数行列の変形で見れば

(a′) ある行に 0 でない定数をかける
(b′) ある行に定数をかけて他の行に加える
(c′) 二つの行を入れ替える

という操作を繰り返し,行列の左側が単位行列になる形

$$\longrightarrow \left(\begin{array}{ccc|c} 1 & 0 & 0 & a \\ 0 & 1 & 0 & b \\ 0 & 0 & 1 & c \end{array} \right)$$

に導く．このとき最後の列に現れる成分が解となる．行列に (a′)，(b′)，(c′) の操作を施すことを行列の**基本変形**という．行列 A に何回かの基本変形を施して行列 B になるとき

$$A \longrightarrow B$$

のように表す．

方程式の変形は拡大係数行列の変形に対応しているから，方程式の変化を見る代わりに拡大係数行列の変化を見れば十分である．つまり連立 1 次方程式 (1.16) は拡大係数行列の基本変形

$$\begin{pmatrix} 1 & 2 & 3 & 6 \\ 1 & 3 & 2 & 4 \\ 2 & 3 & 1 & 8 \end{pmatrix} \longrightarrow \begin{pmatrix} 1 & 2 & 3 & 6 \\ 0 & 1 & -1 & -2 \\ 0 & -1 & -5 & -4 \end{pmatrix} \longrightarrow \begin{pmatrix} 1 & 0 & 5 & 10 \\ 0 & 1 & -1 & -2 \\ 0 & 0 & -6 & -6 \end{pmatrix}$$

$$\longrightarrow \begin{pmatrix} 1 & 0 & 5 & 10 \\ 0 & 1 & -1 & -2 \\ 0 & 0 & 1 & 1 \end{pmatrix} \longrightarrow \left(\begin{array}{ccc|c} \overset{\text{単位行列}}{1} & 0 & 0 & \overset{\text{解}}{5} \\ 0 & 1 & 0 & -1 \\ 0 & 0 & 1 & 1 \end{array} \right)$$

によって，$x = 5$, $y = -1$, $z = 1$ と解くことができる．この解法を**消去法**または**掃き出し法**という．まとめると

行列の基本変形

(a) ある行に 0 でない定数をかける

(b) ある行に定数をかけて他の行に加える

(c) 二つの行を入れ替える

行列 A に何回かの基本変形を施して B になるとき，$A \longrightarrow B$ と表す．

♣ 定理 1.6 ♣　（消去法，掃き出し法）

連立 1 次方程式

$$\begin{cases} a_1 x + b_1 y + c_1 z = p \\ a_2 x + b_2 y + c_2 z = q \\ a_3 x + b_3 y + c_3 z = r \end{cases}$$

の拡大係数行列が

$$\begin{pmatrix} a_1 & b_1 & c_1 & p \\ a_2 & b_2 & c_2 & q \\ a_3 & b_3 & c_3 & r \end{pmatrix} \longrightarrow \begin{pmatrix} 1 & 0 & 0 & \alpha \\ 0 & 1 & 0 & \beta \\ 0 & 0 & 1 & \gamma \end{pmatrix}$$

のように基本変形されるならば，解は $x=\alpha,\ y=\beta,\ z=\gamma$ となる．これは，未知数の数が3でなくても一般に成り立つ．

定理 1.6 の厳密な証明と，拡大係数行列が定理に述べた形に基本変形できない場合の扱いについては，第7章以降を参照せよ．

例題 1.8 基本変形を用いて次の連立1次方程式を解け．

(1) $\begin{cases} x - y + 2z = 5 \\ 2x + y + z = 7 \\ x + 5y - z = 8 \end{cases}$ (2) $\begin{cases} 3x + y + z = 8 \\ 2x + 3y - z = -1 \\ x - y + 3z = 8 \end{cases}$

解答 拡大係数行列に基本変形を施すとき，無駄がないように規則的に変形する必要がある．通常は第1列，第2列，… の順に揃えていく．

(1) 拡大係数行列は

$$\begin{pmatrix} 1 & -1 & 2 & 5 \\ 2 & 1 & 1 & 7 \\ 1 & 5 & -1 & 8 \end{pmatrix} \tag{1.17}$$

であるが，まず第1列の $\begin{pmatrix} 1 \\ 2 \\ 1 \end{pmatrix}$ を $\begin{pmatrix} 1 \\ 0 \\ 0 \end{pmatrix}$ に変形したい．そのために，第2行に第1行の (-2) 倍を加え，第3行に第1行の (-1) 倍を加えるという基本変形を施す．つまり，第2行から第1行の2倍を引き，第3行から第1行を引く．この変形を第1列だけでなく式 (1.17) の行列全体に施すと

$$\longrightarrow \begin{pmatrix} 1 & -1 & 2 & 5 \\ 0 & 3 & -3 & -3 \\ 0 & 6 & -3 & 3 \end{pmatrix} \tag{1.18}$$

次に第 2 列の $\begin{pmatrix} -1 \\ 3 \\ 6 \end{pmatrix}$ を $\begin{pmatrix} 0 \\ 1 \\ 0 \end{pmatrix}$ の形にしたい．このとき，最初に第 2 行の 3 を 1 にし，その後で第 1 行の -1 と第 3 行の 6 を 0 にする．そのため，式 (1.18) の第 2 行に $\frac{1}{3}$ をかけるという基本変形を施す．つまり，第 2 行を 3 で割ると，式 (1.18) は次のように変形される．

$$\longrightarrow \begin{pmatrix} 1 & -1 & 2 & 5 \\ 0 & 1 & -1 & -1 \\ 0 & 6 & -3 & 3 \end{pmatrix} \tag{1.19}$$

この状態で第 1 行に第 2 行を加え，第 3 行から第 2 行の 6 倍を引くと

$$\longrightarrow \begin{pmatrix} 1 & 0 & 1 & 4 \\ 0 & 1 & -1 & -1 \\ 0 & 0 & 3 & 9 \end{pmatrix} \tag{1.20}$$

注意すべきことは，式 (1.19) の (2,1) 成分は 0 だから，第 2 行を何倍かしたり，第 2 行の何倍かを第 1 行や第 3 行に加えても，初めに揃えた式 (1.19) の第 1 列の形 $\begin{pmatrix} 1 \\ 0 \\ 0 \end{pmatrix}$ が影響を受けない，ということである．引き続き式 (1.20) の第 3 列の $\begin{pmatrix} 1 \\ -1 \\ 3 \end{pmatrix}$ を $\begin{pmatrix} 0 \\ 0 \\ 1 \end{pmatrix}$ の形に直す．このため，式 (1.20) の第 3 行を 3 で割ると

$$\longrightarrow \begin{pmatrix} 1 & 0 & 1 & 4 \\ 0 & 1 & -1 & -1 \\ 0 & 0 & 1 & 3 \end{pmatrix} \tag{1.21}$$

第 1 行から第 3 行を引き，第 2 行に第 3 行を加えると

$$\longrightarrow \begin{pmatrix} 1 & 0 & 0 & 1 \\ 0 & 1 & 0 & 2 \\ 0 & 0 & 1 & 3 \end{pmatrix} \tag{1.22}$$

この状態で左側が 3 次の単位行列になったので，第 4 列が解を表す．つまり，

$$x = 1, \ y = 2, \ z = 3$$

(2) 拡大係数行列は

$$\begin{pmatrix} 3 & 1 & 1 & 8 \\ 2 & 3 & -1 & -1 \\ 1 & -1 & 3 & 8 \end{pmatrix}$$

である．$(1,1)$ 成分を 1 にするために，第 1 行を 3 で割るのではなく，$(3,1)$ 成分の 1 を活用するため，第 1 行と第 3 行を入れ替えると

$$\longrightarrow \begin{pmatrix} 1 & -1 & 3 & 8 \\ 2 & 3 & -1 & -1 \\ 3 & 1 & 1 & 8 \end{pmatrix}$$

実は，第 1 行を 3 で割っても論理的には問題はないのだが，そうすると分数の成分がたくさん出てくるので計算しにくくなる．現実問題として，何かの現象を行列を用いて解析しようとすると，成分が全部整数であるというようなことはあまりない．また，コンピュータで処理するのであれば，整数だろうと分数だろうと，煩雑さに違いがあるわけではない．第 1 行と第 3 行を入れ替えるのは，あくまでも手計算の上での便法である．

これ以降はほぼ (1) と同じなので簡潔に記述すると

$$\begin{pmatrix} 1 & -1 & 3 & 8 \\ 2 & 3 & -1 & -1 \\ 3 & 1 & 1 & 8 \end{pmatrix} \xrightarrow[\text{第 3 行 − 第 1 行 × 3}]{\text{第 2 行 − 第 1 行 × 2}} \begin{pmatrix} 1 & -1 & 3 & 8 \\ 0 & 5 & -7 & -17 \\ 0 & 4 & -8 & -16 \end{pmatrix}$$

$$\xrightarrow[\text{替えてから第 2 行 ÷ 4}]{\text{第 2 行と第 3 行を入れ}} \begin{pmatrix} 1 & -1 & 3 & 8 \\ 0 & 1 & -2 & -4 \\ 0 & 5 & -7 & -17 \end{pmatrix} \xrightarrow[\text{第 3 行 − 第 2 行 × 5}]{\text{第 1 行 + 第 2 行}}$$

$$\begin{pmatrix} 1 & 0 & 1 & 4 \\ 0 & 1 & -2 & -4 \\ 0 & 0 & 3 & 3 \end{pmatrix} \xrightarrow{\text{第 3 行 ÷ 3}} \begin{pmatrix} 1 & 0 & 1 & 4 \\ 0 & 1 & -2 & -4 \\ 0 & 0 & 1 & 1 \end{pmatrix}$$

$$\xrightarrow[\text{第 2 行 + 第 3 行 × 2}]{\text{第 1 行 − 第 3 行}} \begin{pmatrix} 1 & 0 & 0 & 3 \\ 0 & 1 & 0 & -2 \\ 0 & 0 & 1 & 1 \end{pmatrix}$$

$\therefore\ x = 3,\ y = -2,\ z = 1$

問題 1.11　基本変形を用いて次の連立 1 次方程式を解け.

(1) $\begin{cases} x - 2y = 3 \\ 3x - 5y = -4 \end{cases}$
(2) $\begin{cases} x - 2y - 2z = 6 \\ 2x + 3y + z = -4 \\ 4x + y - 3z = 2 \end{cases}$
(3) $\begin{cases} x + 2y = 14 \\ 2y + 3z = 21 \\ 2x + z = 7 \end{cases}$

章末問題

1　次の問いに答えよ.

(A) 次の計算をせよ.

(1) $3\begin{pmatrix} a \\ 2b \end{pmatrix} - 2\begin{pmatrix} 3a+b \\ a+2b \end{pmatrix}$
(2) $-2\begin{pmatrix} x & 2y & 3z \end{pmatrix} + 5\begin{pmatrix} y & z & 2x \end{pmatrix}$

(3) $\begin{pmatrix} 1 & 2 \\ 2 & -1 \end{pmatrix} + \begin{pmatrix} -2 & 3 \\ -3 & 1 \end{pmatrix}$
(4) $7\begin{pmatrix} 1 & 0 \\ -1 & 2 \end{pmatrix} - 3\begin{pmatrix} 2 & -1 \\ 0 & 5 \end{pmatrix}$

(5) $\begin{pmatrix} 1 & 2 \\ 2 & 3 \\ 3 & 1 \end{pmatrix} - 3\begin{pmatrix} 0 & 2 \\ 2 & 1 \\ 1 & 0 \end{pmatrix}$
(6) $3\begin{pmatrix} 1 & 0 & 2 \\ 0 & 2 & 1 \\ 3 & 1 & 0 \end{pmatrix} - 2\begin{pmatrix} 2 & -1 & 1 \\ 2 & 0 & 1 \\ 0 & 2 & -1 \end{pmatrix}$

(B) $A = \begin{pmatrix} 2 & -1 \\ 1 & 0 \end{pmatrix}$, $B = \begin{pmatrix} 1 & 0 \\ 3 & 2 \end{pmatrix}$, $C = \begin{pmatrix} 0 & -1 \\ 1 & 2 \end{pmatrix}$ のとき

$$5(A - B + 2C) - 2(A + 3B - C)$$

を求めよ.

2　次の問いに答えよ.

(A) 次の計算をせよ.

(1) $\begin{pmatrix} 1 & 0 \\ 2 & 3 \end{pmatrix}\begin{pmatrix} 2 & 1 \\ 0 & -1 \end{pmatrix}$
(2) $\begin{pmatrix} 1 & 2 & 3 \\ 2 & 3 & 1 \\ 3 & 1 & 2 \end{pmatrix}\begin{pmatrix} 1 & -1 & 0 \\ 0 & 1 & -1 \\ -1 & 0 & 2 \end{pmatrix}$

(3) $\begin{pmatrix} a & b & c \end{pmatrix}\begin{pmatrix} 1 \\ 2 \\ 3 \end{pmatrix}$
(4) $\begin{pmatrix} 1 \\ 2 \\ 3 \end{pmatrix}\begin{pmatrix} a & b & c \end{pmatrix}$
(5) $\begin{pmatrix} a & b \\ c & d \end{pmatrix}\begin{pmatrix} x & y \\ y & x \end{pmatrix}$

(B) $A = \begin{pmatrix} 1 & -2 \\ 2 & -3 \end{pmatrix}, B = \begin{pmatrix} 2 & -1 \\ 4 & 3 \end{pmatrix}$ とするとき，$AA-BB$ と $(A+B)(A-B)$ を比較せよ．もし，両者が一致しないとすれば，その理由を述べよ．

3 次の問いに答えよ．

(A) 次の2次正方行列は逆行列をもつか．もつ場合には逆行列を求めよ．

(1) $\begin{pmatrix} 2 & 0 \\ 0 & 3 \end{pmatrix}$ (2) $\begin{pmatrix} 0 & 2 \\ 3 & 0 \end{pmatrix}$ (3) $\begin{pmatrix} 1 & 1 \\ 0 & 1 \end{pmatrix}$ (4) $\begin{pmatrix} 1 & 3 \\ 5 & 15 \end{pmatrix}$

(B) 行列 $\begin{pmatrix} a & 2 \\ 4 & 2a \end{pmatrix}$ が逆行列をもたないような定数 a の値を求めよ．

4 逆行列を用いて，次の連立1次方程式を解け．

(1) $\begin{cases} x+3y=1 \\ 2x+y=3 \end{cases}$ (2) $\begin{cases} 3x+5y=1 \\ 7x+2y=4 \end{cases}$

(3) $\begin{cases} x+2y-3=0 \\ 2x+3y-1=0 \end{cases}$ (4) $\begin{cases} x+y+1=0 \\ y-x=2 \end{cases}$

5 基本変形を用いて，次の連立1次方程式を解け．

(1) $\begin{cases} x+3y=1 \\ 2x+y=3 \end{cases}$ (2) $\begin{cases} 3x+5y=1 \\ 7x+2y=4 \end{cases}$ (3) $\begin{cases} x+3y-2=0 \\ 3x-7y+4=0 \end{cases}$

(4) $\begin{cases} x+y-z=3 \\ 2x+3y-z=8 \\ x+2y+z=7 \end{cases}$ (5) $\begin{cases} x+y=3 \\ y+z=2 \\ z+x=0 \end{cases}$

(6) $\begin{cases} x+y+2z+w=4 \\ 2x+3y+z-w=4 \\ x+2y-z+2w=12 \\ -x+y-z+w=5 \end{cases}$

第 2 章

ベクトル

この章では，第 1 章で確認したベクトルの概念を，さらに一般的に拡張する．まず空間のベクトルについて，外積，平面の方程式，1 次独立性，基底などを紹介する．次に，平面や空間のベクトルの成分表示を拡張して，数ベクトルを導入する．最後に，ベクトルや数ベクトルを一般化して抽象的ベクトルを導入する．これらの概念は，次章以降の行列式や線形変換の概念を用いることにより，さらに明確になる．

キーワード 外積，平面の方程式，1 次独立，1 次従属，基本ベクトル，数ベクトル，実数空間，複素数空間，抽象的ベクトル空間，内積，基底，次元．

2.1 空間のベクトル

[1] ベクトルの外積

空間においては，二つのベクトル

$$\mathbf{a} = (a_1, a_2, a_3), \quad \mathbf{b} = (b_1, b_2, b_3)$$

の外積 $\mathbf{a} \times \mathbf{b}$ が次のように定義される．

$$\mathbf{a} \times \mathbf{b} = (a_2 b_3 - a_3 b_2, \ a_3 b_1 - a_1 b_3, \ a_1 b_2 - a_2 b_1) \tag{2.1}$$

4.4節と8.4節で示すように，もし $\mathbf{a} \neq \mathbf{0}$, $\mathbf{b} \neq \mathbf{0}$ が平行でなければ，$\mathbf{a} \times \mathbf{b}$ は $\mathbf{a}$ にも $\mathbf{b}$ にも垂直で，$\mathbf{a}$, $\mathbf{b}$, $\mathbf{a} \times \mathbf{b}$ はこの順序で右手系（つまり，右手の親指・人差し指・中指の方向）をなし，$\mathbf{a} \times \mathbf{b}$ の長さは $\mathbf{a}$ と $\mathbf{b}$ との張る平行四辺形の面積に等しい（図2-1）．

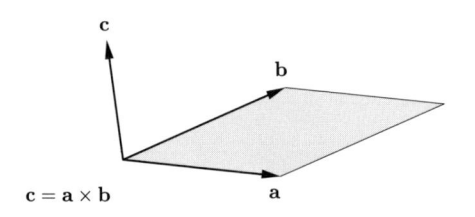

図 2-1　ベクトルの外積

外積の実際的な計算は，たとえば $(2, 1, 3) \times (-1, 4, 5)$ については，以下のように行えばよい．

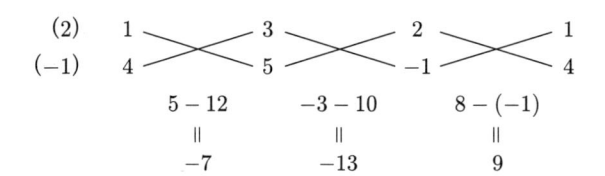

$$
\begin{array}{cccc}
(2) & 1 & 3 & 2 & 1 \\
(-1) & 4 & 5 & -1 & 4 \\
& 5-12 & -3-10 & 8-(-1) \\
& \| & \| & \| \\
& -7 & -13 & 9
\end{array}
$$

1番目のベクトルの y 成分，z 成分，x 成分，y 成分の 1, 3, 2, 1 を並べて書き，その下の行に2番目のベクトルの y 成分，z 成分，x 成分，y 成分の 4, 5, -1, 4 を並べて書く．上の行の1番目と2番目の成分 1, 3 と，下の行の1番目と2番目の成分 4, 5 とを，斜めにかけて引く（つまり，$1 \times 5 - 3 \times 4$）．同じことを，二つの行の2番目と3番目の成分について行い（つまり，$3 \times (-1) - 2 \times 5$），続いて3番目と4番目の成分について行う（つまり，$2 \times 4 - 1 \times (-1)$）．結果を括弧でまとめた $(-7, -13, 9)$ が外積のベクトルとなる．

定義から，以下の外積の性質が導かれる．

♣ 定理 2.1 ♣

ベクトルの外積は次の性質をもつ.

(1) $\mathbf{b} \times \mathbf{a} = -\mathbf{a} \times \mathbf{b}$ （交代性）
(2) $(\alpha\mathbf{a} + \beta\mathbf{b}) \times \mathbf{c} = \alpha\mathbf{a} \times \mathbf{c} + \beta\mathbf{b} \times \mathbf{c}$
    $\mathbf{a} \times (\beta\mathbf{b} + \gamma\mathbf{c}) = \beta\mathbf{a} \times \mathbf{b} + \gamma\mathbf{a} \times \mathbf{c}$ （双線形性）
(3) $(\mathbf{a} \times \mathbf{b}) \cdot \mathbf{a} = 0,\quad (\mathbf{a} \times \mathbf{b}) \cdot \mathbf{b} = 0$
(4) $\mathbf{a} = \lambda \mathbf{b}$ ならば $\mathbf{a} \times \mathbf{b} = \mathbf{0}$

いずれも外積の定義式 (2.1) を用いて証明できるが，いくつかは問題としておいた．外積の特徴は (1) の交代性，つまりかける順序を入れ替えると符号が変わることである．(2) は，通常の数あるいは文字の計算と同様に括弧を外してよいことを示す．(3), (4) は，上に述べた外積の図形的意味から自然に理解できるであろう．

例題 2.1 ベクトル $\mathbf{a} = (1, 2, -1)$, $\mathbf{b} = (3, 0, 5)$, $\mathbf{c} = (2, 1, -1)$ に対して，$(\mathbf{a} - 2\mathbf{b}) \times \mathbf{c}$ を計算をせよ．

解答 $(\mathbf{a} - 2\mathbf{b}) \times \mathbf{c} = (-5, 2, -11) \times (2, 1, -1) = (9, -27, -9)$

問題 2.1 ベクトル $\mathbf{a} = (1, 0, -1)$, $\mathbf{b} = (2, -3, 1)$, $\mathbf{c} = (0, 2, 3)$ に対して，$(3\mathbf{a} - 2\mathbf{b}) \cdot (\mathbf{b} + 4\mathbf{c})$, $(\mathbf{a} + \mathbf{b}) \times (\mathbf{b} - \mathbf{c})$ を計算をせよ．

〔2〕平面の方程式

空間の点 P を通り二つのベクトル $\mathbf{a}$ と $\mathbf{b}$ で張られる平面 V を考える（図 2-2）．点 P の位置ベクトルを $\mathbf{p}$，V 上の点 X の位置ベクトルを $\mathbf{x}$ とすると，$\overrightarrow{PX}$ は適当な実数 s, t を用いて $\overrightarrow{PX} = s\mathbf{a} + t\mathbf{b}$ の形に表され，$\overrightarrow{PX} = \mathbf{x} - \mathbf{p}$ に注意すれば $\mathbf{x} = \mathbf{p} + s\mathbf{a} + t\mathbf{b}$ と表される．s と t の値を変えると X は V 全体を動くから，平面 V は s と t をパラメータとして

$$\mathbf{x} = \mathbf{p} + s\mathbf{a} + t\mathbf{b}, \quad -\infty < s < \infty, \quad -\infty < t < \infty \tag{2.2}$$

のように表現される．式 (2.2) を**平面のベクトル方程式**という．

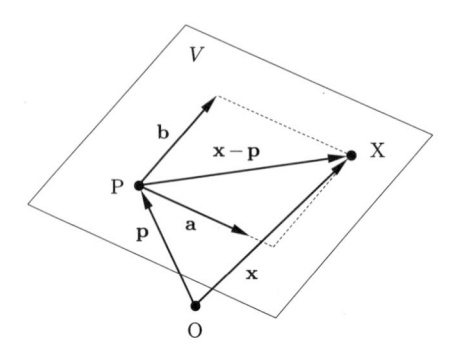

図 2-2 a, b の張る平面

例題 2.2 点 $P(0,0,1)$ を通り，$\mathbf{a} = (1,2,0)$，$\mathbf{b} = (-1,3,1)$ で張られる平面のベクトル方程式を求めよ．

解答 方程式は $\mathbf{x} = (0,0,1) + s(1,2,0) + t(-1,3,1)$．

問題 2.2 原点を通り，$\mathbf{a} = (2,1,1)$，$\mathbf{b} = (-1,3,2)$ で張られる平面のベクトル方程式を求めよ．

平面 V の通過する点 P と法線ベクトル $\mathbf{n}$ が与えられれば，平面のベクトル方程式を作ることができる．図 2-3 に示すように，平面 V 上に任意の点 X をとり，P，X の位置ベクトルをそれぞれ $\mathbf{p}$，$\mathbf{x}$ とするとき，ベクトル $\mathbf{x} - \mathbf{p}$ は始点を P にす

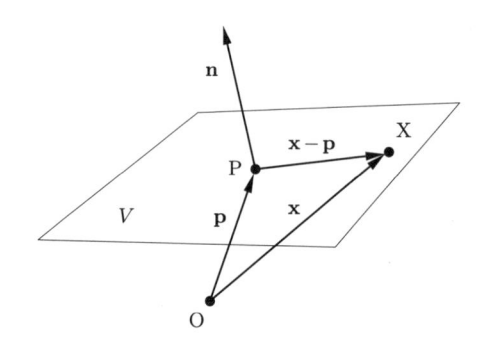

図 2-3 法線 $\mathbf{n}$ による平面の表示

ると平面 V に含まれるから，法線ベクトル $\mathbf{n}$ に垂直となる．したがって V は

$$\mathbf{n} \cdot (\mathbf{x} - \mathbf{p}) = 0 \tag{2.3}$$

と表現される．式 (2.3) も平面のベクトル方程式である．

$\mathbf{n}$, $\mathbf{p}$, $\mathbf{x}$ の成分表示を $\mathbf{n} = (a, b, c)$, $\mathbf{p} = (x_0, y_0, z_0)$, $\mathbf{x} = (x, y, z)$ とすると，式 (2.3) は次の形に表される．

$$a(x - x_0) + b(y - y_0) + c(z - z_0) = 0 \tag{2.4}$$

展開して $-ax_0 - by_0 - cz_0 = d$ とおくと

$$ax + by + cz + d = 0 \tag{2.5}$$

となり，x, y, z の 1 次式が得られる．逆に式 (2.5) が与えられていて $(a, b, c) \neq (0, 0, 0)$ であるとすると，たとえば $c \neq 0$ の場合には

$$a(x - 0) + b(y - 0) + c\left(z - \frac{-d}{c}\right) = 0$$

と表されるから，式 (2.5) は $(0, 0, -d/c)$ を通り，$\mathbf{n} = (a, b, c)$ に垂直な平面を表すことがわかる．式 (2.4) または式 (2.5) の形の 1 次式を**平面の方程式**という．

問題 2.3　平面 $2x - y + 3z + 1 = 0$ の単位法線ベクトルと通過する点（の一つ）を求めよ．

[3] 1 次独立性

二つのベクトル $\mathbf{a}$, $\mathbf{b}$ があって，$\mathbf{a}$, $\mathbf{b}$ の始点を原点 O にして $\mathbf{a} = \overrightarrow{\mathrm{OA}}$, $\mathbf{b} = \overrightarrow{\mathrm{OB}}$ としたとき，3 点 O, A, B が同一直線上になければ，この二つのベクトル $\mathbf{a}$, $\mathbf{b}$ は **1 次独立**（または**線形独立**）であるという（図 2-4）．

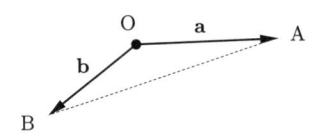

図 2-4　1 次独立なベクトル $\mathbf{a}$, $\mathbf{b}$

1次独立でないとき，**1次従属**（線形従属）であるという．特に a, b の一方または両方が **0** ベクトルならば，a, b は1次従属である（図 2-5）．

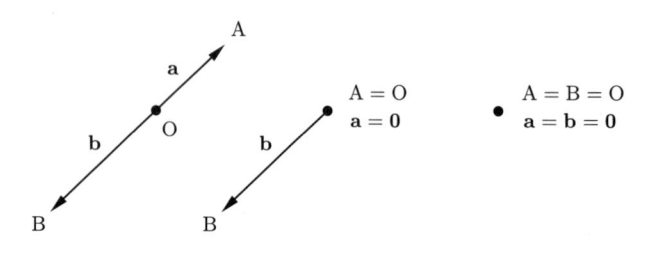

図 2-5　1次従属なベクトル a, b

二つのベクトル a, b が1次独立であるということは，$\mathbf{a} \neq \mathbf{0}$, $\mathbf{b} \neq \mathbf{0}$ であって，原点を通り a 方向の直線 ℓ と b 方向の直線 m との共通部分は原点のみである，ということである（図 2-6）．ℓ, m のベクトル方程式は $\mathbf{x} = s\mathbf{a}$, $\mathbf{x} = t\mathbf{b}$ だから，$s\mathbf{a} = t\mathbf{b}$ となるのは $s = t = 0$ のときのみである．あらためて $s = \alpha$, $t = -\beta$ とおけば

$$\alpha \mathbf{a} + \beta \mathbf{b} = \mathbf{0} \text{ となるのは } \alpha = \beta = 0 \text{ のときに限る} \tag{2.6}$$

$\mathbf{a} = \mathbf{0}$ のときには $(\alpha, \beta) = (1, 0) \neq (0, 0)$ で $\alpha \mathbf{a} + \beta \mathbf{b} = \mathbf{0}$ が成り立つことなどに注意すれば，式 (2.6) は a, b が1次独立であるための必要十分条件であることがわかる．

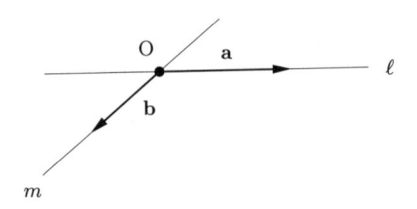

図 2-6　a, b が1次独立：ℓ と m の共通部分は原点のみ

同じようにして，三つのベクトル a, b, c についても1次独立性を定義することができる．a, b, c の始点を原点 O にして $\mathbf{a} = \overrightarrow{OA}$, $\mathbf{b} = \overrightarrow{OB}$, $\mathbf{c} = \overrightarrow{OC}$ とし

たとき，4点 O, A, B, C が同一平面上にないとき，三つのベクトル **a**, **b**, **c** は**1次独立**であるという（図 2-7）．

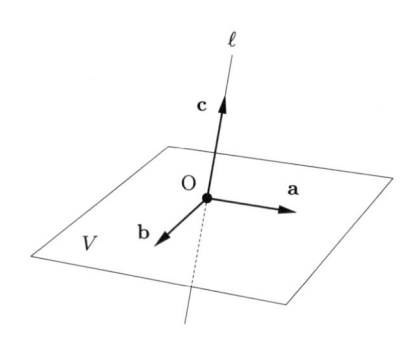

図 2-7 1次独立なベクトル **a**, **b**, **c**

a, **b**, **c** が1次独立であるということは，$\mathbf{a} \neq \mathbf{0}$, $\mathbf{b} \neq \mathbf{0}$, $\mathbf{c} \neq \mathbf{0}$ であり，原点を通り **a**, **b** で張られる平面 V と原点を通り **c** 方向の直線 ℓ との共通部分が原点のみ，ということである．したがって，二つのベクトルの場合と同じ考察から，**a**, **b**, **c** が1次独立であることは

$$\alpha \mathbf{a} + \beta \mathbf{b} + \gamma \mathbf{c} = \mathbf{0} \text{ となるのは } \alpha = \beta = \gamma = 0 \text{ のときに限る} \tag{2.7}$$

ということと同値である．

例題 2.3 次のベクトルは1次独立か．

(1) $\mathbf{a} = (1, 2, 3)$, $\mathbf{b} = (-1, 0, 2)$
(2) $\mathbf{a} = (1, 1, -1)$, $\mathbf{b} = (-1, 0, 1)$, $\mathbf{c} = (0, 2, 0)$

解答

(1) $\alpha \mathbf{a} + \beta \mathbf{b} = \mathbf{0}$ とすると，$(\alpha - \beta, 2\alpha, 3\alpha + 2\beta) = \mathbf{0}$ より，$\alpha - \beta = 0$, $2\alpha = 0$, $3\alpha + 2\beta = 0$. したがって，$\alpha = \beta = 0$ となり，**a**, **b** は1次独立である．

(2) $\alpha \mathbf{a} + \beta \mathbf{b} + \gamma \mathbf{c} = \mathbf{0}$ とすると，$(\alpha - \beta, \alpha + 2\gamma, -\alpha + \beta) = \mathbf{0}$ より，$\alpha = \beta = -2\gamma$. たとえば $(\alpha, \beta, \gamma) = (-2, -2, 1) \neq (0, 0, 0)$ はこれを満たすから，**a**, **b**, **c** は1次独立ではない．

1次独立性の効率良い判定法は，第8章（定理 8.2）で述べる．

問題 2.4 次のベクトルは1次独立か.

(1) $\mathbf{a} = (2, -1, 1)$, $\mathbf{b} = (1, -2, 2)$
(2) $\mathbf{a} = (1, 1, 0)$, $\mathbf{b} = (1, 0, 1)$, $\mathbf{c} = (0, 1, 1)$

〔4〕基本ベクトル

x 軸方向, y 軸方向, z 軸方向の単位ベクトルをそれぞれ $\mathbf{i}$, $\mathbf{j}$, $\mathbf{k}$ とする. 成分で表せば

$$\mathbf{i} = (1, 0, 0), \quad \mathbf{j} = (0, 1, 0), \quad \mathbf{k} = (0, 0, 1) \tag{2.8}$$

空間の任意のベクトル $\mathbf{a} = (a, b, c)$ は, $\mathbf{i}$, $\mathbf{j}$, $\mathbf{k}$ を用いて

$$\mathbf{a} = a\mathbf{i} + b\mathbf{j} + c\mathbf{k} \tag{2.9}$$

のように表すことができる. 式 (2.9) の右辺の形の式を, ベクトル $\mathbf{i}$, $\mathbf{j}$, $\mathbf{k}$ の**線形結合**という. 容易に確かめられるように, $\mathbf{i}$, $\mathbf{j}$, $\mathbf{k}$ は1次独立である. $\mathbf{i}$, $\mathbf{j}$, $\mathbf{k}$ を, 空間の**基本ベクトル**という.

2.2 数ベクトル

〔1〕実数空間

実数全体の集合を $\mathbb{R}$ で表す. $\mathbb{R}$ では四則演算(加減乗除)ができる. n を自然数とするとき, n 個の実数の組

$$(a_1, a_2, \cdots, a_n), \quad a_1, a_2, \cdots, a_n \in \mathbb{R} \tag{2.10}$$

を **n 次元実数ベクトル**または**数ベクトル**あるいは単に**ベクトル**という. ここでは数ベクトルを横並びの行ベクトル $(a_1, \cdots, a_n)$ として定義するが, 行列による線形写像(第8章)を考えるためには, 縦並びの列ベクトル

$$\begin{pmatrix} a_1 \\ \vdots \\ a_n \end{pmatrix}, \quad a_1, a_2, \cdots, a_n \in \mathbb{R} \tag{2.11}$$

としたほうが好都合である．行ベクトルにするのは，印刷上のスペースの都合による．n 次元実数ベクトルを単一の記号で表すときには，平面や空間のベクトルと同様にボールド体を用いて **a** のように表す．

n 次元実数ベクトル全体の集合を **n 次元実数空間**といい，$\mathbb{R}^n$ で表す．

$$\mathbb{R}^n = \left\{ \mathbf{a} = (a_1, a_2, \cdots, a_n) \,\middle|\, a_1, a_2, \cdots, a_n \in \mathbb{R} \right\} \tag{2.12}$$

$\mathbb{R}^1 = \mathbb{R}$ は数直線と同一視される．$\mathbb{R}^2$ は座標軸の設定された平面，つまり xy 平面と同一視される．同様に $\mathbb{R}^3$ は xyz 空間と同一視される．$n \geqq 4$ の場合には，$\mathbb{R}^n$ の図形的な意味は当面考えず，実数を成分とする $1 \times n$ 行列全体の集合である，と形式的に捉えておけばよい．

平面や空間のベクトルを成分表示した場合と同様に，$\mathbb{R}^n$ においても数ベクトルの**和**と**スカラー倍**（実数倍）が次のように定義される．

$$(a_1, \cdots, a_n) + (b_1, \cdots, b_n) = (a_1 + b_1, \cdots, a_n + b_n) \tag{2.13}$$

$$\lambda (a_1, \cdots, a_n) = (\lambda a_1, \cdots, \lambda a_n), \quad \lambda \in \mathbb{R} \tag{2.14}$$

式 (2.13)，式 (2.14) から容易に確かめられるように，数ベクトルの和とスカラー倍について，次の性質が成り立つ．

❖ 定理 2.2 ❖ （$\mathbb{R}^n$ での和とスカラー倍）

$\mathbf{a}, \mathbf{b}, \mathbf{c} \in \mathbb{R}^n$，$\lambda, \mu \in \mathbb{R}$ とするとき

(1) $\mathbf{a} + \mathbf{b} = \mathbf{b} + \mathbf{a}$ （対称律）

(2) $\mathbf{a} + (\mathbf{b} + \mathbf{c}) = (\mathbf{a} + \mathbf{b}) + \mathbf{c}$ （結合律）

(3) $\mathbf{0} = (0, \cdots, 0) \in \mathbb{R}^n$ とおくと，任意の **a** に対し $\mathbf{a} + \mathbf{0} = \mathbf{a}$

(4) 任意の **a** に対し，$\mathbf{a} + \mathbf{x} = \mathbf{0}$ となる $\mathbf{x} \in \mathbb{R}^n$ が存在する

(5) $\lambda (\mathbf{a} + \mathbf{b}) = \lambda \mathbf{a} + \lambda \mathbf{b}$ （分配律）

(6) $(\lambda + \mu) \mathbf{a} = \lambda \mathbf{a} + \mu \mathbf{a}$ （分配律）

(7) $\lambda (\mu \mathbf{a}) = (\lambda \mu) \mathbf{a}$

(8) $1 \mathbf{a} = \mathbf{a}$

(3) の **0** を零ベクトルという．(4) の **x** としては，**x** = (−1)**a** とすればよい．これを −**a** と表し，**a** の逆ベクトルという．数ベクトルの差は **a** − **b** = **a** + (−**b**) と定める．

定理 2.2 は平面 $\mathbb{R}^2$ や空間 $\mathbb{R}^3$ では自明であって，$\mathbb{R}^n$ においてもあらためて述べる必要はないように感じられようが，2.3 節で「抽象的ベクトル空間」，第 9 章で「群」を導入するための準備としてここで確認しておく．

n 次元実数空間 $\mathbb{R}^n$ においても，内積が次のように定義される．

$$\mathbf{a} \cdot \mathbf{b} = (a_1, \cdots, a_n) \cdot (b_1, \cdots, b_n) = a_1 b_1 + \cdots + a_n b_n \tag{2.15}$$

$\mathbb{R}^n$ での内積の性質をまとめておく．いずれも式 (2.15) から容易に導かれる．

❖ 定理 2.3 ❖ ($\mathbb{R}^n$ での内積)

$\mathbf{a}, \mathbf{b}, \mathbf{c} \in \mathbb{R}^n$, $\lambda, \mu \in \mathbb{R}$ に対し

(1) $\mathbf{a} \cdot \mathbf{b} = \mathbf{b} \cdot \mathbf{a}$ (対称性)

(2) $(\lambda \mathbf{a} + \mu \mathbf{b}) \cdot \mathbf{c} = \lambda \mathbf{a} \cdot \mathbf{c} + \mu \mathbf{b} \cdot \mathbf{c}$ (線形性)

(3) $\mathbf{a} \cdot \mathbf{a} \geqq 0$ であり，等号が成り立つのは $\mathbf{a} = \mathbf{0}$ のときに限る (正定値性)

---

(1), (2) から $\mathbf{a} \cdot (\lambda \mathbf{b} + \mu \mathbf{c}) = \lambda \mathbf{a} \cdot \mathbf{b} + \mu \mathbf{a} \cdot \mathbf{c}$ も成り立つことに注意せよ．この式と (2) を合わせて，内積の双線形性という．

内積を用いて，$\mathbb{R}^n$ においても数ベクトル **a** の長さを次の式で定義する．

$$|\mathbf{a}| = \sqrt{\mathbf{a} \cdot \mathbf{a}} \tag{2.16}$$

定理 2.3 (3) により，任意の **a** に対して $|\mathbf{a}| \geqq 0$ であり，$|\mathbf{a}| = 0$ となるのは $\mathbf{a} = \mathbf{0}$ のときだけである．

二つの数ベクトルのなす角を定義するには，次のコーシー・シュワルツの不等式が必要である (Cauchy, Schwarz はともに数学者)．

❖ 補題 2.1 ❖ (コーシー・シュワルツの不等式)

$\mathbb{R}^n$ の数ベクトル **a**, **b** に対し

$$|\mathbf{a} \cdot \mathbf{b}| \leqq |\mathbf{a}| |\mathbf{b}| \tag{2.17}$$

【証明】 $\mathbf{b}=\mathbf{0}$ のときは明らかに等号が成り立つので,$\mathbf{b}\neq\mathbf{0}$ の場合について証明する.ベクトル $\mathbf{a}-\dfrac{\mathbf{a}\cdot\mathbf{b}}{|\mathbf{b}|^2}\mathbf{b}$ の長さを考えることにより,

$$\begin{aligned}0 &\leqq \left(\mathbf{a}-\frac{\mathbf{a}\cdot\mathbf{b}}{|\mathbf{b}|^2}\mathbf{b}\right)\cdot\left(\mathbf{a}-\frac{\mathbf{a}\cdot\mathbf{b}}{|\mathbf{b}|^2}\mathbf{b}\right) \\ &= \mathbf{a}\cdot\mathbf{a}-\frac{\mathbf{a}\cdot\mathbf{b}}{|\mathbf{b}|^2}\mathbf{a}\cdot\mathbf{b}-\frac{\mathbf{a}\cdot\mathbf{b}}{|\mathbf{b}|^2}\mathbf{b}\cdot\mathbf{a}+\frac{(\mathbf{a}\cdot\mathbf{b})^2}{|\mathbf{b}|^4}\mathbf{b}\cdot\mathbf{b} \\ &= |\mathbf{a}|^2-\frac{(\mathbf{a}\cdot\mathbf{b})^2}{|\mathbf{b}|^2}-\frac{(\mathbf{a}\cdot\mathbf{b})^2}{|\mathbf{b}|^2}+\frac{(\mathbf{a}\cdot\mathbf{b})^2}{|\mathbf{b}|^2} \\ &= |\mathbf{a}|^2-\frac{(\mathbf{a}\cdot\mathbf{b})^2}{|\mathbf{b}|^2} \\ &= \frac{1}{|\mathbf{b}|^2}\left(|\mathbf{a}|^2|\mathbf{b}|^2-(\mathbf{a}\cdot\mathbf{b})^2\right)\end{aligned}$$

したがって,$\mathbf{a}\cdot\mathbf{b}$ はスカラーだから $(\mathbf{a}\cdot\mathbf{b})^2=|\mathbf{a}\cdot\mathbf{b}|^2$ であることに注意して,

$$|\mathbf{a}|^2|\mathbf{b}|^2 \geqq (\mathbf{a}\cdot\mathbf{b})^2=|\mathbf{a}\cdot\mathbf{b}|^2 \quad \therefore \quad |\mathbf{a}||\mathbf{b}|\geqq |\mathbf{a}\cdot\mathbf{b}| \qquad \blacksquare$$

$\mathbb{R}^n$ において,$\mathbf{0}$ でない二つの数ベクトル $\mathbf{a},\mathbf{b}$ の**なす角** θ を次のように定義する.

$$\cos\theta = \frac{\mathbf{a}\cdot\mathbf{b}}{|\mathbf{a}||\mathbf{b}|} \quad \text{つまり} \quad \theta=\arccos\left(\frac{\mathbf{a}\cdot\mathbf{b}}{|\mathbf{a}||\mathbf{b}|}\right) \tag{2.18}$$

補題 2.1 により,$\dfrac{\mathbf{a}\cdot\mathbf{b}}{|\mathbf{a}||\mathbf{b}|}$ の値が関数 $\arccos x$ の定義域 $-1\leqq x\leqq 1$ に入っていることに注意せよ.

$\mathbb{R}^n$ における 1 次独立性は,空間の場合の式 (2.6),式 (2.7) を念頭において次のように定義する.k 個の数ベクトル $\mathbf{a}_1,\cdots,\mathbf{a}_k\in\mathbb{R}^n$ に対して

$$\lambda_1\mathbf{a}_1+\cdots+\lambda_k\mathbf{a}_k=0 \iff \lambda_1=\cdots=\lambda_k=0 \tag{2.19}$$

が成り立っているとき,$\mathbf{a}_1,\cdots,\mathbf{a}_k$ は **1 次独立**であるといい,1 次独立でないとき **1 次従属**であるという.ただし,$A\iff B$ は,A と B が同値であることを表す.1 次独立性の判定については定理 8.2 (p.148) で詳述する.

$\mathbb{R}^n$ の数ベクトル $\mathbf{e}_1,\mathbf{e}_2,\cdots,\mathbf{e}_n$ を

$$\mathbf{e}_1=(1,0,\cdots,0),\ \mathbf{e}_2=(0,1,0,\cdots,0),\ \cdots,\ \mathbf{e}_n=(0,\cdots,0,1) \tag{2.20}$$

で定めれば，$\mathbf{e}_1, \mathbf{e}_2, \cdots, \mathbf{e}_n$ は 1 次独立であり，$\mathbb{R}^n$ の任意の数ベクトル $\mathbf{a} = (a_1, a_2, \cdots, a_n)$ は $\mathbf{e}_1, \mathbf{e}_2, \cdots, \mathbf{e}_n$ の線形結合で

$$\mathbf{a} = a_1 \mathbf{e}_1 + a_2 \mathbf{e}_2 + \cdots + a_n \mathbf{e}_n \tag{2.21}$$

のように表される．$\mathbf{e}_1, \mathbf{e}_2, \cdots, \mathbf{e}_n$ を $\mathbb{R}^n$ の**基本ベクトル**という．

式 (2.13) から式 (2.21) までの式は，1.1 節で述べた平面や空間のベクトルを成分表示して得られた式や概念が，成分の個数を増やしてそのまま $\mathbb{R}^n$ で成り立つことを示している．

例題 2.4 $\mathbb{R}^4$ において，$\mathbf{a} = (1, -2, 0, -1)$，$\mathbf{b} = (1, -1, 2, 0)$ とするとき，$3\mathbf{a} - 4\mathbf{b}$，$|\mathbf{a}|$，$|\mathbf{b}|$ および $\mathbf{a}, \mathbf{b}$ のなす角 θ を求めよ．

解答 $3\mathbf{a} - 4\mathbf{b} = (-1, -2, -8, -3)$，$|\mathbf{a}| = |\mathbf{b}| = \sqrt{6}$，$\theta = \arccos \dfrac{1}{2} = \dfrac{\pi}{3}$

問題 2.5 $\mathbb{R}^5$ において，$\mathbf{a} = (1, -1, 1, 0, -3)$，$\mathbf{b} = (2, 1, -1, 4, 0)$ とするとき，$2\mathbf{a} + 3\mathbf{b}$，$|\mathbf{a}|$，$|\mathbf{b}|$ および $\mathbf{a}, \mathbf{b}$ のなす角 θ を求めよ．

〔2〕複素平面

n 次元実数空間を n 次元複素数空間に拡張したいのだが，その準備として複素平面について説明する．

複素数全体の集合を $\mathbb{C}$ で表す．虚数単位 i ($i^2 = -1$) を用いて表現すれば

$$\mathbb{C} = \{ a + bi \mid a, b \in \mathbb{R} \}$$

複素数 $a + bi$ は xy 平面の点 (a, b) と 1 対 1 に対応する．この対応によって $\mathbb{C}$ を平面と同一視したものを**複素平面**という（図 2-8）．

複素数 $\alpha = a + bi$ に対して a を α の**実部**，b を α の**虚部**といい，それぞれ $\mathrm{Re}\,\alpha$，$\mathrm{Im}\,\alpha$ で表す．また，図 2-8 右図に示すように長さ r と角度 θ をとったとき，r を α の**絶対値**，θ を α の**偏角**といい，それぞれ $|\alpha|$，$\arg \alpha$ で表す．極座標の場合と同様に，偏角は $2n\pi$ (n は整数) の違いは無視して考える．$|\alpha| = r$，$\arg \alpha = \theta$ ならば，複素数 α は

$$\alpha = r (\cos \theta + i \sin \theta) \tag{2.22}$$

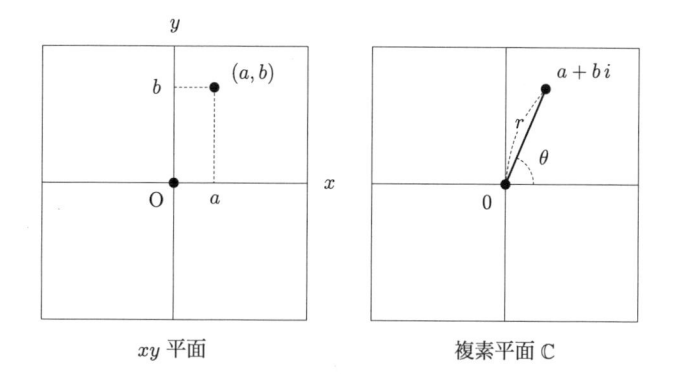

図 2-8　xy 平面と複素平面 $\mathbb{C}$

と表される．式 (2.22) の右辺を α の極形式という．

複素数の加減は，複素平面上では位置ベクトルとしての加減となる．したがって，図 2-9 左図に示すように，二つの複素数 α と β の和 $\alpha+\beta$ は，0, α, β を頂点とする平行四辺形の対角線の端点となる．

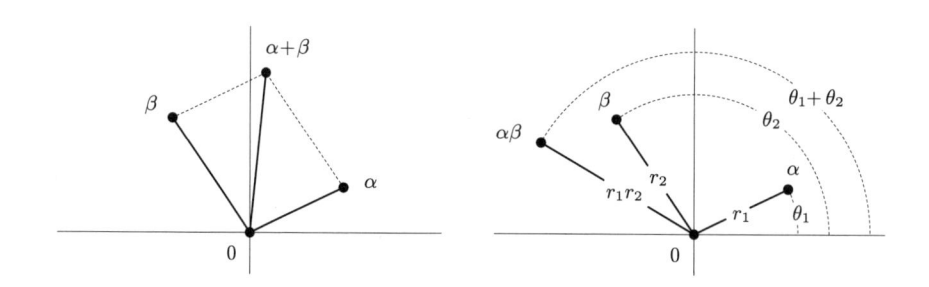

図 2-9　複素数の和と積

一方，複素数の乗除は絶対値と偏角で捉えると便利である．三角関数の加法定理により，複素数の積の絶対値と偏角に関して，次の式が成り立つ．

$$|\alpha\beta| = |\alpha||\beta|, \quad \arg(\alpha\beta) = \arg\alpha + \arg\beta \tag{2.23}$$

したがって $|\alpha|=r_1$, $\arg\alpha=\theta_1$, $|\beta|=r_2$, $\arg\beta=\theta_2$ であるとすると，図 2-9 右図に示すように，積 $\alpha\beta$ は原点からの距離が $r_1 \times r_2$ で偏角が $\theta_1+\theta_2$ の位置にある．

複素数 $\alpha = a+bi$ に対し，$a-bi$ を α の**共役な複素数**といい，$\overline{\alpha}$ で表す．α と $\overline{\alpha}$ は実数軸（横軸）に関して対称な位置にあり，したがって和 $\alpha+\overline{\alpha}$ と積 $\alpha\overline{\alpha}$ は常に実数である（図 2-10）．また，容易に確かめられるように

$$\overline{\alpha \times \beta} = \overline{\alpha} \times \overline{\beta}, \quad \overline{\alpha + \beta} = \overline{\alpha} + \overline{\beta} \tag{2.24}$$

が成り立つ．

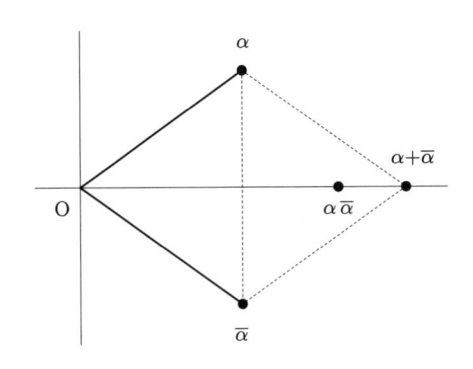

図 2-10 共役な複素数 α と $\overline{\alpha}$ の，和と積

問題 2.6 次の複素数を複素平面上に図示し，実部，虚部，絶対値，偏角，共役な複素数を求めよ．

(1) $1+i$ (2) $-5i$ (3) -2 (4) $-1+\sqrt{3}\,i$ (5) $\sqrt{12}-2i$

〔3〕複素数空間

前項で述べた n 次元実数空間を構成する $\mathbb{R}$ を $\mathbb{C}$ で置き換えれば，n 次元複素数空間が得られる．

n 個の複素数の組を n **次元複素数ベクトル**あるいは単に**数ベクトル**，**ベクトル**といい，n 次元複素数ベクトル全体の集合を n **次元複素数空間**といって $\mathbb{C}^n$ で表す．

$$\mathbb{C}^n = \left\{ \alpha = (\alpha_1, \alpha_2, \cdots, \alpha_n) \,\middle|\, \alpha_1, \alpha_2, \cdots, \alpha_n \in \mathbb{C} \right\} \tag{2.25}$$

$\mathbb{C}^1 = \mathbb{C}$ は複素平面であるが，$\mathbb{C}^2$ 以上については幾何学的イメージをいだく必要はなく，複素数を成分とする $1 \times n$ 行列全体の集合として形式的に捉えておけばよい．$\mathbb{R}^n$ と同様に，$\mathbb{C}^n$ においてもベクトルの**和**と**スカラー倍**（複素数倍）が次のように定義される．

$$(\alpha_1, \cdots, \alpha_n) + (\beta_1, \cdots, \beta_n) = (\alpha_1 + \beta_1, \cdots, \alpha_n + \beta_n) \tag{2.26}$$

$$\lambda(\alpha_1, \cdots, \alpha_n) = (\lambda\alpha_1, \cdots, \lambda\alpha_n), \ \lambda \in \mathbb{C} \tag{2.27}$$

$\mathbb{C}^n$ のベクトルの和とスカラー倍について，定理 2.2 の命題が成り立つことが容易に確かめられる．冗長であるが念のため定理の形にまとめておく．

❖ 定理 2.4 ❖　　（$\mathbb{C}^n$ での和とスカラー倍）

$\mathbf{a}, \mathbf{b}, \mathbf{c} \in \mathbb{C}^n$，$\lambda, \mu \in \mathbb{C}$ とするとき

(1) $\mathbf{a} + \mathbf{b} = \mathbf{b} + \mathbf{a}$（対称律）
(2) $\mathbf{a} + (\mathbf{b} + \mathbf{c}) = (\mathbf{a} + \mathbf{b}) + \mathbf{c}$（結合律）
(3) $\mathbf{0} = (0, \cdots, 0) \in \mathbb{C}^n$ とおくと，任意の $\mathbf{a}$ に対し $\mathbf{a} + \mathbf{0} = \mathbf{a}$
(4) 任意の $\mathbf{a}$ に対し，$\mathbf{a} + \mathbf{x} = \mathbf{0}$ となる $\mathbf{x} \in \mathbb{C}^n$ が存在する
(5) $\lambda(\mathbf{a} + \mathbf{b}) = \lambda\mathbf{a} + \lambda\mathbf{b}$（分配律）
(6) $(\lambda + \mu)\mathbf{a} = \lambda\mathbf{a} + \mu\mathbf{a}$（分配律）
(7) $\lambda(\mu\mathbf{a}) = (\lambda\mu)\mathbf{a}$
(8) $1\mathbf{a} = \mathbf{a}$

---

n 次元複素数空間 $\mathbb{C}^n$ における内積は，共役な複素数を用いて次のように定義される．

$$\mathbf{a} \cdot \mathbf{b} = (\alpha_1, \cdots, \alpha_n) \cdot (\beta_1, \cdots, \beta_n) = \alpha_1\overline{\beta_1} + \cdots + \alpha_n\overline{\beta_n} \tag{2.28}$$

式 (2.28) は $\mathbf{a}$ と $\mathbf{b}$ について対称ではないので，それに対応して $\mathbb{R}^n$ での内積の性質に関する定理 2.3 が少し変更されることに注意せよ．この区別を強調して式 (2.28) の内積を**エルミート積**とも呼ぶ．確認して定理の形にしておく．

♣ 定理 2.5 ♣ （$\mathbb{C}^n$ での内積）

$\mathbf{a}, \mathbf{b}, \mathbf{c} \in \mathbb{C}^n$, $\lambda, \mu \in \mathbb{C}$ に対し

(1) $\mathbf{a} \cdot \mathbf{b} = \overline{\mathbf{b} \cdot \mathbf{a}}$

(2) $(\lambda \mathbf{a} + \mu \mathbf{b}) \cdot \mathbf{c} = \lambda \mathbf{a} \cdot \mathbf{c} + \mu \mathbf{b} \cdot \mathbf{c}$, $\mathbf{a} \cdot (\lambda \mathbf{b} + \mu \mathbf{c}) = \overline{\lambda} \mathbf{a} \cdot \mathbf{b} + \overline{\mu} \mathbf{a} \cdot \mathbf{c}$

(3) $\mathbf{a} \cdot \mathbf{a} \geqq 0$ で，等号が成り立つのは $\mathbf{a} = \mathbf{0}$ のときに限る（正定値性）

(3) の性質から，$\mathbb{C}^n$ のベクトル $\mathbf{a}$ の**長さ**が $|\mathbf{a}| = \sqrt{\mathbf{a} \cdot \mathbf{a}}$ で定義される．

$\mathbb{C}^n$ における 1 次独立性は，$\mathbb{R}^n$ の場合の式 (2.19) と同様に，式の上から次のように定義する．k 個の数ベクトル $\mathbf{a}_1, \cdots, \mathbf{a}_k \in \mathbb{C}^n$ に対して

$$\lambda_1 \mathbf{a}_1 + \cdots + \lambda_k \mathbf{a}_k = \mathbf{0} \iff \lambda_1 = \cdots = \lambda_k = 0 \tag{2.29}$$

が成り立っているとき，$\mathbf{a}_1, \cdots, \mathbf{a}_k$ は **1 次独立**であるといい，1 次独立でないとき **1 次従属**であるという．式 (2.20) で定めた n 個の数ベクトル

$$\mathbf{e}_1 = (1, 0, \cdots, 0), \ \mathbf{e}_2 = (0, 1, 0, \cdots, 0), \ \cdots, \ \mathbf{e}_n = (0, \cdots, 0, 1) \tag{2.30}$$

は，$\mathbb{C}^n$ の数ベクトルとしても 1 次独立であり，$\mathbb{C}^n$ の任意の数ベクトル $\mathbf{a} = (\alpha_1, \alpha_2, \cdots, \alpha_n)$ は $\mathbf{e}_1, \mathbf{e}_2, \cdots, \mathbf{e}_n$ の線形結合で

$$\mathbf{a} = \alpha_1 \mathbf{e}_1 + \alpha_2 \mathbf{e}_2 + \cdots + \alpha_n \mathbf{e}_n \tag{2.31}$$

のように表される．この意味で $\mathbf{e}_1, \mathbf{e}_2, \cdots, \mathbf{e}_n$ は $\mathbb{C}^n$ の基本ベクトルでもある．

以上を簡単にまとめると，内積に関する部分にだけ注意すれば，$\mathbb{R}^n$ での議論は $\mathbb{R}$ を $\mathbb{C}$ に置き換えることによって $\mathbb{C}^n$ においても成り立つ．

例題 2.5 $\mathbb{C}^4$ において，$\mathbf{a} = (1+i, -2i, 3, 5-i)$, $\mathbf{b} = (i, -2+i, 2i, 4)$ とするとき，$(1-2i)\mathbf{a} - (2+i)\mathbf{b}$ および $\mathbf{a} \cdot \mathbf{b}$ を求めよ．

解答 $(1-2i)\mathbf{a} - (2+i)\mathbf{b} = (4-3i, 1-2i, 5-10i, -5-15i)$, $\mathbf{a} \cdot \mathbf{b} = 19 - 7i$

問題 2.7 一般に $\overline{(\overline{\alpha})} = \alpha$ であることに注意して，定理 2.5 を証明せよ．

問題 2.8 $\mathbb{C}^3$ において $\mathbf{a} = (2-i, -1+i, 5-3i)$, $\mathbf{b} = (1+i, -2+3i, 3-i)$ とするとき，$(2-7i)\mathbf{a} - (3+5i)\mathbf{b}$ および $\mathbf{a} \cdot \mathbf{b}$ を求めよ．

2.3　抽象的ベクトル空間

〔1〕抽象的ベクトル空間

前節では，平面や空間の有向線分という図形的なベクトルの概念を広げて，$\mathbb{C}^n$ の数ベクトルまでを定義した．そこでのベクトルは，幾何学的意味を離れて純粋に代数的に処理される．この節ではこれをさらに一般化し，定理 2.2 と定理 2.4 の条件を満たす「和」と「スカラー倍」をもった集合として抽象的なベクトル空間を定義する．それにより，通常のベクトルのもっているいろいろな概念をもっと広い対象に応用できる．

当面はスカラーを実数であるとする場合と複素数であるとする場合の両方を考慮して，$\mathbb{R}$ または $\mathbb{C}$ を K で表しておく．集合 V があって，

(a) V の二つの要素 $\mathbf{a}, \mathbf{b}$ をとれば，その和と呼ばれ $\mathbf{a}+\mathbf{b}$ で表される要素が V の中で定まり，

(b) V の要素 $\mathbf{a}$ と K の要素 λ をとれば，$\mathbf{a}$ の λ 倍と呼ばれ $\lambda \mathbf{a}$ で表される要素が V の中で定まって，

次の (1) から (8) までの条件を満たしているとき，V を K 上の**ベクトル空間**（または**線形空間**）といい，V の要素を**ベクトル**という．ベクトルに対比していうとき，K の要素を**スカラー**という．

ベクトル空間の公理

$\mathbf{a}, \mathbf{b}, \mathbf{c} \in V$, $\lambda, \mu \in K$ とするとき

(1) $\mathbf{a}+\mathbf{b} = \mathbf{b}+\mathbf{a}$　（対称律）

(2) $\mathbf{a}+(\mathbf{b}+\mathbf{c}) = (\mathbf{a}+\mathbf{b})+\mathbf{c}$　（結合律）

(3) 特別の要素 $\mathbf{0} \in V$ があり，任意の $\mathbf{a}$ に対し $\mathbf{a}+\mathbf{0}=\mathbf{a}$　（零ベクトル）

(4) 任意の $\mathbf{a}$ に対し，$\mathbf{a}+\mathbf{x}=\mathbf{0}$ となる $\mathbf{x} \in V$ が存在する　（逆ベクトル）

(5) $\lambda(\mathbf{a}+\mathbf{b}) = \lambda \mathbf{a}+\lambda \mathbf{b}$　（分配律）

(6) $(\lambda+\mu)\mathbf{a} = \lambda \mathbf{a}+\mu \mathbf{a}$　（分配律）

(7) $\lambda(\mu \mathbf{a}) = (\lambda \mu)\mathbf{a}$

(8) $1\mathbf{a} = \mathbf{a}$

V の k 個のベクトル $\mathbf{a}_1, \cdots, \mathbf{a}_k$ に対して

$$\lambda_1 \mathbf{a}_1 + \cdots + \lambda_k \mathbf{a}_k = \mathbf{0} \iff \lambda_1 = \cdots = \lambda_k = 0 \tag{2.32}$$

が成り立っているとき，$\mathbf{a}_1, \cdots, \mathbf{a}_k$ は **1 次独立**であるといい，1 次独立でないとき **1 次従属**であるという．

V の n 個のベクトル $\mathbf{e}_1, \mathbf{e}_2, \cdots, \mathbf{e}_n$ があって，次の二つの条件

(a) $\mathbf{e}_1, \mathbf{e}_2, \cdots, \mathbf{e}_n$ は 1 次独立である

(b) V の任意のベクトル $\mathbf{a}$ は，$\mathbf{e}_1, \mathbf{e}_2, \cdots, \mathbf{e}_n$ の線形結合で $\mathbf{a} = \alpha_1 \mathbf{e}_1 + \alpha_2 \mathbf{e}_2 + \cdots + \alpha_n \mathbf{e}_n$ $(\alpha_1, \alpha_2, \cdots, \alpha_n \in K)$ のように表される

を満たしているとき，この n 個のベクトルの組 $\{\mathbf{e}_1, \mathbf{e}_2, \cdots, \mathbf{e}_n\}$ を V の**基底**という．条件 (a) により，(b) の線形結合による表現は $\mathbf{a}$ に対して一意的であることに注意せよ．V に二つの基底 $\{\mathbf{e}_1, \mathbf{e}_2, \cdots, \mathbf{e}_n\}$, $\{\mathbf{f}_1, \mathbf{f}_2, \cdots, \mathbf{f}_m\}$ があれば，必ず $n = m$ となる（第 8 章の章末問題 6 を参照）．この n を V の**次元**といい，$\dim V$ で表す．ベクトル空間 V に有限個のベクトルの組による基底 $\{\mathbf{e}_1, \mathbf{e}_2, \cdots, \mathbf{e}_n\}$ が存在しないとき，V は**無限次元**であるという．

[2] ベクトル空間の例

例1 平面のベクトル全体の集合 V_2 は，$\mathbb{R}$ 上のベクトル空間である．$\mathbf{i} = (1, 0)$, $\mathbf{j} = (0, 1)$ とすると $\{\mathbf{i}, \mathbf{j}\}$ は V_2 の基底であり，$\dim V_2 = 2$ である．

同様に，空間のベクトル全体の集合 V_3 は，$\mathbb{R}$ 上のベクトル空間である．$\mathbf{i} = (1, 0, 0)$, $\mathbf{j} = (0, 1, 0)$, $\mathbf{k} = (0, 0, 1)$ とすると $\{\mathbf{i}, \mathbf{j}, \mathbf{k}\}$ は V_3 の基底であり，$\dim V_3 = 3$ である．

例2 n 次元実数空間 $\mathbb{R}^n$ は $\mathbb{R}$ 上のベクトル空間である．式 (2.20) で定められる $\{\mathbf{e}_1, \cdots, \mathbf{e}_n\}$ は $\mathbb{R}^n$ の基底であり，$\dim \mathbb{R}^n = n$ である．

同様に，n 次元複素数空間 $\mathbb{C}^n$ は $\mathbb{C}$ 上のベクトル空間である．式 (2.30) で定められる $\{\mathbf{e}_1, \cdots, \mathbf{e}_n\}$ は $\mathbb{C}^n$ の基底であり，$\dim \mathbb{C}^n = n$ である．

例3 実数を成分とする 2×2 行列全体の集合を $M(2, 2, \mathbb{R})$ で表せば，$M(2, 2, \mathbb{R})$ は行列の和と実数倍に関してベクトル空間の公理 (1)〜(8) を満たし，

$\mathbb{R}$ 上のベクトル空間となる．零ベクトルは零行列 $\begin{pmatrix} 0 & 0 \\ 0 & 0 \end{pmatrix}$ であり，$\begin{pmatrix} a & b \\ c & d \end{pmatrix}$ の逆ベクトルは $\begin{pmatrix} -a & -b \\ -c & -d \end{pmatrix}$ である．4個の行列の組 $\left\{ \begin{pmatrix} 1 & 0 \\ 0 & 0 \end{pmatrix}, \begin{pmatrix} 0 & 1 \\ 0 & 0 \end{pmatrix}, \begin{pmatrix} 0 & 0 \\ 1 & 0 \end{pmatrix}, \begin{pmatrix} 0 & 0 \\ 0 & 1 \end{pmatrix} \right\}$ は $M(2,2,\mathbb{R})$ の基底で，$\dim M(2,2,\mathbb{R}) = 2 \times 2 = 4$．

例4 上の $M(2,2,\mathbb{R})$ を一般化すれば，実数を成分とする $m \times n$ 行列全体の集合 $M(m,n,\mathbb{R})$ は $\mathbb{R}$ 上の mn 次元ベクトル空間であり，複素数を成分とする $m \times n$ 行列全体の集合 $M(m,n,\mathbb{C})$ は $\mathbb{C}$ 上の mn 次元ベクトル空間である．

例5 実数を係数とする x の多項式全体の集合を $\mathbb{R}[x]$ で表す．

$$\mathbb{R}[x] = \{a_n x^n + \cdots + a_1 x + a_0 \mid a_n, \cdots, a_0 \in \mathbb{R},\ n = 0, 1, 2, \cdots\} \tag{2.33}$$

通常の多項式の和と実数倍に関してベクトル空間の公理が満たされるから，$\mathbb{R}[x]$ は $\mathbb{R}$ 上のベクトル空間である．$\mathbb{R}[x]$ にはいくらでも次数の高い多項式が含まれるから，有限個の多項式の組 $\{p_1(x), \cdots, p_n(x)\}$ をとって $\mathbb{R}[x]$ の任意の要素を $p_1(x), \cdots, p_n(x)$ の線形結合で表すということはできない．つまり，有限個の要素からなる基底をとることはできず，$\mathbb{R}[x]$ は無限次元である．

例6 ある区間 I（たとえば $I = \{x \mid 0 < x < 1\}$）で定義された実数値関数全体の集合を $\mathcal{F}(I)$ で表せば，関数の和と実数倍についてベクトル空間の公理が満たされ，$\mathcal{F}(I)$ は $\mathbb{R}$ 上の無限次元ベクトル空間となる．特に，I で定義された実数値連続関数全体の集合 $\mathcal{C}(I)$ および I で定義された実数値微分可能関数全体の集合 $\mathcal{D}(I)$ は，それぞれ $\mathbb{R}$ 上の無限次元ベクトル空間である．

例7 定数係数2階線形斉次常微分方程式

$$y'' - 2y' - 3y = 0 \tag{2.34}$$

の実数関数としての解全体の集合を S とすれば，S は $\mathbb{R}$ 上のベクトル空間となる．実際，$f(x), g(x) \in S$ とすると，$f(x),\ g(x)$ は式 (2.34) を満たすから

$$f''(x) - 2f'(x) - 3f(x) = 0,\ \ g''(x) - 2g'(x) - 3g(x) = 0 \tag{2.35}$$

$f(x) + g(x)$ を式 (2.34) の左辺に代入して式 (2.35) を用いれば

$$(f(x) + g(x))'' - 2(f(x) + g(x))' - 3(f(x) + g(x))$$
$$= (f''(x) - 2f'(x) - 3f(x)) + (g''(x) - 2g'(x) - 3g(x))$$
$$= 0 + 0 = 0$$

したがって $f(x) + g(x)$ も式 (2.34) の解であり,$f(x) + g(x) \in S$. 同様にして $\lambda \in \mathbb{R}$ に対し,$\lambda f(x) \in S$ であることも確かめられ,ベクトル空間の公理 (1) 〜 (8) も成り立つ.したがって,S は $\mathbb{R}$ 上ベクトル空間である.

定数係数線形斉次常微分方程式の解法で知られているように,式 (2.34) の特性方程式 $t^2 - 2t - 3 = 0$ の解は $t = -1, 3$ だから,式 (2.34) の基本解は $y = e^{-x}$,$y = e^{3x}$ であり,一般解は任意の定数 C_1, C_2 を用いて

$$y = C_1 e^{-x} + C_2 e^{3x} \tag{2.36}$$

と表される.つまり,S の任意の要素は e^{-x} と e^{3x} の線形結合で表される.

e^{-x} と e^{3x} が 1 次独立であることを示すために,

$$C_1 e^{-x} + C_2 e^{3x} = 0 \tag{2.37}$$

であるとする.式 (2.37) は,左辺が関数として恒等的に 0 に等しい,つまり定義域の任意の x の値に対して成り立つ式 (恒等式) であることを示す.ここで,$C_1 \neq 0$ であると仮定すると

$$C_1 e^{-x} \left(1 + \frac{C_2}{C_1} e^{4x} \right) = 0$$

となり,両辺を $C_1 e^{-x} \neq 0$ で割って移項すると $\dfrac{C_2}{C_1} e^{4x} = -1$ となるが,この式は $C_2 \neq 0$ であっても $C_2 = 0$ であっても成り立たず,矛盾となる.したがって $C_1 \neq 0$ の仮定は誤りであり,$C_1 = 0$ が得られる (背理法).$C_1 = 0$ を式 (2.37) に代入すると,$C_2 e^{3x} = 0$ となり,両辺を $e^{3x} \neq 0$ で割って $C_2 = 0$ が得られる.つまり $C_1 = C_2 = 0$ となり e^{-x} と e^{3x} は 1 次独立である.

以上から $\{e^{-x}, e^{3x}\}$ は S の基底であり,$\dim S = 2$.

式 (2.34) に限らず，一般に定数係数 2 階線形斉次常微分方程式の解の集合は，$\mathbb{R}$ 上の 2 次元ベクトル空間である．

問題 2.9 例 4 の $M(2,3,\mathbb{R})$ の基底を（一組）示せ．

問題 2.10 実数を係数とする x の 3 次式全体の集合を $P_3[x]$ で表す．
$$P_3[x] = \{a_3x^3 + a_2x^2 + a_1x + a_0 \mid a_3, a_2, a_1, a_0 \in \mathbb{R}, a_3 \neq 0\}$$

通常の 3 次式の和と実数倍に関して，$P_3[x]$ は $\mathbb{R}$ 上のベクトル空間となるか．

章末問題

1 4 点 O，A，B，C を $\overrightarrow{OA} = (1,0,-1)$，$\overrightarrow{OB} = (1,1,0)$，$\overrightarrow{OC} = \overrightarrow{OA} \times \overrightarrow{OB}$ となるようにとるとき，

(1) $\overrightarrow{OA}$ と $\overrightarrow{OB}$ のなす角を求めよ．
(2) 三角形 OAB の面積を求めよ．
(3) O，A，B，C を頂点とする四面体の体積を求めよ．

2 点 P$(1,-1,3)$ を通り二つのベクトル $\mathbf{a} = (-1,2,1)$，$\mathbf{b} = (-1,-3,-1)$ で張られる平面と，点 Q$(1,-1,2)$ を通りベクトル $\mathbf{v} = (-1,0,2)$ 方向の直線の交点を求めよ．

3 平行な二つの平面 $x + 2y + 3z + 28 = 0$，$x + 2y + 3z - 14 = 0$ の間の距離を求めよ．

☞ 平行な 2 平面間の距離は，2 平面に垂直な直線が 2 平面で切り取られる線分の長さに等しい．

4 $\mathbb{R}^6$ において，$\mathbf{a} = (1,0,-2,1,3,1)$，$\mathbf{b} = (2,1,-1,0,1,1)$ とするとき，$3\mathbf{a}-5\mathbf{b}$，$|\mathbf{a}|$，$|\mathbf{b}|$，$\mathbf{a} \cdot \mathbf{b}$ および $\mathbf{a}$，$\mathbf{b}$ のなす角 θ を求めよ．

5 $\mathbb{C}^4$ において $\mathbf{a} = (i, 1-i, 1+2i, 2+i)$，$\mathbf{b} = (1+i, -2+i, 3-2i, 2)$ とするとき，$(1+i)\mathbf{a} - (2-3i)\mathbf{b}$ および $\mathbf{a} \cdot \mathbf{b}$ を求めよ．

6 $\mathbb{R}^2$ の部分集合 V_1, V_2, V_3 を

$$V_1 = \{\,(x,y) \in \mathbb{R}^2 \mid 2x - 3y = 0\,\}$$
$$V_2 = \{\,(x,y) \in \mathbb{R}^2 \mid 2x - 3y = 1\,\}$$
$$V_3 = \{\,(x,y) \in \mathbb{R}^2 \mid 2x^2 - 3y = 0\,\}$$

で定める．$\mathbb{R}^2$ における通常のベクトルの和とスカラー（実数）倍に対して，V_1, V_2, V_3 は $\mathbb{R}$ 上のベクトル空間となるか．

7 定数係数線形 2 階非斉次常微分方程式 $y'' - 2y' - 3y = e^x$ の実数関数の解全体の集合を $\mathcal{T}$ とするとき，$\mathcal{T}$ は $\mathbb{R}$ 上のベクトル空間となるか．

8 収束する実数列の全体を $\mathcal{S}$ とする．

$$\mathcal{S} = \left\{\, \{a_n\} \;\middle|\; a_n \in \mathbb{R} \ (n = 1, 2, 3, \cdots),\ \lim_{n \to \infty} a_n \in \mathbb{R} \,\right\}$$

$\mathcal{S}$ は $\mathbb{R}$ 上のベクトル空間となるか．

第3章

行列

この章では,1.2 節,1.3 節で復習した行列の基本事項に,あとで必要となる項目をいくつか付け加える.

キーワード 添え字による表示,対角行列,三角行列,転置行列,対称行列,交代行列,正則行列,行列の分割表示.

3.1 行列の一般的な表現

〔1〕添え字による表示

高校で学んだように,数列を一般的に表現するときには

$$a_1, a_2, a_3, \cdots, a_n, \cdots$$

のように,文字の右下に項の番号を小さな添え字(サフィックス(suffix),インデックス(index))としてつけて表す.これをさらに簡潔に表すときには,一般項 a_n で代表させて $\{a_n\}$ のように表す.このときの n は固定した番号ではなく,一定の範囲で動くことを想定している.

行列(matrix)についても,たとえば $m \times n$ 行列の一般形は

$$A = \begin{pmatrix} a_{11} & a_{12} & \cdots & a_{1n} \\ a_{21} & a_{22} & \cdots & a_{2n} \\ \vdots & \vdots & & \vdots \\ a_{m1} & a_{m2} & \cdots & a_{mn} \end{pmatrix} \tag{3.1}$$

の形で表される．成分をすべて同一の文字で表し，添え字として行番号 i と列番号 j を a_{ij} のようにつけてある．必要ならば，これをさらに簡潔に

$$A = (a_{ij}) \tag{3.2}$$

と表す．この場合も i, j は固定した番号ではなく，一定の範囲で動くことを想定している．i, j の動く範囲は，前後の文脈から明らかなことが多い．

たとえば，**クロネッカーのデルタ**と呼ばれる記号 δ_{ij} を

$$\delta_{ij} = \begin{cases} 1 & (i = j) \\ 0 & (i \neq j) \end{cases} \tag{3.3}$$

で定めれば，単位行列は

$$E = \begin{pmatrix} 1 & 0 & \cdots & 0 \\ 0 & 1 & \cdots & 0 \\ \vdots & & & \\ 0 & \cdots & 0 & 1 \end{pmatrix} = (\delta_{ij}) \tag{3.4}$$

と表される．なお，式 (3.4) のように行列の中の一定の部分に 0 が続くときには，混乱がなければ 0 をまとめて大きな 0 で

$$E = \begin{pmatrix} 1 & & & \huge 0 \\ & 1 & & \\ & & \ddots & \\ \huge 0 & & & 1 \end{pmatrix}$$

のように表すこともある．

行列の和とスカラー倍を一般形で表せば，それぞれ次のようになる．

$$(a_{ij}) + (b_{ij}) = (a_{ij} + b_{ij}) \tag{3.5}$$
$$\lambda (a_{ij}) = (\lambda a_{ij}) \tag{3.6}$$

つまり，$A + B$ の (i, j) 成分は，A の (i, j) 成分と B の (i, j) 成分の和であり，λA の (i, j) 成分は A の (i, j) 成分の λ 倍である．また，積を一般形で表せば次のようになる．

$$(a_{ij})(b_{ij}) = \left(\sum_{k=1}^{n} a_{ik} b_{kj} \right) \tag{3.7}$$

つまり，AB の (i,j) 成分は，$a_{i1}b_{1j} + a_{i2}b_{2j} + \cdots a_{in}b_{nj}$ の形をしている．

なお，総和の記号 $\sum$ の性質を確認しておくと，$\sum$ の下で和をとる番号は別な文字で置き換えてもよい．上の例では k を ℓ に換えて

$$\sum_{k=1}^{n} a_{ik}b_{kj} = \sum_{\ell=1}^{n} a_{i\ell}b_{\ell j}$$

としてもよい．このようなインデックスを**ダミーインデックス**という．

〔2〕いくつかの用語

a_{ii} の形をした成分を**対角成分**という．対角成分以外の成分がすべて 0 であるような正方行列を**対角行列**という．たとえば

$$\begin{pmatrix} 1 & 0 \\ 0 & 4 \end{pmatrix}, \quad \begin{pmatrix} -1 & 0 & 0 \\ 0 & 3 & 0 \\ 0 & 0 & 5 \end{pmatrix}$$

は対角行列である．また，対角成分の上側または下側の成分がすべて 0 であるような行列を**三角行列**という．たとえば，次の行列は三角行列である．

$$\begin{pmatrix} 1 & 0 \\ 3 & 4 \end{pmatrix}, \quad \begin{pmatrix} -1 & 2 & 1 \\ 0 & 3 & 4 \\ 0 & 0 & 5 \end{pmatrix}$$

行列 $A = (a_{ij})$ の行と列を入れ替えた行列，つまり A の第 1 行を第 1 列に，A の第 2 行を第 2 列に，という具合に置き換えて得られる行列を A の**転置行列** (transposed matrix) といい，${}^tA$（または ${}^TA$）で表す．たとえば，

$$A = \begin{pmatrix} 2 & 1 & 5 \\ 3 & 1 & 4 \\ 0 & 7 & 2 \end{pmatrix} \quad \text{ならば} \quad {}^tA = \begin{pmatrix} 2 & 3 & 0 \\ 1 & 1 & 7 \\ 5 & 4 & 2 \end{pmatrix}$$

このとき，A の列ベクトルは行ベクトルに置き換わる．

$$A = \begin{pmatrix} 2 & 1 & 5 \\ 3 & 1 & 4 \\ 0 & 7 & 2 \end{pmatrix} \quad \text{ならば} \quad {}^tA = \begin{pmatrix} 2 & 3 & 0 \\ 1 & 1 & 7 \\ 5 & 4 & 2 \end{pmatrix}$$

また，$A = (a_{ij})$ の転置行列を ${}^tA = (b_{ij})$ と表せば，すべての番号 i, j に対して $b_{ij} = a_{ji}$ である．

$A = {}^tA$ を満たすような行列を**対称行列**（symmetric matrix）といい，$A = -{}^tA$ を満たすような行列を**交代行列**（alternative matrix, 歪対称行列（skew-symmetric matrix））という．たとえば

$$A = \begin{pmatrix} 1 & 2 & 3 \\ 2 & 5 & 6 \\ 3 & 6 & 9 \end{pmatrix}, \quad B = \begin{pmatrix} 0 & 4 & 7 \\ -4 & 0 & 8 \\ -7 & -8 & 0 \end{pmatrix}$$

とすると，A は対称行列であり，B は交代行列である．対称行列の各成分は，対角成分に関して対称の位置にある成分と等しい．交代行列の各成分は，対角成分に関して対称の位置にある成分と符号だけが違う．

問題 3.1

(1) 対角行列，三角行列，転置行列，対称行列，交代行列の例を作れ．

(2) 任意の正方行列 A に対し，$A + {}^tA$ は対称行列であり，$A - {}^tA$ は交代行列であることを示せ．

(3) 行列 $\begin{pmatrix} 1 & 2 & 3 \\ 4 & 5 & 6 \\ 7 & 8 & 9 \end{pmatrix}$ を，対称行列と交代行列の和の形に表せ．

(4) 交代行列の対角成分はすべて 0 であることを示せ．

3.2　正則行列

正方行列 A が逆行列をもつとき，A は**正則**であるという．簡単に確かめられるように，次の定理が成り立つ．

❖ 定理 3.1 ❖

A, B が正則ならば AB, A^{-1} も正則で

$$(AB)^{-1} = B^{-1}A^{-1}, \quad (A^{-1})^{-1} = A$$

2 次の正方行列 $A = \begin{pmatrix} a & b \\ c & d \end{pmatrix}$ が逆行列をもつための必要十分条件は，定理 1.4

(p.19) から，$\Delta = ad - bc \neq 0$ である．3次以上の正方行列が正則であるか否かの判定には，第5章で述べるように，この $\Delta = ad - bc$ を拡張して定義される「行列式」の概念が必要である．ただし，行列が特別の形をしているときには，次の例題に示すように，3次以上の場合でも正則か否かを簡単に判定できる．

例題 3.1 対角行列が正則であるための必要十分条件は，対角成分がすべて0でないことである．これを証明せよ．

解答 対角行列を

$$A = \begin{pmatrix} a_{11} & 0 & \cdots & \cdots & 0 \\ 0 & a_{22} & 0 & \cdots & 0 \\ \vdots & & & & \\ 0 & \cdots & \cdots & 0 & a_{nn} \end{pmatrix}$$

とする．もし，$a_{11} a_{22} \cdots a_{nn} \neq 0$ ならば，

$$B = \begin{pmatrix} a_{11}^{-1} & 0 & \cdots & \cdots & 0 \\ 0 & a_{22}^{-1} & 0 & \cdots & 0 \\ \vdots & & & & \\ 0 & \cdots & \cdots & 0 & a_{nn}^{-1} \end{pmatrix}$$

とおけば，簡単な計算から $AB = BA = E$ となるから，B が A の逆行列であり，したがって A は正則である．

逆に，A が正則ならば $a_{11} a_{22} \cdots a_{nn} \neq 0$ となることを示す．背理法から，$a_{11} a_{22} \cdots a_{nn} = 0$ ならば A が正則でないことを示せばよい．$a_{11} a_{22} \cdots a_{nn} = 0$ のときには，どれかの番号 k に対して $a_{kk} = 0$ となり，A の第 k 行の成分はすべて 0 となる．したがって，A と同じ型の任意の正方行列 B に対して，AB の第 k 行の成分はすべて 0 となり，$AB \neq E$ である．つまり，A は逆行列をもたず，したがって正則ではない．

よって，証明された．

問題 3.2 $A = \begin{pmatrix} 2 & 0 & 0 & 0 \\ 0 & 1 & 0 & 0 \\ 0 & 0 & -3 & 0 \\ 0 & 0 & 0 & 7 \end{pmatrix}$ の逆行列を求めよ．

問題 3.3 行列の積の結合法則 (p.17, 定理 1.2 (1)) に注意して，定理 3.1 を証明せよ．

3.3 行列の分割

行列が次のように縦横の線で分割されていたとする．

$$A = \left(\begin{array}{ccc|c} 2 & 1 & 0 & -1 \\ 0 & 3 & -2 & 4 \\ \hline 5 & -3 & 0 & 1 \end{array}\right)$$

このとき

$$A_{11} = \begin{pmatrix} 2 & 1 & 0 \\ 0 & 3 & -2 \end{pmatrix}, \ A_{12} = \begin{pmatrix} -1 \\ 4 \end{pmatrix}$$

$$A_{21} = \begin{pmatrix} 5 & -3 & 0 \end{pmatrix}, \ A_{22} = \begin{pmatrix} 1 \end{pmatrix}$$

とおけば，元の行列は

$$A = \begin{pmatrix} A_{11} & A_{12} \\ A_{21} & A_{22} \end{pmatrix}$$

の形に表される．このような表し方を行列の**分割表示**といい，A_{ij} を**小行列**という．

式 (3.1) のような一般形において，第 i 列の成分を取り出してできる $m \times 1$ 行列を i 番目の**列ベクトル**，第 j 列の成分を取り出してできる $1 \times n$ 行列を j 番目の**行ベクトル**という．つまり，i 番目の列ベクトルを $\mathbf{a}_i$，j 番目の行ベクトルを $\mathbf{b}_j$ で表せば，

$$\mathbf{a}_i = \begin{pmatrix} a_{1i} \\ a_{2i} \\ \vdots \\ a_{mi} \end{pmatrix}, \ \mathbf{b}_j = \begin{pmatrix} a_{j1} & a_{j2} & \cdots & a_{jn} \end{pmatrix}$$

このとき行列 A は次の形に分割表示される．

$$A = \begin{pmatrix} \mathbf{a}_1 & \mathbf{a}_2 & \cdots & \mathbf{a}_n \end{pmatrix}, \quad A = \begin{pmatrix} \mathbf{b}_1 \\ \mathbf{b}_2 \\ \vdots \\ \mathbf{b}_m \end{pmatrix}$$

行列を分割表示した場合の利点は，次の定理に述べるように，行列の和や積が小行列を成分とする行列の和や積として簡素化して計算できることである．

> ❖ 定理 3.2 ❖
>
> 二つの行列が
>
> $$A = \begin{pmatrix} A_{11} & A_{12} \\ A_{21} & A_{22} \end{pmatrix}, \quad B = \begin{pmatrix} B_{11} & B_{12} \\ B_{21} & B_{22} \end{pmatrix}$$
>
> のように分割表示されているとする．
>
> (1) 各 A_{ij} が対応する B_{ij} と同じ型ならば
>
> $$A + B = \begin{pmatrix} A_{11} + B_{11} & A_{12} + B_{12} \\ A_{21} + B_{21} & A_{22} + B_{22} \end{pmatrix}$$
>
> (2) A_{11}, A_{21} の列の数と B_{11}, B_{12} の行の数が等しく，かつ，A_{12}, A_{22} の列の数と B_{21}, B_{22} の行の数が等しければ
>
> $$AB = \begin{pmatrix} A_{11}B_{11} + A_{12}B_{21} & A_{11}B_{12} + A_{12}B_{22} \\ A_{21}B_{11} + A_{22}B_{21} & A_{21}B_{12} + A_{22}B_{22} \end{pmatrix}$$

つまり，行列が分割表示されているときにも，普通の行列の和や積と同じ規則が適用できるのだが，分割の型としては途中の計算がすべて定義できるような型でなければならない．このことは，上と違う型の分割においても一般に成り立つ．

問題 3.4　定理 3.2 を，次の分割表示について確かめよ．

$$A = \left(\begin{array}{cc|c} a_{11} & a_{12} & a_{13} \\ a_{21} & a_{22} & a_{23} \\ \hline a_{31} & a_{32} & a_{33} \end{array}\right), \quad B = \left(\begin{array}{cc|c} b_{11} & b_{12} & b_{13} \\ \hline b_{21} & b_{22} & b_{23} \\ b_{31} & b_{32} & b_{33} \end{array}\right)$$

章末問題

1 $A = (a_{ij})$ を $m \times k$ 行列とし,$B = (b_{ij})$ を $k \times n$ 行列とするとき,次のことを示せ.

(1) ${}^t({}^tA) = A$

(2) ${}^t(AB) = {}^tB\,{}^tA$

2 A が正則ならば ${}^tA$ も正則で,$({}^tA)^{-1} = {}^t(A^{-1})$ であることを示せ.

3 次の問いに答えよ.

(1) $\begin{pmatrix} 1 & b+1 & 4 \\ a & 2 & c-1 \\ b-1 & a+1 & 3 \end{pmatrix}$ が対称行列となるように a, b, c の値を定めよ.

(2) $\begin{pmatrix} a & b+1 & a+4 \\ d & b & f+2 \\ e-1 & c+1 & c \end{pmatrix}$ が交代行列となるように a, b, c, d, e, f の値を定めよ.

4 n 次正方行列 A, B が $(A+B)^2 = A^2 + 2AB + B^2$ を満たすための条件を求めよ.

5 n 次正方行列 A と m 次正方行列 B がともに正則ならば,任意の $n \times m$ 行列 C に対し,$(m+n)$ 次正方行列 $\begin{pmatrix} A & C \\ O & B \end{pmatrix}$ は正則であることを示せ.ただし,O は $m \times n$ 零行列とする.

☞ $n = m = 1$ の場合から推測して,逆行列を見つけよ.

第4章

行列式

1.3 節で見たように，2 次の正方行列 $A = \begin{pmatrix} a & b \\ c & d \end{pmatrix}$ に対してスカラー $\Delta = ad - bc$ を対応させると，A が正則か否かを判定できる．この章では，3 次以上の正方行列に対しても Δ に対応するものとして行列式を定義する．行列式は定義に置換を用いるので馴染みにくいかもしれないが，初めは置換に関連する部分を軽く読み流して行列式の性質に注意を集中し，ある程度計算に慣れてから置換の部分を読み返すことを勧める．

キーワード 置換，互換，置換の符号，置換群，行列式，行列式の性質，外積．

4.1 置換

〔1〕置換

たとえば 1, 2, 3, 4 の数字を

$$1 \to 3 \quad 2 \to 2 \quad 3 \to 4 \quad 4 \to 1$$

のように置き換える操作を考える．これをたとえば φ (ファイ) を用いて

$$\varphi = \begin{pmatrix} 1 & 2 & 3 & 4 \\ 3 & 2 & 4 & 1 \end{pmatrix} \tag{4.1}$$

と表す．上の段の数字，たとえば 3 はその下の 4 に置き換えられる．これを

$\varphi(3) = 4$

と表す．これを用いると式 (4.1) の下の段は $(\varphi(1), \varphi(2), \varphi(3), \varphi(4))$ のように書くことができる．式 (4.1) の場合には，下の段の数字の並びは重複せずに 1, 2, 3, 4 の順列となっている．このようなとき，φ は 4 個の数字の集合 $N = \{1, 2, 3, 4\}$ の**置換**であるという．式 (4.1) の表し方では上の数字が直下の数字に移るのだから，同じ φ を

$$\varphi = \begin{pmatrix} 3 & 4 & 1 & 2 \\ 4 & 1 & 3 & 2 \end{pmatrix}, \quad \varphi = \begin{pmatrix} 3 & 2 & 4 & 1 \\ 4 & 2 & 1 & 3 \end{pmatrix}$$

などと表すこともできる．

N のもう一つの置換 ψ（プサイ），たとえば $\psi = \begin{pmatrix} 1 & 2 & 3 & 4 \\ 4 & 1 & 2 & 3 \end{pmatrix}$ があったとき，1 を φ で置き換えてから ψ で置き換えると $\psi(\varphi(1)) = \psi(3) = 2$ に移される．N 全体で考えると

$$\begin{pmatrix} 1 & 2 & 3 & 4 \\ \psi(\varphi(1)) & \psi(\varphi(2)) & \psi(\varphi(3)) & \psi(\varphi(4)) \end{pmatrix} = \begin{pmatrix} 1 & 2 & 3 & 4 \\ 2 & 1 & 3 & 4 \end{pmatrix}$$

という置換が得られる．これを φ と ψ の**積**といい，$\psi\varphi$ で表す（順序に注意）．

上の段と下の段の数字の並びが一致している置換 $\begin{pmatrix} 1 & 2 & 3 & 4 \\ 1 & 2 & 3 & 4 \end{pmatrix}$ を N の**恒等置換**といい，1_N で表す．また，式 (4.1) の φ の上の段と下の段を入れ替えると

$$\begin{pmatrix} 3 & 2 & 4 & 1 \\ 1 & 2 & 3 & 4 \end{pmatrix} = \begin{pmatrix} 1 & 2 & 3 & 4 \\ 4 & 2 & 1 & 3 \end{pmatrix}$$

という置換が得られるが，これを φ^{-1} で表し，φ の**逆置換**という．φ^{-1} は φ による置換を元に戻す置換だから，$\varphi^{-1}\varphi = \varphi\varphi^{-1} = 1_N$ である．

以上では，簡単のため 4 個の数字の集合の置換を考えたのであるが，一般に n 個の自然数の集合 $N = \{1, 2, \cdots, n\}$ に対しても置換

$$\varphi = \begin{pmatrix} 1 & 2 & \cdots & n \\ p_1 & p_2 & \cdots & p_n \end{pmatrix} \tag{4.2}$$

が定義される．$p_1, p_2, \cdots, p_n$ は $1, 2, \cdots, n$ の順列である．逆置換 φ^{-1}，恒等置換 1_N，積 $\psi\varphi$ も同様に

$$\varphi^{-1} = \begin{pmatrix} \varphi(1) & \varphi(2) & \cdots & \varphi(n) \\ 1 & 2 & \cdots & n \end{pmatrix} \tag{4.3}$$

$$1_N = \begin{pmatrix} 1 & 2 & \cdots & n \\ 1 & 2 & \cdots & n \end{pmatrix} \tag{4.4}$$

$$\psi\varphi = \begin{pmatrix} 1 & 2 & \cdots & n \\ \psi(\varphi(1)) & \psi(\varphi(2)) & \cdots & \psi(\varphi(n)) \end{pmatrix} \tag{4.5}$$

のように定義される．また，N の置換全体の集合を S_n で表し，n 次**置換群**または n 次**対称群**という．N の順列は $n!$ 通りあるから，S_n は $n!$ 個の成分からなる集合である．

〔2〕**互換**

置換 φ が二つの数字 i, j だけを入れ替えて他の数字を動かさないとき，つまり

$$\varphi = \begin{pmatrix} 1 & 2 & \cdots & i & \cdots & j & \cdots & n \\ 1 & 2 & \cdots & j & \cdots & i & \cdots & n \end{pmatrix}$$

のとき，φ を**互換**といい，(i,j) と表す．任意の置換はいくつかの互換の積として表現できる．たとえば

$$\varphi = \begin{pmatrix} 1 & 2 & 3 & 4 & 5 \\ 3 & 1 & 5 & 4 & 2 \end{pmatrix}$$

のとき

$$\varphi = (2,5)(1,2)(1,3) \quad \text{あるいは} \quad \varphi = (2,4)(2,5)(4,5)(1,2)(2,3)(1,3)(1,2)$$

などとできる．また

$$\psi = \begin{pmatrix} 1 & 2 & 3 & 4 & 5 \\ 4 & 1 & 5 & 3 & 2 \end{pmatrix}$$

のとき

$$\psi = (2,3)(3,5)(1,2)(1,4) \quad \text{あるいは} \quad \psi = (2,5)(3,4)(2,3)(1,2)$$

などとできる．置換を互換の積で表す方法は一意的ではない．上の例では，φ は 3 個と 7 個の互換の積で，ψ は 4 個の互換の積として，それぞれ 2 通りに表現され

ている．もちろんこれら以外にも表し方はあるのだが，互換の個数に関して次の定理が成り立つ．

> ❖ **定理 4.1** ❖
> 置換を互換の積として表すとき，互換の個数が偶数か奇数かはその置換によって一定である．

【証明】 簡単のため $n=5$ で示すが，この証明方法は一般の n でも通用する．

添え字のついた 5 個の文字 x_1, x_2, x_3, x_4, x_5 の中から 2 個ずつとり，添え字の小さいほうから大きいほうを引いた差をすべてかけ合わせたものを Δ とする（この Δ を x_1, x_2, x_3, x_4, x_5 の**差積**という）．つまり

$$\begin{aligned}
\Delta = &(x_1-x_2)(x_1-x_3)(x_1-x_4)(x_1-x_5) \\
&\times (x_2-x_3)(x_2-x_4)(x_2-x_5) \\
&\times (x_3-x_4)(x_3-x_5) \\
&\times (x_4-x_5)
\end{aligned} \tag{4.6}$$

1，2，3，4，5 の置換 φ を Δ の添え字に施したものを Δ_φ で表す．つまり

$$\begin{aligned}
\Delta_\varphi = &(x_{\varphi(1)}-x_{\varphi(2)})(x_{\varphi(1)}-x_{\varphi(3)})(x_{\varphi(1)}-x_{\varphi(4)})(x_{\varphi(1)}-x_{\varphi(5)}) \\
&\times (x_{\varphi(2)}-x_{\varphi(3)})(x_{\varphi(2)}-x_{\varphi(4)})(x_{\varphi(2)}-x_{\varphi(5)}) \\
&\times (x_{\varphi(3)}-x_{\varphi(4)})(x_{\varphi(3)}-x_{\varphi(5)}) \\
&\times (x_{\varphi(4)}-x_{\varphi(5)})
\end{aligned} \tag{4.7}$$

まず，φ が互換のとき，$\Delta_\varphi = -\Delta$ となることを示す．たとえば $\varphi=(2,4)$ とするとき，Δ の各因数を，2 と 4 の両方を含むもの，2 と 4 の一方のみを含むもの，2 も 4 も含まないものに分け，さらに一方のみを含む因数についてはもう一方の添え字と 2，4 の大小関係に従って分けて書き直すと

$$\begin{aligned}
\Delta = &(x_2-x_4) \\
&\times (x_1-x_2)(x_1-x_4) \times (x_2-x_3)(x_3-x_4) \times (x_2-x_5)(x_4-x_5) \\
&\times (x_1-x_3)(x_1-x_5)(x_3-x_5)
\end{aligned} \tag{4.8}$$

ここで添え字に φ を施して 2 と 4 を入れ替えるのだが，2 と 4 の両方を含んでいる因数 (x_2-x_4) は $(x_4-x_2)=-(x_2-x_4)$ となり，符号が入れ替わる．2 と 4 の一方

のみを含む因数については，$i<2$ の場合には (x_i-x_2) と (x_i-x_4) を対にすれば，φ を施しても結果として変わらない．$2<i<4$ の場合には (x_2-x_i) と (x_i-x_4) を対にすれば，φ を施せば符号が 2 回変わり結果として変わらない．$i>4$ の場合には (x_2-x_i) と (x_4-x_i) を対にすれば，φ を施しても結果として変わらない．つまり，2 と 4 の一方のみを含む因数については，全体として見れば φ を施しても変わらない．2 も 4 も含まない因数は，φ を施しても影響を受けない．具体的に書けば

$$\begin{aligned}\Delta_\varphi &= (x_4-x_2)\\&\quad \times(x_1-x_4)(x_1-x_2)\times(x_4-x_3)(x_3-x_2)\times(x_4-x_5)(x_2-x_5)\\&\quad \times(x_1-x_3)(x_1-x_5)(x_3-x_5)\\&= -(x_2-x_4)\\&\quad \times(x_1-x_2)(x_1-x_4)\times(x_2-x_3)(x_3-x_4)\times(x_2-x_5)(x_4-x_5)\\&\quad \times(x_1-x_3)(x_1-x_5)(x_3-x_5)\\&= -\Delta\end{aligned}$$

次に，φ が k 個の互換の積で表されるとすれば，Δ_φ は Δ の添え字に互換を k 回施して得られるから，$\Delta_\varphi = (-1)^k \Delta$ となる．同様に，φ が別な l 個の互換の積でも表されるとすれば，$\Delta_\varphi = (-1)^l \Delta$ となり，$(-1)^k = (-1)^l$ が得られ，k, l はともに偶数であるか奇数であるかのいずれかとなる． ∎

φ が偶数個の互換の積で表されるとき φ を**偶置換**，奇数個の互換の積で表されるとき**奇置換**という．置換 φ の符号 $\mathrm{sgn}\,\varphi$ を

$$\mathrm{sgn}\,\varphi = \begin{cases} 1 & (\varphi \text{ が偶置換のとき}) \\ -1 & (\varphi \text{ が奇置換のとき}) \end{cases} \tag{4.9}$$

によって定める．一般に，次の式が成り立つ（第 4 章の章末問題 1）．

$$\mathrm{sgn}\,1_N = 1, \quad \mathrm{sgn}\,(\varphi^{-1}) = \mathrm{sgn}\,\varphi, \quad \mathrm{sgn}\,(\psi\varphi) = (\mathrm{sgn}\,\psi)(\mathrm{sgn}\,\varphi) \tag{4.10}$$

問題 4.1 $\varphi = \begin{pmatrix} 1 & 2 & 3 & 4 & 5 \\ 3 & 5 & 2 & 1 & 4 \end{pmatrix}, \psi = \begin{pmatrix} 1 & 2 & 3 & 4 & 5 \\ 4 & 1 & 2 & 5 & 3 \end{pmatrix}$ に対して次の置換を求めよ．

(1) $\psi\varphi$ (2) $\varphi\psi$ (3) φ^{-1}

問題 4.2

(1) 2次, 3次の置換をすべて挙げ, その符号を調べよ.
(2) 次の置換の符号を調べよ.

$$\varphi_1 = \begin{pmatrix} 1 & 2 & 3 & 4 \\ 2 & 4 & 1 & 3 \end{pmatrix}, \quad \varphi_2 = \begin{pmatrix} 1 & 2 & 3 & 4 \\ 3 & 2 & 1 & 4 \end{pmatrix}, \quad \varphi_3 = \begin{pmatrix} 1 & 2 & 3 & 4 & 5 \\ 2 & 5 & 1 & 3 & 4 \end{pmatrix}$$

4.2 行列式

[1] 行列式の定義

n 次正方行列

$$A = \begin{pmatrix} a_{11} & a_{12} & \cdots & a_{1n} \\ a_{21} & a_{22} & \cdots & a_{2n} \\ \vdots & & & \vdots \\ a_{n1} & a_{n2} & \cdots & a_{nn} \end{pmatrix}$$

に対して, 次の式で定まるスカラーを考える.

$$\sum_{\varphi \in S_n} \operatorname{sgn} \varphi \cdot a_{1\varphi(1)} a_{2\varphi(2)} \cdots a_{n\varphi(n)} \tag{4.11}$$

ここで $\sum_{\varphi \in S_n}$ は φ が n 次置換群 S_n 全体を動いたときの $n!$ 個の和を表す. このスカラーを行列 A の**行列式** (determinant) といい,

$$|A|, \quad \det A, \quad \begin{vmatrix} a_{11} & a_{12} & \cdots & a_{1n} \\ a_{21} & a_{22} & \cdots & a_{2n} \\ \vdots & & & \vdots \\ a_{n1} & a_{n2} & \cdots & a_{nn} \end{vmatrix}$$

などと表す. A が列ベクトルや行ベクトルを用いて $A = \begin{pmatrix} \mathbf{a}_1 & \cdots & \mathbf{a}_n \end{pmatrix}$ や $A = \begin{pmatrix} \mathbf{b}_1 \\ \vdots \\ \mathbf{b}_n \end{pmatrix}$ のように分割表示されている場合には $|A|$ を

$$\left| \begin{array}{ccc} \mathbf{a}_1 & \cdots & \mathbf{a}_n \end{array} \right|, \quad \left| \begin{array}{c} \mathbf{b}_1 \\ \vdots \\ \mathbf{b}_n \end{array} \right|$$

のようにも表す．行列の次数を明記する場合には，n 次の行列式という．

[2] 3次以下の場合

1次の場合には，置換は $\varphi = 1_N = \begin{pmatrix} 1 \\ 1 \end{pmatrix}$ のみでこれは偶置換（互換が 0 個）だから，

$$|a_1| = a_1$$

となる．絶対値と行列式の記号の区別がつかないので，前後の状況から判断する必要がある（絶対値なら $|-2| = 2$，行列式なら $|-2| = -2$）．

2次の場合には，問題 4.2 (1) の結果から，$\varphi_1 = \begin{pmatrix} 1 & 2 \\ 1 & 2 \end{pmatrix}$ が偶置換で，$\varphi_2 = \begin{pmatrix} 1 & 2 \\ 2 & 1 \end{pmatrix}$ が奇置換であり，$S_2 = \{\varphi_1, \varphi_2\}$ だから

$$\begin{aligned} \left| \begin{array}{cc} a_{11} & a_{12} \\ a_{21} & a_{22} \end{array} \right| &= \sum_{\varphi \in S_2} \operatorname{sgn} \varphi \cdot a_{1\varphi(1)} a_{2\varphi(2)} \\ &= \operatorname{sgn} \varphi_1 \cdot a_{1\varphi_1(1)} a_{2\varphi_1(2)} + \operatorname{sgn} \varphi_2 \cdot a_{1\varphi_2(1)} a_{2\varphi_2(2)} \\ &= a_{11} a_{22} - a_{12} a_{21} \end{aligned}$$

3次の場合も，問題 4.2 (1) により

$$\varphi_1 = 1_N = \begin{pmatrix} 1 & 2 & 3 \\ 1 & 2 & 3 \end{pmatrix}, \quad \varphi_2 = \begin{pmatrix} 1 & 2 & 3 \\ 2 & 3 & 1 \end{pmatrix}, \quad \varphi_3 = \begin{pmatrix} 1 & 2 & 3 \\ 3 & 1 & 2 \end{pmatrix}$$

が偶置換，

$$\varphi_4 = \begin{pmatrix} 1 & 2 & 3 \\ 3 & 2 & 1 \end{pmatrix}, \quad \varphi_5 = \begin{pmatrix} 1 & 2 & 3 \\ 2 & 1 & 3 \end{pmatrix}, \quad \varphi_6 = \begin{pmatrix} 1 & 2 & 3 \\ 1 & 3 & 2 \end{pmatrix}$$

が奇置換で，$S_3 = \{\varphi_1, \varphi_2, \cdots, \varphi_6\}$ だから

$$\begin{vmatrix} a_{11} & a_{12} & a_{13} \\ a_{21} & a_{22} & a_{23} \\ a_{31} & a_{32} & a_{33} \end{vmatrix} = \sum_{\varphi \in S_3} \operatorname{sgn} \varphi \cdot a_{1\varphi(1)} a_{2\varphi(2)} a_{3\varphi(3)}$$

$$= (a_{11}a_{22}a_{33} + a_{12}a_{23}a_{31} + a_{13}a_{21}a_{32})$$
$$-(a_{13}a_{22}a_{31} + a_{12}a_{21}a_{33} + a_{11}a_{23}a_{32})$$

以上をまとめておくと

---

(1) $|a_1| = a_1$

(2) $\begin{vmatrix} a_{11} & a_{12} \\ a_{21} & a_{22} \end{vmatrix} = a_{11}a_{22} - a_{12}a_{21}$

(3) $\begin{vmatrix} a_{11} & a_{12} & a_{13} \\ a_{21} & a_{22} & a_{23} \\ a_{31} & a_{32} & a_{33} \end{vmatrix} = \begin{array}{l}(a_{11}a_{22}a_{33} + a_{12}a_{23}a_{31} + a_{13}a_{21}a_{32}) \\ \quad -(a_{13}a_{22}a_{31} + a_{12}a_{21}a_{33} + a_{11}a_{23}a_{32})\end{array}$

上の公式は図 4-1 に示すように視覚化して覚えればよい．行列の成分を薄い線に沿って斜めにかけた項にプラスをつけ，濃い線に沿ってかけた項にマイナスをつけて足せばよい．この方法を**サラスの方法**という．4 次以上の正方行列についてはこのような簡便な計算ができないので，次節の行列式の性質を活用するか，または第 5 章の「行列式の展開」を用いる．

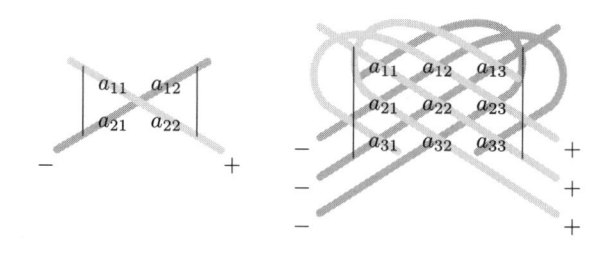

図 4-1 サラスの方法

例題 4.1

(1) $\begin{vmatrix} 2 & -3 \\ 5 & 1 \end{vmatrix} = 2 \times 1 - (-3) \times 5 = 17$

(2) $\begin{vmatrix} 2 & 0 & 4 \\ -3 & 5 & 1 \\ 0 & -6 & 2 \end{vmatrix} = \begin{matrix} 2 \times 5 \times 2 + 0 \times 1 \times 0 + 4 \times (-3) \times (-6) \\ -(4 \times 5 \times 0 + 0 \times (-3) \times 2 + 2 \times 1 \times (-6)) \end{matrix} = 104$

〔3〕特別な形の行列式

次の例題や補助定理のように，行列が特別な形をしていれば，4次以上であっても比較的簡単に行列式が求められることがある．

例題 4.2 次の式を証明せよ．

$$\begin{vmatrix} a_{11} & 0 & \cdots & \cdots & 0 \\ a_{21} & a_{22} & 0 & \cdots & 0 \\ \vdots & & \ddots & \ddots & \vdots \\ \vdots & & & \ddots & 0 \\ a_{n1} & a_{n2} & \cdots & \cdots & a_{nn} \end{vmatrix} = a_{11}a_{22}\cdots a_{nn}$$

解答　定義から

$$|A| = \sum_{\varphi \in S_n} \mathrm{sgn}\varphi \cdot a_{1\varphi(1)}a_{2\varphi(2)}\cdots a_{n\varphi(n)}$$

であるが，第1行に関して $j \geqq 2$ なら $a_{1j} = 0$ だから，$\varphi(1) \neq 1$ なら $a_{1\varphi(1)} = 0$ となり，和の中には $\varphi(1) = 1$ となる φ 以外は現れない．

$\varphi(1)\varphi(2)\cdots\varphi(n)$ は $1\,2\cdots n$ の順列だから，$\varphi(1) = 1$ ならば $\varphi(2)\cdots\varphi(n)$ は $2\cdots n$ の順列となり，$\varphi(2) \geqq 2$ である．しかし，第2行に関しては $j > 2$ なら $a_{2j} = 0$ だから，$\varphi(2) = 2$ となる φ のみが和の中に残る．

これを繰り返すと，和の中に残るのは $\varphi(1) = 1, \varphi(2) = 2, \cdots, \varphi(n) = n$ となる φ つまり $\varphi = 1_N$ のみとなり，式 (4.10) より $\mathrm{sgn}1_N = 1$ だから

$$|A| = \mathrm{sgn}1_N \cdot a_{1\,1_N(1)}a_{2\,1_N(2)}\cdots a_{n\,1_N(n)} = a_{11}a_{22}\cdots a_{nn}$$

❖ **補助定理 4.1** ❖

$$\begin{vmatrix} a_{11} & 0 & \cdots & 0 \\ a_{21} & a_{22} & \cdots & a_{2n} \\ \vdots & & & \vdots \\ a_{n1} & a_{n2} & \cdots & a_{nn} \end{vmatrix} = a_{11} \begin{vmatrix} a_{22} & \cdots & a_{2n} \\ \vdots & & \vdots \\ a_{n2} & \cdots & a_{nn} \end{vmatrix}$$

【証明】 例題 4.2 の解答の最初の段階を第 1 行に適用して

$$|A| = \sum_{\varphi \in S_n,\, \varphi(1)=1} \mathrm{sgn}\varphi \cdot a_{11} a_{2\varphi(2)} \cdots a_{n\varphi(n)}$$

ただし，$\displaystyle\sum_{\varphi \in S_n,\, \varphi(1)=1}$ は，S_n に属する φ のうち $\varphi(1) = 1$ であるようなものについてのみ和をとることを表す．このとき $\varphi(2) \cdots \varphi(n)$ は $(n-1)$ 個の数字 $2 \cdots n$ の順列であり

$$\mathrm{sgn}\begin{pmatrix} 1 & 2 & \cdots & n \\ 1 & \varphi(2) & \cdots & \varphi(n) \end{pmatrix} = \mathrm{sgn}\begin{pmatrix} 2 & \cdots & n \\ \varphi(2) & \cdots & \varphi(n) \end{pmatrix}$$

であることに注意すれば，φ を $(n-1)$ 次の置換とみなして

$$\sum_{\varphi \in S_n,\, \varphi(1)=1} \mathrm{sgn}\varphi \cdot a_{11} a_{2\varphi(2)} \cdots a_{n\varphi(n)} = \sum_{\varphi \in S_{n-1}} \mathrm{sgn}\varphi \cdot a_{11} a_{2\varphi(2)} \cdots a_{n\varphi(n)}$$

と書き表すことができる．各項に共通の定数 a_{11} を括り出し，また，行列式の定義から

$$\sum_{\varphi \in S_{n-1}} \mathrm{sgn}\varphi \cdot a_{2\varphi(2)} \cdots a_{n\varphi(n)} = \begin{vmatrix} a_{22} & \cdots & a_{2n} \\ \vdots & & \vdots \\ a_{n2} & \cdots & a_{nn} \end{vmatrix}$$

と書けることに注意すれば

$$|A| = a_{11} \begin{vmatrix} a_{22} & \cdots & a_{2n} \\ \vdots & & \vdots \\ a_{n2} & \cdots & a_{nn} \end{vmatrix}$$

■

上の証明において，S_n から S_{n-1} への言い換えをもう少していねいに書けば次のようになる．$i \geqq 2$, $j \geqq 2$ に対して $a_{ij} = b_{(i-1)(j-1)}$ とおき，n 次の置換

$$\varphi = \begin{pmatrix} 1 & 2 & \cdots & n \\ 1 & \varphi(2) & \cdots & \varphi(n) \end{pmatrix}$$

に対して $(n-1)$ 次の置換

$$\psi = \begin{pmatrix} 1 & 2 & \cdots & (n-1) \\ (\varphi(2)-1) & (\varphi(3)-1) & \cdots & (\varphi(n)-1) \end{pmatrix}$$

を対応させることにすれば，$\mathrm{sgn}\varphi = \mathrm{sgn}\psi$ であり，

$$\begin{aligned}
|A| &= \sum_{\varphi \in S_n,\, \varphi(1)=1} \mathrm{sgn}\varphi \cdot a_{11} a_{2\varphi(2)} \cdots a_{n\varphi(n)} \\
&= a_{11} \sum_{\psi \in S_{n-1}} \mathrm{sgn}\psi \cdot b_{1\psi(1)} \cdots b_{(n-1)\psi(n-1)} \\
&= a_{11} \begin{vmatrix} b_{11} & \cdots & b_{1(n-1)} \\ \vdots & & \vdots \\ b_{(n-1)1} & \cdots & b_{(n-1)(n-1)} \end{vmatrix} = a_{11} \begin{vmatrix} a_{22} & \cdots & a_{2n} \\ \vdots & & \vdots \\ a_{n2} & \cdots & a_{nn} \end{vmatrix}
\end{aligned}$$

問題 4.3 以下の行列式の計算をせよ．

(1) $\begin{vmatrix} 1 & -1 \\ 4 & 2 \end{vmatrix}$ (2) $\begin{vmatrix} a & b \\ 5 & 7 \end{vmatrix}$ (3) $\begin{vmatrix} i & 1 \\ -1 & i \end{vmatrix}$

(4) $\begin{vmatrix} 1 & 2 & 1 \\ 2 & -1 & 3 \\ 0 & 4 & -2 \end{vmatrix}$ (5) $\begin{vmatrix} 2 & 10 & 0.1 \\ 4 & -5 & 0.3 \\ 0 & 20 & -0.2 \end{vmatrix}$ (6) $\begin{vmatrix} 1 & 0 & 1 \\ 2 & 3 & -2 \\ 4 & 0 & -5 \end{vmatrix}$

(7) $\begin{vmatrix} a & a & b \\ a & b & a \\ a & a & b \end{vmatrix}$ (8) $\begin{vmatrix} 1 & 0 & 0 & 0 \\ 2 & 3 & 4 & 5 \\ 3 & 4 & 5 & 6 \\ 4 & 5 & 6 & 7 \end{vmatrix}$ (9) $\begin{vmatrix} 2 & 0 & 0 & 0 \\ 0 & 3 & 0 & 0 \\ 0 & 0 & 4 & 0 \\ 0 & 0 & 0 & 5 \end{vmatrix}$

(10) $\begin{vmatrix} a & 0 & 0 & 0 \\ a & b & 0 & 0 \\ a & b & c & 0 \\ a & b & c & d \end{vmatrix}$

4.3　行列式の性質

3次以下の行列式の計算は，前節に述べたサラスの方法（p.68）に尽きる．しかし，4次以上の場合の計算や，単に行列式の値を求めるだけでなくそれを応用するためには，行列式のもっている性質を調べておく必要がある．これらをいくつかの定理の形にまとめておこう．

❖ **定理 4.2** ❖
行列式の行と列を入れ替えても，つまり転置行列をとっても，行列式の値は変わらない．

3次の行列式で具体的に例を挙げると

$$\begin{vmatrix} 2 & 1 & 5 \\ 3 & 1 & 4 \\ 0 & 7 & 2 \end{vmatrix} = \begin{vmatrix} 2 & 3 & 0 \\ 1 & 1 & 7 \\ 5 & 4 & 2 \end{vmatrix}, \quad \begin{vmatrix} 2 & 1 & 5 \\ 3 & 1 & 4 \\ 0 & 7 & 2 \end{vmatrix} = \begin{vmatrix} 2 & 3 & 0 \\ 1 & 1 & 7 \\ 5 & 4 & 2 \end{vmatrix}$$

【証明】　A は n 次の正方行列で $A = (a_{ij})$，${}^t\!A = (b_{ij})$ とすると，$b_{ij} = a_{ji}$ となるから

$$\begin{aligned}
\left|{}^t\!A\right| &= \sum_{\varphi \in S_n} \mathrm{sgn}\,\varphi \cdot b_{1\varphi(1)} b_{2\varphi(2)} \cdots b_{n\varphi(n)} \\
&= \sum_{\varphi \in S_n} \mathrm{sgn}\,\varphi \cdot a_{\varphi(1)1} a_{\varphi(2)2} \cdots a_{\varphi(n)n}
\end{aligned}$$

ここで，n 個の成分の積 $a_{\varphi(1)1} a_{\varphi(2)2} \cdots a_{\varphi(n)n}$ において，a の最初のほうのサフィックスの順序に並べ替えると，

$$a_{\varphi(1)1} a_{\varphi(2)2} \cdots a_{\varphi(n)n} = a_{1\varphi^{-1}(1)} a_{2\varphi^{-1}(2)} \cdots a_{n\varphi^{-1}(n)}$$

と書くことができる．たとえば，$n=3$ の場合に $\varphi = \begin{pmatrix} 1 & 2 & 3 \\ 2 & 3 & 1 \end{pmatrix}$ とすれば $\varphi^{-1} = \begin{pmatrix} 1 & 2 & 3 \\ 3 & 1 & 2 \end{pmatrix}$ であり，

$$a_{\varphi(1)1} a_{\varphi(2)2} a_{\varphi(3)3} = a_{21} a_{32} a_{13} = a_{13} a_{21} a_{32} = a_{1\varphi^{-1}(1)} a_{2\varphi^{-1}(2)} a_{3\varphi^{-1}(3)}$$

となる．したがって

$$\left| {}^t A \right| = \sum_{\varphi \in S_n} \operatorname{sgn} \varphi \cdot a_{1\varphi^{-1}(1)} a_{2\varphi^{-1}(2)} \cdots a_{n\varphi^{-1}(n)}$$

さらに，式 (4.10) より $\operatorname{sgn} \varphi = \operatorname{sgn} \varphi^{-1}$ だから

$$\left| {}^t A \right| = \sum_{\varphi \in S_n} \operatorname{sgn} \varphi^{-1} \cdot a_{1\varphi^{-1}(1)} a_{2\varphi^{-1}(2)} \cdots a_{n\varphi^{-1}(n)}$$

置換 φ が S_n の中全体を動くとき，φ^{-1} も S_n の全体を動くから，和のとり方 $\sum_{\varphi \in S_n}$ は $\sum_{\varphi^{-1} \in S_n}$ と書くことができる．φ^{-1} をあらためて ψ と書くと

$$\left| {}^t A \right| = \sum_{\psi \in S_n} \operatorname{sgn} \psi \cdot a_{1\psi(1)} a_{2\psi(2)} \cdots a_{n\psi(n)} = \left| A \right| \quad \blacksquare$$

定理 4.2 から，行列式においては行について成り立つ命題は列についても成り立つことがわかる．したがって，以下の定理の証明では，特にことわらないまま行または列についてのみ証明を示す場合もある．

♣ 定理 4.3 ♣

行列式において，二つの行（または列）を入れ替えると，符号が変わる．

たとえば，次式の左は第 1 行と第 3 行を入れ替えたもの，右は第 1 列と第 2 列を入れ替えたものである．

$$\begin{vmatrix} 2 & 1 & 5 \\ 3 & 1 & 4 \\ 0 & 7 & 2 \end{vmatrix} = - \begin{vmatrix} 0 & 7 & 2 \\ 3 & 1 & 4 \\ 2 & 1 & 5 \end{vmatrix}, \quad \begin{vmatrix} 2 & 1 & 5 \\ 3 & 1 & 4 \\ 0 & 7 & 2 \end{vmatrix} = - \begin{vmatrix} 1 & 2 & 5 \\ 1 & 3 & 4 \\ 7 & 0 & 2 \end{vmatrix}$$

【証明】 定理 4.2 から，行の入れ替えについて証明すれば十分である．$A = (a_{ij})$ の k 行と ℓ 行（$k < \ell$）を入れ替えた行列を $B = (b_{ij})$ とする．

$$A = \begin{pmatrix} a_{11} & \cdots & a_{1n} \\ \vdots & & \vdots \\ a_{k1} & \cdots & a_{kn} \\ \vdots & & \vdots \\ a_{\ell 1} & \cdots & a_{\ell n} \\ \vdots & & \vdots \\ a_{n1} & \cdots & a_{nn} \end{pmatrix}, \quad B = \begin{pmatrix} b_{11} & \cdots & b_{1n} \\ \vdots & & \vdots \\ b_{k1} & \cdots & b_{kn} \\ \vdots & & \vdots \\ b_{\ell 1} & \cdots & b_{\ell n} \\ \vdots & & \vdots \\ b_{n1} & \cdots & b_{nn} \end{pmatrix} = \begin{pmatrix} a_{11} & \cdots & a_{1n} \\ \vdots & & \vdots \\ a_{\ell 1} & \cdots & a_{\ell n} \\ \vdots & & \vdots \\ a_{k1} & \cdots & a_{kn} \\ \vdots & & \vdots \\ a_{n1} & \cdots & a_{nn} \end{pmatrix}$$

したがって $b_{kj} = a_{\ell j}$, $b_{\ell j} = a_{kj}$ $(1 \leqq j \leqq n)$ で $i \neq k$, $i \neq \ell$ なら $b_{ij} = a_{ij}$ だから

$$|B| = \sum_{\varphi \in S_n} \mathrm{sgn}\,\varphi \cdot b_{1\varphi(1)} \cdots b_{k\varphi(k)} \cdots b_{\ell\varphi(\ell)} \cdots b_{n\varphi(n)}$$
$$= \sum_{\varphi \in S_n} \mathrm{sgn}\,\varphi \cdot a_{1\varphi(1)} \cdots a_{\ell\varphi(k)} \cdots a_{k\varphi(\ell)} \cdots a_{n\varphi(n)}$$

n 個の成分の積 $a_{1\varphi(1)} \cdots a_{\ell\varphi(k)} \cdots a_{k\varphi(\ell)} \cdots a_{n\varphi(n)}$ の順序を a の最初のサフィックスの順序に整頓すると $a_{1\varphi(1)} \cdots a_{k\varphi(\ell)} \cdots a_{\ell\varphi(k)} \cdots a_{n\varphi(n)}$ となるから

$$|B| = \sum_{\varphi \in S_n} \mathrm{sgn}\,\varphi \cdot a_{1\varphi(1)} \cdots a_{k\varphi(\ell)} \cdots a_{\ell\varphi(k)} \cdots a_{n\varphi(n)}$$

ここで置換 $\begin{pmatrix} 1 & \cdots & k & \cdots & \ell & \cdots & n \\ \varphi(1) & \cdots & \varphi(\ell) & \cdots & \varphi(k) & \cdots & \varphi(n) \end{pmatrix}$ を ψ とおくと

$$|B| = \sum_{\varphi \in S_n} \mathrm{sgn}\,\varphi \cdot a_{1\psi(1)} \cdots a_{k\psi(k)} \cdots a_{\ell\psi(\ell)} \cdots a_{n\psi(n)}$$

数字 $1, 2, \cdots, n$ に互換 (k, ℓ) を施し，その後に置換 φ を施すと

$$\begin{array}{ccccccc} 1 & \cdots & k & \cdots & \ell & \cdots & n \\ \downarrow & & \downarrow & & \downarrow & & n \\ 1 & \cdots & \ell & \cdots & k & \cdots & n \\ \downarrow & & \downarrow & & \downarrow & & n \\ \varphi(1) & \cdots & \varphi(\ell) & \cdots & \varphi(k) & \cdots & \varphi(n) \\ \| & & \| & & \| & & \| \\ \psi(1) & \cdots & \psi(k) & \cdots & \psi(\ell) & \cdots & \varphi(n) \end{array}$$

となることから，ψ は φ と互換 (k, ℓ) の積に等しいことがわかる．したがって φ と ψ は置換としての偶奇が逆となり，$\mathrm{sgn}\,\psi = -\mathrm{sgn}\,\varphi$ である．また，φ が S_n 全体を動くと ψ も S_n 全体を動くから，

$$|B| = -\sum_{\psi \in S_n} \operatorname{sgn} \psi \cdot a_{1\psi(1)} \cdots a_{k\psi(k)} \cdots a_{\ell\psi(\ell)} \cdots a_{n\psi(n)} = -|A|$$

∎

❖ 定理 4.4 ❖

一つの行（または列）を c 倍すれば，行列式は c 倍となる．

たとえば，次の上の例は第 3 行を 2 倍したもの，下の例は第 2 列を 3 倍したものである．

$$\begin{vmatrix} 2 & 1 & 5 \\ 3 & 1 & 4 \\ 2\times 0 & 2\times 7 & 2\times 2 \end{vmatrix} = 2\times \begin{vmatrix} 2 & 1 & 5 \\ 3 & 1 & 4 \\ 0 & 7 & 2 \end{vmatrix}$$

$$\begin{vmatrix} 2 & 3\times 1 & 5 \\ 3 & 3\times 1 & 4 \\ 0 & 3\times 7 & 2 \end{vmatrix} = 3\times \begin{vmatrix} 2 & 1 & 5 \\ 3 & 1 & 4 \\ 0 & 7 & 2 \end{vmatrix}$$

【証明】 $A = (a_{ij})$ の第 k 行を c 倍した行列を $B = (b_{ij})$ とすると，$b_{kj} = c\, a_{kj}$ $(1 \leq j \leq n)$ で $i \neq k$ ならば $b_{ij} = a_{ij}$ だから

$$\begin{aligned}
|B| &= \sum_{\varphi \in S_n} \operatorname{sgn} \varphi \cdot b_{1\varphi(1)} \cdots b_{k\varphi(k)} \cdots b_{n\varphi(n)} \\
&= \sum_{\varphi \in S_n} \operatorname{sgn} \varphi \cdot a_{1\varphi(1)} \cdots c\, a_{k\varphi(k)} \cdots a_{n\varphi(n)} \\
&= c \sum_{\varphi \in S_n} \operatorname{sgn} \varphi \cdot a_{1\varphi(1)} \cdots a_{k\varphi(k)} \cdots a_{n\varphi(n)} = c\,|A|
\end{aligned}$$

∎

❖ 定理 4.5 ❖

行列 A の一つの行（または列）が二つの行ベクトル（または列ベクトル）の和になっているとき，その行（または列）をそれぞれの行ベクトル（または列ベクトル）で置き換えてできる行列を B, C とすれば，$|A| = |B| + |C|$．

たとえば第 2 列が二つの列ベクトルの和になっていれば

$$\begin{vmatrix} 2 & 1+2 & 5 \\ 3 & 1+3 & 4 \\ 0 & 7+5 & 2 \end{vmatrix} = \begin{vmatrix} 2 & 1 & 5 \\ 3 & 1 & 4 \\ 0 & 7 & 2 \end{vmatrix} + \begin{vmatrix} 2 & 2 & 5 \\ 3 & 3 & 4 \\ 0 & 5 & 2 \end{vmatrix}$$

第1行が二つの行ベクトルの和になっていれば

$$\begin{vmatrix} 2+3 & 1+5 & 5+7 \\ 3 & 1 & 4 \\ 0 & 7 & 2 \end{vmatrix} = \begin{vmatrix} 2 & 1 & 5 \\ 3 & 1 & 4 \\ 0 & 7 & 2 \end{vmatrix} + \begin{vmatrix} 3 & 5 & 7 \\ 3 & 1 & 4 \\ 0 & 7 & 2 \end{vmatrix}$$

【証明】 行列 $A = (a_{ij})$ の第 k 行 $\mathbf{a}_k = (a_{k1}, \cdots, a_{kn})$ が二つの行ベクトル $\mathbf{b}_k = (b_{k1}, \cdots, b_{kn})$ と $\mathbf{c}_k = (c_{k1}, \cdots, c_{kn})$ の和になっていれば, $a_{kj} = b_{kj} + c_{kj}$ $(1 \leqq j \leqq n)$ だから

$$|A| = \begin{vmatrix} \mathbf{a}_1 \\ \vdots \\ \mathbf{b}_k + \mathbf{c}_k \\ \vdots \\ \mathbf{a}_n \end{vmatrix} = \sum_{\varphi \in S_n} \mathrm{sgn}\,\varphi \cdot a_{1\varphi(1)} \cdots (b_{k\varphi(k)} + c_{k\varphi(k)}) \cdots a_{n\varphi(n)}$$

$$= \sum_{\varphi \in S_n} \mathrm{sgn}\,\varphi \cdot a_{1\varphi(1)} \cdots b_{k\varphi(k)} \cdots a_{n\varphi(n)}$$
$$+ \sum_{\varphi \in S_n} \mathrm{sgn}\,\varphi \cdot a_{1\varphi(1)} \cdots c_{k\varphi(k)} \cdots a_{n\varphi(n)}$$

$$= \begin{vmatrix} \mathbf{a}_1 \\ \vdots \\ \mathbf{b}_k \\ \vdots \\ \mathbf{a}_n \end{vmatrix} + \begin{vmatrix} \mathbf{a}_1 \\ \vdots \\ \mathbf{c}_k \\ \vdots \\ \mathbf{a}_n \end{vmatrix}$$ ■

❖ 定理 4.6 ❖

行列 A の二つの行（または列）が等しければ, $|A| = 0$.

たとえば

$$\begin{vmatrix} 2 & 1 & 5 \\ 3 & 1 & 4 \\ 2 & 1 & 5 \end{vmatrix} = 0, \quad \begin{vmatrix} 2 & 5 & 5 \\ 3 & 4 & 4 \\ 0 & 2 & 2 \end{vmatrix} = 0$$

【証明】 A の k 列と ℓ 列 $(k \neq \ell)$ が等しいとする．k 列と ℓ 列を入れ替えれば，定理 4.3 より行列式の符号が変わるから，

$$|A| = |\mathbf{a}_1 \cdots \mathbf{a}_k \cdots \mathbf{a}_\ell \cdots \mathbf{a}_n| = -|\mathbf{a}_1 \cdots \mathbf{a}_\ell \cdots \mathbf{a}_k \cdots \mathbf{a}_n|$$

k 列と ℓ 列が等しいから，

$$|A| = -|\mathbf{a}_1 \cdots \mathbf{a}_\ell \cdots \mathbf{a}_k \cdots \mathbf{a}_n| = -|A|$$

したがって $|A| = 0$. ∎

❖ 定理 4.7 ❖

行列の一つの行（または列）に他の行（または列）の定数倍を加えても，行列式の値は変わらない．

たとえば第 2 行を 2 倍して第 1 行に加えれば

$$\begin{vmatrix} 3 & 2 & 1 \\ 1 & 4 & 1 \\ 5 & 6 & 5 \end{vmatrix} = \begin{vmatrix} 3+2\times 1 & 2+2\times 4 & 1+2\times 1 \\ 1 & 4 & 1 \\ 5 & 6 & 5 \end{vmatrix}$$

あるいは第 3 列を -2 倍して第 1 列に加えれば

$$\begin{vmatrix} 3 & 2 & 1 \\ 1 & 4 & 1 \\ 5 & 6 & 5 \end{vmatrix} = \begin{vmatrix} 3+(-2)\times 1 & 2 & 1 \\ 1+(-2)\times 1 & 4 & 1 \\ 5+(-2)\times 5 & 6 & 5 \end{vmatrix}$$

【証明】 $|A| = |\mathbf{a}_1 \cdots \mathbf{a}_n|$ とする．$|A|$ の第 k 列に第 ℓ 列 $(k \neq \ell)$ の c 倍を加えて定理 4.5 を適用すれば

$$|\mathbf{a}_1 \cdots \mathbf{a}_k + c\mathbf{a}_\ell \cdots \mathbf{a}_\ell \cdots \mathbf{a}_n|$$
$$= |\mathbf{a}_1 \cdots \mathbf{a}_k \cdots \mathbf{a}_\ell \cdots \mathbf{a}_n| + |\mathbf{a}_1 \cdots c\mathbf{a}_\ell \cdots \mathbf{a}_\ell \cdots \mathbf{a}_n|$$

さらに定理 4.4 を第 2 項の第 ℓ 列に用いれば

$$|\mathbf{a}_1 \cdots \mathbf{a}_k + c\mathbf{a}_\ell \cdots \mathbf{a}_\ell \cdots \mathbf{a}_n|$$
$$= |\mathbf{a}_1 \cdots \mathbf{a}_k \cdots \mathbf{a}_\ell \cdots \mathbf{a}_n| + c\,|\mathbf{a}_1 \cdots \mathbf{a}_\ell \cdots \mathbf{a}_\ell \cdots \mathbf{a}_n|$$

第2項は第k列と第ℓ列が等しいので定理4.6より消えるから

$$|\mathbf{a}_1\cdots\mathbf{a}_k+c\mathbf{a}_\ell\cdots\mathbf{a}_\ell\cdots\mathbf{a}_n|=|\mathbf{a}_1\cdots\mathbf{a}_k\cdots\mathbf{a}_\ell\cdots\mathbf{a}_n|=|A|$$ ∎

以上の定理で述べた行列式の性質のうち,最も頻繁に用いられるのは定理4.4と定理4.7である.以下の例題で示すように,これらの定理を用いれば3次以下の行列式の計算がより簡単に計算できる(それだけ計算ミスを防ぐことができる)ばかりではなく,補助定理4.1と組み合わせることにより4次以上の行列式の計算もできるようになる.ポイントは,行または列の共通因数を外に出すこと,0となる成分を増やすこと,特に4次以上の場合には補助定理4.1の形に変形すること,である.なお,4次以上の行列式の計算については,次の章で述べる「行列式の展開」を用いるほうが便利である.

例題 4.3 以下の行列式の計算をせよ.

(1) $\begin{vmatrix} 3 & 9 & 6 \\ 20 & -10 & 5 \\ 7 & -7 & 35 \end{vmatrix}$ (2) $\begin{vmatrix} 6 & 1 & 48 \\ 9 & 2 & 6 \\ 9 & -1 & 30 \end{vmatrix}$ (3) $\begin{vmatrix} 2 & 1 & -1 & 0 \\ 3 & 2 & -1 & 1 \\ 1 & -8 & 5 & 2 \\ -2 & 3 & 0 & -4 \end{vmatrix}$

解答

(1) 第1行は$(3\times1,\ 3\times3,\ 3\times2)$と書けるから,定理4.4により共通因数の3を行列式の外に出すことができる.同様に第2行の共通因数5と第3行の共通因数7も外に出して

$$\begin{vmatrix} 3 & 9 & 6 \\ 20 & -10 & 5 \\ 7 & -7 & 35 \end{vmatrix}=3\cdot5\cdot7\cdot\begin{vmatrix} 1 & 3 & 2 \\ 4 & -2 & 1 \\ 1 & -1 & 5 \end{vmatrix}$$

次に,たとえば$(1,1)$成分の1に着目して第1列を$\begin{pmatrix} 1 \\ 0 \\ 0 \end{pmatrix}$の形にしたい.このため,第1行を$(-4)$倍して第2行に加える,つまり第1行の4倍を第2行から引く.定理4.7により,このような操作をしても行列式の値は変わらない.同様に第3行から第1行を引いて

$$\text{与式} = 105 \begin{vmatrix} 1 & 3 & 2 \\ 0 & -14 & -7 \\ 0 & -4 & 3 \end{vmatrix}$$

この式に補助定理 4.1 を用いて，正確にいえば定理 4.2 により補助定理 4.1 は転置した形でも成り立つから，それを用いて

$$\text{与式} = 105 \cdot 1 \cdot \begin{vmatrix} -14 & -7 \\ -4 & 3 \end{vmatrix} = 105(-42 - 28) = -7350$$

(2) 第 1 列と第 3 列から因数 3 と 6 を出し，第 2 行 − 第 1 行 × 2，第 3 行 + 第 1 行を行うと

$$\begin{vmatrix} 6 & 1 & 48 \\ 9 & 2 & 6 \\ 9 & -1 & 30 \end{vmatrix} = 3 \cdot 6 \cdot \begin{vmatrix} 2 & 1 & 8 \\ 3 & 2 & 1 \\ 3 & -1 & 5 \end{vmatrix} = 18 \begin{vmatrix} 2 & 1 & 8 \\ -1 & 0 & -15 \\ 5 & 0 & 13 \end{vmatrix}$$

補助定理 4.1 を用いるために第 1 列と第 2 列を入れ替えると，定理 4.3 から行列式の符号が変わるから

$$\text{与式} = -18 \begin{vmatrix} 1 & 2 & 8 \\ 0 & -1 & -15 \\ 0 & 5 & 13 \end{vmatrix} = -18 \cdot 1 \cdot \begin{vmatrix} -1 & -15 \\ 5 & 13 \end{vmatrix}$$
$$= -18(-13 + 75) = -1116$$

(3) (1, 2) 成分の 1 に着目して，第 1 列 − 第 2 列 × 2，第 3 列 + 第 2 列を施せば

$$\begin{vmatrix} 2 & 1 & -1 & 0 \\ 3 & 2 & -1 & 1 \\ 1 & -8 & 5 & 2 \\ -2 & 3 & 0 & -4 \end{vmatrix} = \begin{vmatrix} 0 & 1 & 0 & 0 \\ -1 & 2 & 1 & 1 \\ 17 & -8 & -3 & 2 \\ -8 & 3 & 3 & -4 \end{vmatrix}$$

第 1 列と第 2 列を入れ替えて補助定理 4.1 を用いれば

$$\text{与式} = -\begin{vmatrix} 1 & 0 & 0 & 0 \\ 2 & -1 & 1 & 1 \\ -8 & 17 & -3 & 2 \\ 3 & -8 & 3 & -4 \end{vmatrix} = -1 \cdot \begin{vmatrix} -1 & 1 & 1 \\ 17 & -3 & 2 \\ -8 & 3 & -4 \end{vmatrix}$$

第 2 列と第 3 列に第 1 列を加えて，補助定理 4.1 を再び用いれば

$$与式 = -\begin{vmatrix} -1 & 0 & 0 \\ 17 & 14 & 19 \\ -8 & -5 & -12 \end{vmatrix} = \begin{vmatrix} 14 & 19 \\ -5 & -12 \end{vmatrix}$$
$$= -168 + 95 = -73$$

例題 4.4 $P = \begin{vmatrix} 1 & 1 & 1 \\ a & b & c \\ a^2 & b^2 & c^2 \end{vmatrix}$ を因数分解せよ.

解答 第 2 列と第 3 列から第 1 列を引いて

$$P = \begin{vmatrix} 1 & 0 & 0 \\ a & b-a & c-a \\ a^2 & b^2-a^2 & c^2-a^2 \end{vmatrix} = \begin{vmatrix} b-a & c-a \\ (b-a)(b+a) & (c-a)(c+a) \end{vmatrix}$$
$$= (b-a)(c-a)\begin{vmatrix} 1 & 1 \\ (b+a) & (c+a) \end{vmatrix} = (b-a)(c-a)(c-b)$$

問題 4.4 行列式の計算をせよ.

(1) $\begin{vmatrix} 1 & 2 & 3 \\ 4 & 5 & 6 \\ 7 & 8 & 9 \end{vmatrix}$ (2) $\begin{vmatrix} 4 & 8 & 1 \\ 6 & 2 & 7 \\ 3 & 6 & 9 \end{vmatrix}$ (3) $\begin{vmatrix} 3 & 2 & 1 \\ -4 & 1 & 2 \\ 2 & 4 & 3 \end{vmatrix}$

(4) $\begin{vmatrix} 0 & 1 & -2 & 3 \\ 1 & 0 & -3 & -2 \\ -2 & 3 & -1 & 0 \\ 3 & -2 & 0 & 1 \end{vmatrix}$ (5) $\begin{vmatrix} 1 & -1 & 0 & -1 & 0 \\ -3 & 4 & 1 & 3 & -1 \\ 4 & -3 & 1 & -5 & 2 \\ -1 & 2 & 3 & 1 & 3 \\ 2 & 1 & -3 & 5 & 4 \end{vmatrix}$

4.4 外積と行列式

2.1 節で述べたように,空間のベクトル $\mathbf{a} \neq \mathbf{0}$, $\mathbf{b} \neq \mathbf{0}$ が平行でなければ,その外積 $\mathbf{a} \times \mathbf{b}$ は $\mathbf{a}$ にも $\mathbf{b}$ にも垂直で,$\mathbf{a} \times \mathbf{b}$ の長さは $\mathbf{a}$ と $\mathbf{b}$ の張る平行四辺形の面積に等しい.ここでは,行列式を用いてこれを示そう.$\mathbf{a}$, $\mathbf{b}$, $\mathbf{a} \times \mathbf{b}$ がこの順序で右手系をなすことについては,8.4 節で述べる.

空間の三つのベクトル $\mathbf{a}$, $\mathbf{b}$, $\mathbf{c}$ に対して,$(\mathbf{a} \times \mathbf{b}) \cdot \mathbf{c}$ で定まる値を $\mathbf{a}$, $\mathbf{b}$, $\mathbf{c}$ の**スカラー 3 重積**という.成分で表せば,$\mathbf{a} = (a_1, a_2, a_3)$, $\mathbf{b} = (b_1, b_2, b_3)$, $\mathbf{c} = (c_1, c_2, c_3)$

とするとき

$$(\mathbf{a} \times \mathbf{b}) \cdot \mathbf{c} = \begin{vmatrix} a_1 & a_2 & a_3 \\ b_1 & b_2 & b_3 \\ c_1 & c_2 & c_3 \end{vmatrix} \tag{4.12}$$

となる．実際，左辺を計算すると

$$\begin{aligned}
(\mathbf{a} \times \mathbf{b}) \cdot \mathbf{c} &= (a_2b_3 - a_3b_2,\ a_3b_1 - a_1b_3,\ a_1b_2 - a_2b_1) \cdot (c_1, c_2, c_3) \\
&= (a_2b_3 - a_3b_2)c_1 + (a_3b_1 - a_1b_3)c_2 + (a_1b_2 - a_2b_1)c_3 \\
&= (a_1b_2c_3 + a_2b_3c_1 + a_3b_1c_2) - (a_3b_2c_1 + a_2b_1c_3 + a_1b_3c_2)
\end{aligned}$$

となり，右辺の行列式に等しい．

式 (4.12) で特に $\mathbf{c} = \mathbf{a}$ とすると，右辺の行列式の第 1 行と第 3 行が等しくなり，行列式の値は 0 となる．つまり，$(\mathbf{a} \times \mathbf{b}) \cdot \mathbf{a} = 0$ だから，$\mathbf{a} \times \mathbf{b}$ と $\mathbf{a}$ は互いに垂直であることがわかる．同様に，$\mathbf{a} \times \mathbf{b}$ と $\mathbf{b}$ も互いに垂直である（図 4-2）．

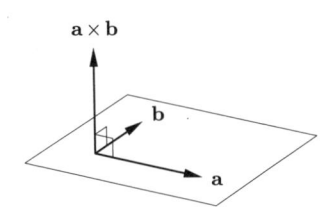

図 4-2　$\mathbf{a} \times \mathbf{b}$ は $\mathbf{a}$ と $\mathbf{b}$ に垂直

ここで，$\mathbf{a}$ と $\mathbf{b}$ の張る平行四辺形を考える（図 4-3）．$\mathbf{a}, \mathbf{b}$ のなす角を θ とすると，式 (1.1)（p.4）より

$$\cos\theta = \frac{\mathbf{a} \cdot \mathbf{b}}{|\mathbf{a}||\mathbf{b}|} \tag{4.13}$$

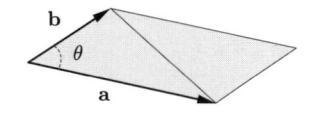

図 4-3　$\mathbf{a}$ と $\mathbf{b}$ の張る平行四辺形

$\mathbf{a}$ と $\mathbf{b}$ の張る平行四辺形の面積を S とすると，S は $\mathbf{a}$ と $\mathbf{b}$ の張る三角形の面積の 2 倍で，三角形の面積は正弦定理で計算されるから

$$S = 2 \times \frac{1}{2} |\mathbf{a}| |\mathbf{b}| \sin\theta = |\mathbf{a}| |\mathbf{b}| \sin\theta$$

したがって，式 (4.13) に注意して

$$\begin{aligned}
S^2 &= |\mathbf{a}|^2 |\mathbf{b}|^2 \sin^2\theta = (\mathbf{a} \cdot \mathbf{a})(\mathbf{b} \cdot \mathbf{b})(1 - \cos^2\theta) \\
&= (\mathbf{a} \cdot \mathbf{a})(\mathbf{b} \cdot \mathbf{b}) - (\mathbf{a} \cdot \mathbf{b})^2 \\
&= \left(a_1^2 + a_2^2 + a_3^2\right)\left(b_1^2 + b_2^2 + b_3^2\right) - (a_1 b_1 + a_2 b_2 + a_3 b_3)^2 \\
&= (a_2 b_3 - a_3 b_2)^2 + (a_3 b_1 - a_1 b_3)^2 + (a_1 b_2 - a_2 b_1)^2 \\
&= |(a_2 b_3 - a_3 b_2,\ a_3 b_1 - a_1 b_3,\ a_1 b_2 - a_2 b_1)|^2 = |\mathbf{a} \times \mathbf{b}|^2
\end{aligned}$$

ゆえに

$$|\mathbf{a} \times \mathbf{b}| = S \tag{4.14}$$

つまり，二つのベクトルの外積 $\mathbf{a} \times \mathbf{b}$ の長さは，$\mathbf{a}$ と $\mathbf{b}$ の張る平行四辺形の面積に等しい．

問題 4.5　三つのベクトル $\mathbf{a}$，$\mathbf{b}$，$\mathbf{c}$ の張る平行六面体の体積は，$\mathbf{a}$，$\mathbf{b}$，$\mathbf{c}$ のスカラー 3 重積の絶対値に等しいことを示せ（図 4-4 右図）．

☞ 平行六面体の体積は，底面積と高さの積で求められる．高さを計算するには，$\mathbf{a} \times \mathbf{b}$ と $\mathbf{c}$ の間の角 θ に着目せよ．

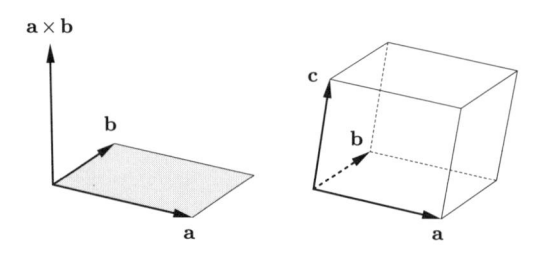

図 4-4　外積 $\mathbf{a} \times \mathbf{b}$ と $\mathbf{a}$，$\mathbf{b}$，$\mathbf{c}$ の張る平行六面体

章末問題

1 $N = \{1, 2, \cdots, n\}$ の置換 φ, ψ について次の式を証明せよ．

(1) $\operatorname{sgn} 1_N = 1$ (2) $\operatorname{sgn}(\varphi^{-1}) = \operatorname{sgn}\varphi$ (3) $\operatorname{sgn}(\psi\varphi) = (\operatorname{sgn}\psi)(\operatorname{sgn}\varphi)$

2 次の行列式を計算せよ．

(1) $\begin{vmatrix} 1 & -1 & 1 & -1 \\ 1 & 2 & 3 & 4 \\ 2 & 3 & 4 & 1 \\ 5 & 4 & 3 & 2 \end{vmatrix}$ (2) $\begin{vmatrix} 1 & 2 & -1 & -3 \\ 2 & 1 & -3 & 1 \\ -1 & -3 & 1 & 2 \\ -3 & 1 & 1 & 2 \end{vmatrix}$

(3) $\begin{vmatrix} a & b & c & d \\ -a & b & c & d \\ -a & -b & c & d \\ -a & -b & -c & d \end{vmatrix}$ (4) $\begin{vmatrix} \sin u \cos v & \cos u \cos v & \sin v \\ \sin u \sin v & \cos u \sin v & \cos v \\ \cos u & -\sin u & 0 \end{vmatrix}$

3 x を未知数とする次の方程式を解け．

(1) $\begin{vmatrix} x-2 & 1 & -1 \\ 1 & x-2 & 1 \\ -1 & 1 & x-2 \end{vmatrix} = 0$ (2) $\begin{vmatrix} x-3 & 2 & 1 \\ 1 & x-3 & 2 \\ 2 & 1 & x-3 \end{vmatrix} = 0$

4 次の問いに答えよ．

(1) 三つのベクトル $\mathbf{a}, \mathbf{b}, \mathbf{c}$ の張る四面体の体積は，$\mathbf{a}, \mathbf{b}, \mathbf{c}$ の張る平行六面体の体積の $\dfrac{1}{6}$ に等しいことを示せ．

☞ 四面体（三角錐）の体積は四角錐の体積の半分．四角錐の体積は，底面積×高さ÷3．

(2) $\mathbf{a} = (3, 2, 1), \mathbf{b} = (1, 0, -1), \mathbf{c} = (-1, 4, 3)$ の張る四面体の体積を求めよ．

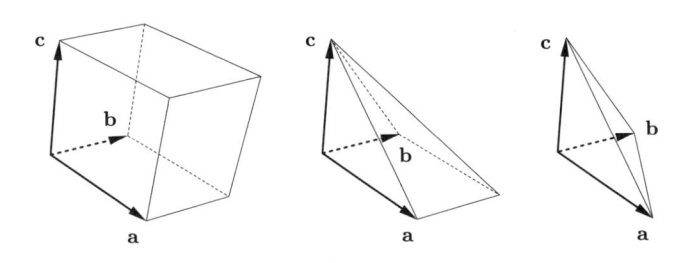

第 5 章

行列式の展開

3次までの行列式の値はサラスの方法と行列式の性質を併用すれば簡単に計算できるが，4次以上の行列式の計算にはこの章で紹介する行列式の展開が便利である．また，第1章で述べた2次の逆行列の公式を，3次以上の場合に拡張する．

キーワード 余因子，行列式の展開，余因子による逆行列の表現．

5.1 余因子と展開

〔1〕余因子

4次以上の行列式は，例題 4.3 (p.78) の (3) や問題 4.4 (p.80) の (4), (5) のように，行列式の性質と補助定理 4.1 (p.70) を用いて計算されるのだが，これを効率良く組織的に行うために「行列式の展開」を考える．その準備として，行列の余因子を定義する．

たとえば 3×3 行列 $A = \begin{pmatrix} 1 & 2 & 3 \\ 2 & 3 & 4 \\ 3 & 4 & 1 \end{pmatrix}$ を考えてみよう．A の第2行と第3列を取り除くと 2×2 行列 $\begin{pmatrix} 1 & 2 \\ 3 & 4 \end{pmatrix}$ ができる．その行列式の値 $\begin{vmatrix} 1 & 2 \\ 3 & 4 \end{vmatrix} = -2$ を

D_{23} で表し，A の $(2,3)$ **小行列式**という．D_{23} の添え字は，取り除かれた行と列の番号に対応している．さらに，小行列式に符号をつけた $(-1)^{2+3}D_{23} = 2$ を A_{23} で表し，A の $(2,3)$ **余因子**という．ここで $(-1)^{2+3}$ の指数は，D_{23} の添え字の和である．

$$A = \begin{pmatrix} 1 & 2 & 3 \\ 2 & 3 & 4 \\ 3 & 4 & 1 \end{pmatrix} \quad \overset{\text{第2行と第3列を}}{\underset{}{\Longrightarrow}} \quad D_{23} = \begin{vmatrix} 1 & 2 \\ 3 & 4 \end{vmatrix} = -2$$

$$\Longrightarrow \quad A_{23} = (-1)^{2+3}D_{23} = 2$$

同様に

$$D_{12} = \begin{vmatrix} 2 & 4 \\ 3 & 1 \end{vmatrix} = -10, \quad A_{12} = (-1)^{1+2}D_{12} = 10$$

$$D_{32} = \begin{vmatrix} 1 & 3 \\ 2 & 4 \end{vmatrix} = -2, \quad A_{32} = (-1)^{3+2}D_{32} = 2$$

なお，小行列式と余因子の符号の違い $(-1)^{i+j}$ は，次のように左上の $(1,1)$ 成分から始まってプラス・マイナスが交互に分布するパターンで考えれば楽である．

$$\begin{pmatrix} + & - \\ - & + \end{pmatrix}, \quad \begin{pmatrix} + & - & + \\ - & + & - \\ + & - & + \end{pmatrix}, \quad \begin{pmatrix} + & - & + & - \\ - & + & - & + \\ + & - & + & - \\ - & + & - & + \end{pmatrix}, \quad \cdots$$

たとえば，A_{12} は $(1,2)$ の位置の符号が $-$ だから，$A_{12} = -D_{12}$ というように機械的に $\pm$ をつければよい．

以上に述べたことを一般的な形で表現しておこう．n 次の正方行列 $A = (a_{ij})$ に対し，A の i 行と j 列を取り除いてできる $(n-1)$ 次の正方行列の行列式を D_{ij} で表し，A の (i,j) **小行列式**，あるいは a_{ij} の小行列式という．また，これに符号をつけて $(-1)^{i+j}D_{ij}$ としたものを A_{ij} で表し，A の (i,j) **余因子**，あるいは a_{ij} の余因子という．図式的に表せば

$$A = \begin{pmatrix} a_{11} & \cdots & a_{1(j-1)} & a_{1j} & a_{i(j+1)} & \cdots & a_{1n} \\ \vdots & & \vdots & \vdots & \vdots & & \vdots \\ a_{(i-1)1} & \cdots & a_{(i-1)(j-1)} & a_{(i-1)j} & a_{(i-1)(j+1)} & \cdots & a_{(i-1)n} \\ a_{i1} & \cdots & a_{i(j-1)} & a_{ij} & a_{i(j+1)} & \cdots & a_{in} \\ a_{(i+1)1} & \cdots & a_{(i+1)(j-1)} & a_{(i+1)j} & a_{(i+1)(j+1)} & \cdots & a_{(i+1)n} \\ \vdots & & \vdots & \vdots & \vdots & & \vdots \\ a_{n1} & \cdots & a_{n(j-1)} & a_{nj} & a_{n(j+1)} & \cdots & a_{nn} \end{pmatrix}$$

$$\Longrightarrow D_{ij} = \begin{vmatrix} a_{11} & \cdots & a_{1(j-1)} & a_{i(j+1)} & \cdots & a_{1n} \\ \vdots & & \vdots & \vdots & & \vdots \\ a_{(i-1)1} & \cdots & a_{(i-1)(j-1)} & a_{(i-1)(j+1)} & \cdots & a_{(i-1)n} \\ a_{(i+1)1} & \cdots & a_{(i+1)(j-1)} & a_{(i+1)(j+1)} & \cdots & a_{(i+1)n} \\ \vdots & & \vdots & \vdots & & \vdots \\ a_{n1} & \cdots & a_{n(j-1)} & a_{n(j+1)} & \cdots & a_{nn} \end{vmatrix}$$

$$\Longrightarrow A_{ij} = (-1)^{i+j} D_{ij}$$

問題 5.1 行列 $A = \begin{pmatrix} 1 & 0 & 2 \\ -2 & 1 & 4 \\ 0 & 3 & -1 \end{pmatrix}$ の余因子をすべて求めよ．

〔2〕行列式の展開

まず例を用いて，展開のアイデアを説明しよう．

行列 $A = \begin{pmatrix} 2 & 0 & 1 \\ 3 & 1 & 2 \\ 2 & 3 & 5 \end{pmatrix}$ の，たとえば第 3 行に注目する．第 3 行は三つの行ベクトルの和として

$$(2\ 3\ 5) = (2\ 0\ 0) + (0\ 3\ 0) + (0\ 0\ 5)$$

のように表されるから，定理 4.5 (p.75) を用いて

$$|A| = \begin{vmatrix} 2 & 0 & 1 \\ 3 & 1 & 2 \\ 2 & 3 & 5 \end{vmatrix} = \begin{vmatrix} 2 & 0 & 1 \\ 3 & 1 & 2 \\ 2 & 0 & 0 \end{vmatrix} + \begin{vmatrix} 2 & 0 & 1 \\ 3 & 1 & 2 \\ 0 & 3 & 0 \end{vmatrix} + \begin{vmatrix} 2 & 0 & 1 \\ 3 & 1 & 2 \\ 0 & 0 & 5 \end{vmatrix}$$

のように分解される．右辺の各項を補助定理 4.1 の形にするため，第 3 行を第 1 行にもってくる．そのとき，直接第 3 行と第 1 行を交換すれば第 2 行と第 1 行の順序が逆転して，あとで余因子を考えるとき不都合だから，まず第 3 行と第 2 行を入れ替え，その新しい第 2 行と第 1 行を入れ替える．定理 4.3（p.73）により行の入れ替えで行列式の符号が変わるから

$$|A| = (-1) \begin{vmatrix} 2 & 0 & 1 \\ 2 & 0 & 0 \\ 3 & 1 & 2 \end{vmatrix} + (-1) \begin{vmatrix} 2 & 0 & 1 \\ 0 & 3 & 0 \\ 3 & 1 & 2 \end{vmatrix} + (-1) \begin{vmatrix} 2 & 0 & 1 \\ 0 & 0 & 5 \\ 3 & 1 & 2 \end{vmatrix}$$

$$= (-1)^2 \begin{vmatrix} 2 & 0 & 0 \\ 2 & 0 & 1 \\ 3 & 1 & 2 \end{vmatrix} + (-1)^2 \begin{vmatrix} 0 & 3 & 0 \\ 2 & 0 & 1 \\ 3 & 1 & 2 \end{vmatrix} + (-1)^2 \begin{vmatrix} 0 & 0 & 5 \\ 2 & 0 & 1 \\ 3 & 1 & 2 \end{vmatrix}$$

次に，第 2 項の第 2 列を第 1 列に，第 3 項の第 3 列を第 1 列にもってくる．このとき第 3 項ではまず第 3 列と第 2 列を入れ替え，その新しい第 2 列と第 1 列を入れ替えて

$$|A| = (-1)^2 \begin{vmatrix} 2 & 0 & 0 \\ 2 & 0 & 1 \\ 3 & 1 & 2 \end{vmatrix} + (-1)^{2+1} \begin{vmatrix} 3 & 0 & 0 \\ 0 & 2 & 1 \\ 1 & 3 & 2 \end{vmatrix} + (-1)^{2+1} \begin{vmatrix} 0 & 5 & 0 \\ 2 & 1 & 0 \\ 3 & 2 & 1 \end{vmatrix}$$

$$= (-1)^2 \begin{vmatrix} 2 & 0 & 0 \\ 2 & 0 & 1 \\ 3 & 1 & 2 \end{vmatrix} + (-1)^{2+1} \begin{vmatrix} 3 & 0 & 0 \\ 0 & 2 & 1 \\ 1 & 3 & 2 \end{vmatrix} + (-1)^{2+2} \begin{vmatrix} 5 & 0 & 0 \\ 1 & 2 & 0 \\ 2 & 3 & 1 \end{vmatrix}$$

補助定理 4.1 により

$$|A| = 2 \times (-1)^2 \begin{vmatrix} 0 & 1 \\ 1 & 2 \end{vmatrix} + 3 \times (-1)^{2+1} \begin{vmatrix} 2 & 1 \\ 3 & 2 \end{vmatrix} + 5 \times (-1)^{2+2} \begin{vmatrix} 2 & 0 \\ 3 & 1 \end{vmatrix}$$

ここで，第 1 項の因数 $(-1)^2 \begin{vmatrix} 0 & 1 \\ 1 & 2 \end{vmatrix}$ は A の $(3,1)$ 余因子 A_{31} に等しい．なぜなら逆にたどってみると

$$(-1)^2 \begin{vmatrix} 0 & 1 \\ 1 & 2 \end{vmatrix} \Longrightarrow (-1)^2 \begin{vmatrix} 2 & 0 & 0 \\ 2 & 0 & 1 \\ 3 & 1 & 2 \end{vmatrix} \Longrightarrow (-1) \begin{vmatrix} 2 & 0 & 1 \\ 2 & 0 & 0 \\ 3 & 1 & 2 \end{vmatrix}$$

$$\Longrightarrow \begin{vmatrix} 2 & 0 & 1 \\ 3 & 1 & 2 \\ 2 & 0 & 0 \end{vmatrix} \Longrightarrow \begin{vmatrix} 2 & 0 & 1 \\ 3 & 1 & 2 \\ 2 & 3 & 5 \end{vmatrix} = |A|$$

となり，$\begin{vmatrix} 0 & 1 \\ 1 & 2 \end{vmatrix}$ は A の $(3,1)$ 小行列式 D_{31} だからである．さらに $(-1)^2 = (-1)^{3+1}$ だから，$(-1)^2 \begin{vmatrix} 0 & 1 \\ 1 & 2 \end{vmatrix} = A_{31}$ である．同様に，第 2 項，第 3 項の因数も A_{32}，A_{33} となり

$$|A| = 2 \times A_{31} + 3 \times A_{32} + 5 \times A_{33}$$

が得られる．この式は，行列 A の第 3 行の各成分にその余因子をかけて加えたものが A の行列式 $|A|$ に等しいことを示している．このことは他の行についても成り立ち，また定理 4.2（p.72）により列についても成り立つ．

定理の形にまとめると

> ❖ **定理 5.1** ❖
>
> 行列のある行（または列）の各成分に，対応する余因子をかけて加えると，行列式となる．つまり
>
> $$|A| = a_{i1}A_{i1} + \cdots + a_{ik}A_{ik} + \cdots + a_{in}A_{in}, \quad i = 1, \cdots, n \tag{5.1}$$
> $$|A| = a_{1j}A_{1j} + \cdots + a_{\ell j}A_{\ell j} + \cdots + a_{nj}A_{nj}, \quad j = 1, \cdots, n \tag{5.2}$$

式 (5.1) を A の i 行に関する展開，式 (5.2) を j 列に関する展開といい，合わせて **行列式の展開** という．証明は上に述べたアイデアを詳細に繰り返すだけであるが，一応述べておこう．

【証明】 n 次正方行列 $A = (a_{ij})$ の第 i 行 $(a_{i1}\ a_{i2}\ \cdots\ a_{in})$ は n 個の行ベクトルの和として

$$(a_{i1}\ 0\ \cdots\ 0) + \cdots + (0\ \cdots\ 0\ a_{ij}\ 0\ \cdots\ 0) + \cdots + (0\ \cdots\ 0\ a_{in})$$

のように表されるから，定理 4.5 を繰り返し用いることにより

$$|A| = \begin{vmatrix} a_{11} & a_{12} & \cdots & a_{1n} \\ \vdots & \vdots & & \vdots \\ a_{i1} & 0 & \cdots & 0 \\ \vdots & \vdots & & \vdots \\ a_{n1} & a_{n2} & \cdots & a_{nn} \end{vmatrix} + \cdots + \begin{vmatrix} a_{11} & \cdots & a_{1j} & \cdots & a_{1n} \\ \vdots & & \vdots & & \vdots \\ 0 & \cdots & a_{ij} & \cdots & 0 \\ \vdots & & \vdots & & \vdots \\ a_{n1} & \cdots & a_{nj} & \cdots & a_{nn} \end{vmatrix} + \cdots$$

$$+ \begin{vmatrix} a_{11} & \cdots & a_{1(n-1)} & a_{1n} \\ \vdots & & \vdots & \vdots \\ 0 & \cdots & 0 & a_{in} \\ \vdots & & \vdots & \vdots \\ a_{n1} & \cdots & a_{n(n-1)} & a_{nn} \end{vmatrix}$$

ここで各項を補助定理 4.1 の形に変形するために，まず各項の第 i 行を第 $(i-1)$ 行と入れ替え，それをさらに第 $(i-2)$ 行と入れ替え，この操作を $(i-1)$ 回繰り返して第 i 行を第 1 行にもってくる．定理 4.3 により，この操作で符号が $(i-1)$ 回変わるから

$$|A| = (-1)^{i-1} \begin{vmatrix} a_{i1} & 0 & \cdots & 0 \\ a_{11} & a_{12} & \cdots & a_{1n} \\ \vdots & \vdots & & \vdots \\ \hline \vdots & \vdots & & \vdots \\ a_{n1} & a_{n2} & \cdots & a_{nn} \end{vmatrix} + \cdots$$

$$+ (-1)^{i-1} \begin{vmatrix} 0 & \cdots & a_{ij} & \cdots & 0 \\ a_{11} & \cdots & a_{1j} & \cdots & a_{1n} \\ \vdots & & \vdots & & \vdots \\ \hline \vdots & & \vdots & & \vdots \\ a_{n1} & \cdots & a_{nj} & \cdots & a_{nn} \end{vmatrix} + \cdots$$

$$+ (-1)^{i-1} \begin{vmatrix} 0 & \cdots & 0 & a_{in} \\ a_{11} & \cdots & a_{1(n-1)} & a_{1n} \\ \vdots & & \vdots & \vdots \\ \hline \vdots & & \vdots & \vdots \\ a_{n1} & \cdots & a_{n(n-1)} & a_{nn} \end{vmatrix}$$

さらに，第 1 項はそのままにし，第 j 項（$j = 2, 3, \cdots, n$）については，まず第

$(j-1)$ 列と入れ替え,それをさらに $(j-2)$ 列と入れ替え,この操作を繰り返して第 j 列を第 1 列にもってくる.定理 4.3 により,この操作で符号が $(j-1)$ 回変わるから

$$|A| = (-1)^{i-1} \begin{vmatrix} a_{i1} & 0 & \cdots & 0 \\ a_{11} & a_{12} & \cdots & a_{1n} \\ \vdots & \vdots & & \vdots \\ \hline \vdots & \vdots & & \vdots \\ a_{n1} & a_{n2} & \cdots & a_{nn} \end{vmatrix} + \cdots$$

$$+ (-1)^{(i-1)+(j-1)} \begin{vmatrix} a_{ij} & 0 & \cdots & & 0 \\ a_{1j} & a_{11} & \cdots & \cdots & a_{1n} \\ \vdots & \vdots & & & \vdots \\ \hline \vdots & \vdots & & & \vdots \\ a_{nj} & a_{n1} & \cdots & \cdots & a_{nn} \end{vmatrix} + \cdots$$

$$+ (-1)^{(i-1)+(n-1)} \begin{vmatrix} a_{in} & 0 & \cdots & 0 \\ a_{1n} & a_{11} & \cdots & a_{1(n-1)} \\ \vdots & \vdots & & \vdots \\ \hline \vdots & \vdots & & \vdots \\ a_{nn} & a_{n1} & \cdots & a_{n(n-1)} \end{vmatrix}$$

各項に補助定理 4.1 を適用し,符号については $(-1)^{(i-1)+(j-1)} = (-1)^{i+j}$ に注意して

$$|A| = a_{i1} \times (-1)^{i+1} \begin{vmatrix} a_{12} & \cdots & a_{1n} \\ \vdots & & \vdots \\ \hline \vdots & & \vdots \\ a_{n2} & \cdots & a_{nn} \end{vmatrix} + \cdots$$

$$+ a_{ij} \times (-1)^{i+j} \begin{vmatrix} a_{11} & \cdots & & \cdots & a_{1n} \\ \vdots & & & & \vdots \\ \hline \vdots & & & & \vdots \\ a_{n1} & \cdots & & \cdots & a_{nn} \end{vmatrix} + \cdots$$

$$+ a_{in} \times (-1)^{i+n} \begin{vmatrix} 0 & \cdots & 0 \\ \vdots & & \vdots \\ \vdots & & \vdots \\ a_{n1} & \cdots & a_{n(n-1)} \end{vmatrix}$$

余因子の定義から，上の式の各項の $a_{i1}, \cdots, a_{ij}, \cdots, a_{in}$ 以外の因数は $A_{i1}, \cdots, A_{ij}, \cdots, A_{in}$ だから

$$|A| = a_{i1}A_{i1} + \cdots + a_{ij}A_{ij} + \cdots + a_{in}A_{in}$$

となり，式 (5.1) が示された．定理 4.2 により，同じことは列に関してもいえるから，式 (5.2) も成り立つ． ∎

例題 5.1 行列式の値を求めよ．

(1) $|A| = \begin{vmatrix} 3 & -5 & 2 & 9 \\ -1 & 0 & 1 & 0 \\ -3 & 3 & 4 & 2 \\ 1 & 3 & 2 & 2 \end{vmatrix}$ (2) $|B| = \begin{vmatrix} a & b & b & b \\ a & b & a & a \\ a & a & b & a \\ a & a & a & b \end{vmatrix}$

解答

(1) どれかの行または列について展開するのだが，なるべく簡単な行または列，たとえば 0 を多く含むものに着目すればよい．第 2 行が簡単であるが，そのまま展開するよりも第 1 列に第 3 列を加えて 0 を増やしてから展開すれば，計算が楽である．

$$|A| = \begin{vmatrix} 5 & -5 & 2 & 9 \\ 0 & 0 & 1 & 0 \\ 1 & 3 & 4 & 2 \\ 3 & 3 & 2 & 2 \end{vmatrix} = (-1)^{2+3} \times 1 \times \begin{vmatrix} 5 & -5 & 9 \\ 1 & 3 & 2 \\ 3 & 3 & 2 \end{vmatrix}$$

第 3 行から第 2 行を引いて，第 3 行について展開すると

$$|A| = -\begin{vmatrix} 5 & -5 & 9 \\ 1 & 3 & 2 \\ 2 & 0 & 0 \end{vmatrix} = -2\begin{vmatrix} -5 & 9 \\ 3 & 2 \end{vmatrix} = -2(-10 - 27) = 74$$

(2) 第2, 第3, 第4行から第1行を引いて, 第1列について展開すると

$$|B| = \begin{vmatrix} a & b & b & b \\ 0 & 0 & a-b & a-b \\ 0 & a-b & 0 & a-b \\ 0 & a-b & a-b & 0 \end{vmatrix} = a \times \begin{vmatrix} 0 & a-b & a-b \\ a-b & 0 & a-b \\ a-b & a-b & 0 \end{vmatrix}$$

各行から共通因数の $(a-b)$ を括り出して（行ごとに1回, 合計3回括り出される点に注意）

$$|B| = a(a-b)^3 \times \begin{vmatrix} 0 & 1 & 1 \\ 1 & 0 & 1 \\ 1 & 1 & 0 \end{vmatrix} = 2a(a-b)^3$$

問題 5.2 行列式の計算をせよ．

(1) $\begin{vmatrix} 0 & 1 & 1 & 3 \\ 1 & 3 & 3 & 2 \\ 1 & 0 & -1 & 2 \\ 4 & 3 & 0 & 1 \end{vmatrix}$ (2) $\begin{vmatrix} 2 & 3 & 5 & 4 \\ 5 & 2 & 7 & 3 \\ 4 & 5 & 2 & 3 \\ 3 & 2 & 4 & 5 \end{vmatrix}$ (3) $\begin{vmatrix} a & a & b \\ a & b & a \\ b & a & a \end{vmatrix}$

(4) $\begin{vmatrix} a & a & a & a \\ a & b & b & b \\ a & b & c & c \\ a & b & c & d \end{vmatrix}$ (5) $\begin{vmatrix} 1 & 1 & 1 & 1 \\ a & b & c & d \\ a^2 & b^2 & c^2 & d^2 \\ a^3 & b^3 & c^3 & d^3 \end{vmatrix}$

5.2 逆行列

この節では, 定理1.4（p.19）で述べた2次の逆行列の式を一般の次数に拡張した定理5.4（p.99）を導く. いくつかの準備が必要であるが, 最後に示される定理5.4自体は定理1.4との類似から理解しやすい公式である.

[1] 行列の積と行列式

ここでは, 同じサイズの二つの正方行列 A, B があったとき, A, B の積の行列式 $|AB|$ は A の行列式と B の行列式の積 $|A| \cdot |B|$ に等しいことを示す（p.95, 定理5.2）. まず, 2×2 行列で証明のアイデアを説明し, 次にそれを総和の記号で言い換え, 最後に一般的な表現による証明を述べる.

通常，数学の本では一般的な表現による記述を簡潔に，つまり論理的に同じものの繰り返しを避けて書いてあり，その簡潔な一般的表現の陰にある具体的な状況は読者が自分で考えなければならない．今の例でいえば，2×2 行列の場合で証明を考え，それをシグマで表す作業は，普通は本に書かれていないので読者が自分でする必要がある．

2次の場合

2次の正方行列 $A = \begin{pmatrix} a_{11} & a_{12} \\ a_{21} & a_{22} \end{pmatrix}$, $B = \begin{pmatrix} b_{11} & b_{12} \\ b_{21} & b_{22} \end{pmatrix}$ に対し，積 AB の行列式は

$$|AB| = \begin{vmatrix} a_{11}b_{11} + a_{12}b_{21} & a_{11}b_{12} + a_{12}b_{22} \\ a_{21}b_{11} + a_{22}b_{21} & a_{21}b_{12} + a_{22}b_{22} \end{vmatrix} \tag{5.3}$$

であるが，第1行は二つの行ベクトルの和として

$$a_{11} \begin{pmatrix} b_{11} & b_{12} \end{pmatrix} + a_{12} \begin{pmatrix} b_{21} & b_{22} \end{pmatrix} \tag{5.4}$$

のように表されるから，二つの行列式に分かれて

$$|AB| = a_{11} \begin{vmatrix} b_{11} & b_{12} \\ a_{21}b_{11} + a_{22}b_{21} & a_{21}b_{12} + a_{22}b_{22} \end{vmatrix}$$

$$+ a_{12} \begin{vmatrix} b_{21} & b_{22} \\ a_{21}b_{11} + a_{22}b_{21} & a_{21}b_{12} + a_{22}b_{22} \end{vmatrix}$$

となる．各項の第2行についても

$$a_{21} \begin{pmatrix} b_{11} & b_{12} \end{pmatrix} + a_{22} \begin{pmatrix} b_{21} & b_{22} \end{pmatrix}$$

であるから

$$|AB| = a_{11}a_{21} \begin{vmatrix} b_{11} & b_{12} \\ b_{11} & b_{12} \end{vmatrix} + a_{11}a_{22} \begin{vmatrix} b_{11} & b_{12} \\ b_{21} & b_{22} \end{vmatrix}$$

$$+ a_{12}a_{21} \begin{vmatrix} b_{21} & b_{22} \\ b_{11} & b_{12} \end{vmatrix} + a_{12}a_{22} \begin{vmatrix} b_{21} & b_{22} \\ b_{21} & b_{22} \end{vmatrix} \tag{5.5}$$

第1項と第4項では，二つの行が一致するから行列式の値は0となり

$$|AB| = a_{11}a_{22} \begin{vmatrix} b_{11} & b_{12} \\ b_{21} & b_{22} \end{vmatrix} + a_{12}a_{21} \begin{vmatrix} b_{21} & b_{22} \\ b_{11} & b_{12} \end{vmatrix} \tag{5.6}$$

さらに第 2 項で第 1 行と第 2 行を入れ替えれば，行列式の符号が変わって

$$|AB| = (a_{11}a_{22} - a_{12}a_{21})|B| \tag{5.7}$$

$$\therefore \quad |AB| = |A||B| \tag{5.8}$$

シグマによる表現

3 次以上の場合の証明の準備として，式 (5.3) から式 (5.8) までの同じ内容を $\sum$ を用いた表現でたどってみよう．式 (5.3) は

$$|AB| = \left|\sum_{k=1}^{2} a_{ik}b_{kj}\right| = \begin{vmatrix} \sum_{k_1=1}^{2} a_{1k_1}b_{k_1 1} & \sum_{k_1=1}^{2} a_{1k_1}b_{k_1 2} \\ \sum_{k_2=1}^{2} a_{2k_2}b_{k_2 1} & \sum_{k_2=1}^{2} a_{2k_2}b_{k_2 2} \end{vmatrix} \tag{5.9}$$

となる．第 1 行の和の式 (5.4) は

$$\sum_{k_1=1}^{2} a_{1k_1} \begin{pmatrix} b_{k_1 1} & b_{k_1 2} \end{pmatrix}$$

であるが，第 2 行の和の式も同時に表せば，第 i 行 $(i = 1, 2)$ は

$$\sum_{k_i=1}^{2} a_{ik_i} \begin{pmatrix} b_{k_i 1} & b_{k_i 2} \end{pmatrix} \tag{5.10}$$

の形の和で表される．これを用いて式 (5.9) の行列式を和に分解すれば，式 (5.5) に対応する式として

$$|AB| = \sum_{k_1=1}^{2} \sum_{k_2=1}^{2} a_{1k_1} a_{2k_2} \begin{vmatrix} b_{k_1 1} & b_{k_1 2} \\ b_{k_2 1} & b_{k_2 2} \end{vmatrix} \tag{5.11}$$

が得られる．ここで，もし k_1, k_2 が一致すれば行列式の二つの行が一致してその項は 0 となるから，和をとるとき k_1, k_2 が 1, 2 の順列となっているものだけを考えればよい．つまり，和のとり方を書き換えて

$$|AB| = \sum_{\varphi \in S_2} a_{1\varphi(1)} a_{2\varphi(2)} \begin{vmatrix} b_{\varphi(1)1} & b_{\varphi(1)2} \\ b_{\varphi(2)1} & b_{\varphi(2)2} \end{vmatrix} \tag{5.12}$$

のように表してもよい．この式は式 (5.6) に対応する．さらに $\begin{vmatrix} b_{\varphi(1)1} & b_{\varphi(1)2} \\ b_{\varphi(2)1} & b_{\varphi(2)2} \end{vmatrix}$ は

B の行列式 $|B| = \begin{vmatrix} b_{11} & b_{12} \\ b_{21} & b_{22} \end{vmatrix}$ の行の番号に置換 φ を施したものであるから, 定理 4.3 (p.73) により φ が偶置換なら $|B|$, φ が奇置換なら $-|B|$, つまり $\mathrm{sgn}\,\varphi\,|B|$ となるから

$$|AB| = \sum_{\varphi \in S_2} a_{1\varphi(1)} a_{2\varphi(2)} \mathrm{sgn}\,\varphi \, |B|$$

$$= \left(\sum_{\varphi \in S_2} \mathrm{sgn}\,\varphi \, a_{1\varphi(1)} a_{2\varphi(2)} \right) |B| \tag{5.13}$$

この式が式 (5.7) であり, 行列式の定義から $\sum_{\varphi \in S_2} \mathrm{sgn}\,\varphi\, a_{1\varphi(1)} a_{2\varphi(2)} = |A|$ だから, 式 (5.8) が得られる.

次数を 2 から一般の n にした形で式 (5.8) を述べれば, 次の定理となる.

❖ **定理 5.2** ❖

n 次正方行列 A, B に対し, $|AB| = |A| \cdot |B|$.

【証明】 上で述べたシグマによる表現の式 (5.9) から式 (5.13) までを, 次数を 2 から n に変えて, それに伴う変化に注意しながらたどればよい.

$A = (a_{ij})$, $B = (b_{ij})$ に対して, 積 AB の行列式は, 式 (3.7) (p.54) に注意して,

$$|AB| = \begin{vmatrix} \sum_{k_1=1}^{n} a_{1k_1} b_{k_1 1} & \cdots & \sum_{k_1=1}^{n} a_{1k_1} b_{k_1 n} \\ \vdots & & \vdots \\ \sum_{k_n=1}^{n} a_{nk_n} b_{k_n 1} & \cdots & \sum_{k_n=1}^{n} a_{nk_n} b_{k_n n} \end{vmatrix} \tag{5.14}$$

と表される. 右辺の第 i 行ベクトルは

$$\begin{pmatrix} \sum_{k_i=1}^{n} a_{ik_i} b_{k_i 1} & \cdots & \sum_{k_i=1}^{n} a_{ik_i} b_{k_i n} \end{pmatrix}$$

であるが, 番号 k_i を一つ固定した行ベクトルについて

$$\begin{pmatrix} a_{ik_i} b_{k_i 1} & \cdots & a_{ik_i} b_{k_i n} \end{pmatrix} = a_{ik_i} \begin{pmatrix} b_{k_i 1} & \cdots & b_{k_i n} \end{pmatrix}$$

だから, 式 (5.14) の右辺の第 i 行はそれらの和として

$$\sum_{k_i=1}^{n} a_{ik_i} \begin{pmatrix} b_{k_i 1} & \cdots & b_{k_i n} \end{pmatrix} \tag{5.15}$$

の形に表現される．したがって定理 4.4（p.75）と定理 4.5（p.75）を用いて，式 (5.14) の右辺を第 1 行から第 n 行の各行について和に分解すれば

$$|AB| = \sum_{k_1=1}^{n} \cdots \sum_{k_n=1}^{n} a_{1k_1} \cdots a_{nk_n} \begin{vmatrix} b_{k_1 1} & \cdots & b_{k_1 n} \\ \vdots & & \vdots \\ b_{k_n 1} & \cdots & b_{k_n n} \end{vmatrix} \tag{5.16}$$

となる．ここで，もし $k_1, \cdots, k_n$ の中に同じものがあれば，行ベクトルの中に同じものが現れるから行列式の値は 0 となる．したがって総和をとる番号 $k_1, \cdots, k_n$ としては $1, \cdots, n$ の順列を考えればよいから，上の式 (5.16) を

$$|AB| = \sum_{\varphi \in S_n} a_{1\varphi(1)} \cdots a_{n\varphi(n)} \begin{vmatrix} b_{\varphi(1)1} & \cdots & b_{\varphi(1)n} \\ \vdots & & \vdots \\ b_{\varphi(n)1} & \cdots & b_{\varphi(n)n} \end{vmatrix} \tag{5.17}$$

のように書き換えることができる．このとき右辺の行列式は，$|B|$ の行ベクトルを置換 φ に従って並べ替えたものになっている．この並べ替えは φ が偶置換ならば偶数回の行の互換で得られ，φ が奇置換ならば奇数回の行の互換で得られるから，定理 4.3 により

$$\begin{vmatrix} b_{\varphi(1)1} & \cdots & b_{\varphi(1)n} \\ \vdots & & \vdots \\ b_{\varphi(n)1} & \cdots & b_{\varphi(n)n} \end{vmatrix} = \operatorname{sgn} \varphi \begin{vmatrix} b_{11} & \cdots & b_{1n} \\ \vdots & & \vdots \\ b_{n1} & \cdots & b_{nn} \end{vmatrix} = \operatorname{sgn} \varphi \left| B \right|$$

となる．したがって

$$\begin{aligned} |AB| &= \sum_{\varphi \in S_n} a_{1\varphi(1)} \cdots a_{n\varphi(n)} \operatorname{sgn} \varphi \left| B \right| \\ &= \left(\sum_{\varphi \in S_n} \operatorname{sgn} \varphi \, a_{1\varphi(1)} \cdots a_{n\varphi(n)} \right) \left| B \right| \\ &= |A| \times |B| \end{aligned}$$

∎

〔2〕逆行列

逆行列に関する定理 5.4 の準備として定理 5.3 を示すのだが，まず具体的な例から始めよう．

3×3 行列 $A = (a_{ij}) = \begin{pmatrix} 1 & 2 & 3 \\ 4 & 5 & 6 \\ 7 & 8 & 9 \end{pmatrix}$ の第 3 行と第 1 行に着目し，第 3 行はそのままにして第 1 行を第 3 行で置き換えた行列 $B = (b_{ij}) = \begin{pmatrix} 7 & 8 & 9 \\ 4 & 5 & 6 \\ 7 & 8 & 9 \end{pmatrix}$ を考える．A の第 3 行と B の第 1 行は等しいから

$$b_{11} = a_{31}, \quad b_{12} = a_{32}, \quad b_{13} = a_{33} \tag{5.18}$$

であり，A と B の第 1 行の余因子は

$$A_{11} = \begin{vmatrix} 5 & 6 \\ 8 & 9 \end{vmatrix} = B_{11}, \quad A_{12} = -\begin{vmatrix} 4 & 6 \\ 7 & 9 \end{vmatrix} = B_{12}, \quad A_{13} = \begin{vmatrix} 4 & 5 \\ 7 & 8 \end{vmatrix} = B_{13} \tag{5.19}$$

となり，一致している．B は第 1 行と第 3 行が等しいから，定理 4.6 (p.76) により $|B| = 0$ であるが，$|B|$ を第 1 行に関して展開すると

$$0 = |B| = b_{11}B_{11} + b_{12}B_{12} + b_{13}B_{13}$$

となる．上の式に式 (5.18) と式 (5.19) を代入すると

$$a_{31}A_{11} + a_{32}A_{12} + a_{33}A_{13} = 0$$

が得られる．具体的には

$$7\begin{vmatrix} 5 & 6 \\ 8 & 9 \end{vmatrix} - 8\begin{vmatrix} 4 & 6 \\ 7 & 9 \end{vmatrix} + 9\begin{vmatrix} 4 & 5 \\ 7 & 8 \end{vmatrix} = 0 \tag{5.20}$$

であるが，これを言葉でいえば，「A の第 3 行の成分 a_{31}, a_{32}, a_{33} に第 1 行の対応する余因子 A_{11}, A_{12}, A_{13} をかけて加えれば 0 となる」ということである．

一般的にいえば，ある行の各成分に他の行の対応する余因子をかけて加えれば 0 となる．定理 4.2 (p.72) により行について成り立つことは列についても成り立つから，ある列の各成分に他の列の対応する余因子をかけて加えれば 0 となる．

定理の形で述べれば

❖ 定理 5.3 ❖

ある行（または列）の各成分に，他の行（または列）の対応する余因子をかけて加えれば 0 となる．つまり，

$$a_{k1}A_{\ell 1} + a_{k2}A_{\ell 2} + \cdots + a_{kn}A_{\ell n} = 0, \quad k \neq \ell \tag{5.21}$$
$$a_{1k}A_{1\ell} + a_{2k}A_{2\ell} + \cdots + a_{nk}A_{n\ell} = 0, \quad k \neq \ell \tag{5.22}$$

定理 5.1 と定理 5.3 を，クロネッカーのデルタ δ_{ij} を用いてまとめれば，

$$\sum_{j=1}^{n} a_{kj}A_{\ell j} = \delta_{k\ell}|A|, \quad \sum_{i=1}^{n} a_{ik}A_{i\ell} = \delta_{k\ell}|A| \tag{5.23}$$

【定理 5.3 の証明】 $k \neq \ell$ とし，行列 $A = (a_{ij})$ の ℓ 行を k 行で置き換えた行列を $B = (b_{ij})$ とする．つまり

$$A = \begin{pmatrix} a_{11} & \cdots & a_{1n} \\ \vdots & & \vdots \\ a_{k1} & \cdots & a_{kn} \\ \vdots & & \vdots \\ a_{\ell 1} & \cdots & a_{\ell n} \\ \vdots & & \vdots \\ a_{n1} & \cdots & a_{nn} \end{pmatrix} \begin{matrix} \\ \\ （第 k 行） \\ \\ （第 \ell 行） \\ \\ \end{matrix}$$

$$B = \begin{pmatrix} b_{11} & \cdots & b_{1n} \\ \vdots & & \vdots \\ b_{k1} & \cdots & b_{kn} \\ \vdots & & \vdots \\ b_{\ell 1} & \cdots & b_{\ell n} \\ \vdots & & \vdots \\ b_{n1} & \cdots & b_{nn} \end{pmatrix} = \begin{pmatrix} a_{11} & \cdots & a_{1n} \\ \vdots & & \vdots \\ a_{k1} & \cdots & a_{kn} \\ \vdots & & \vdots \\ a_{k1} & \cdots & a_{kn} \\ \vdots & & \vdots \\ a_{n1} & \cdots & a_{nn} \end{pmatrix} \begin{matrix} \\ \\ （第 k 行） \\ \\ （第 \ell 行） \\ \\ \end{matrix}$$

B の第 ℓ 行の成分 $b_{\ell 1}, \cdots, b_{\ell n}$ の余因子 $B_{\ell 1}, \cdots, B_{\ell n}$ と，A の第 ℓ 行の成分 $a_{\ell 1}, \cdots, a_{\ell n}$ の余因子 $A_{\ell 1}, \cdots, A_{\ell n}$ は一致し，つまり

$$B_{\ell 1} = A_{\ell 1}, \cdots, B_{\ell n} = A_{\ell n} \tag{5.24}$$

であり，また

$$b_{\ell 1} = a_{k1}, \cdots, b_{\ell n} = a_{kn} \tag{5.25}$$

である．B は二つの行が等しいから行列式 $|B|$ の値は 0 となるが，$|B|$ を第 ℓ 行について展開し，式 (5.24)，式 (5.25) を代入すれば

$$0 = |B| = b_{\ell 1} B_{\ell 1} + \cdots + b_{\ell n} B_{\ell n} = a_{k1} A_{\ell 1} + \cdots + a_{kn} A_{\ell n}$$

となり，式 (5.21) が得られた．定理 4.2 により，式 (5.22) も得られる． ∎

定理 5.2 と定理 5.3 を合わせれば，次に述べる逆行列の公式が得られる．

❖ 定理 5.4 ❖

正方行列 A が正則であるための必要十分条件は $|A| \neq 0$ であり，このとき

$$A^{-1} = \frac{1}{|A|} \, {}^t(A_{ij}) \tag{5.26}$$

ただし，A_{ij} は A の (i,j) 余因子であり，${}^t(A_{ij})$ は A の余因子を成分とする行列 (A_{ij}) の転置行列である．

【証明】 $A = (a_{ij})$ が正則であるとすると，$AA^{-1} = E$ と定理 5.2 より

$$|A| \times |A^{-1}| = |AA^{-1}| = |E| = 1 \quad \therefore \quad |A| \neq 0$$

逆に $|A| \neq 0$ であるとすると，$B = \dfrac{1}{|A|} \, {}^t(A_{ij})$ とおいてできる行列 $B = (b_{ij})$ に対し $b_{ij} = \dfrac{A_{ji}}{|A|}$ だから

$$AB = \left(\sum_{k=1}^{n} a_{ik} b_{kj} \right) = \left(\sum_{k=1}^{n} a_{ik} \frac{A_{jk}}{|A|} \right)$$

式 (5.23) より $\sum_{k=1}^{n} a_{ik} A_{jk} = \delta_{ij} |A|$ だから

$$AB = (\delta_{ij}) = E$$

同様に $BA = E$ も示され，A は正則で B が A の逆行列である． ∎

定理 5.4 において，$n=2$ の場合には，$A = \begin{pmatrix} a & b \\ c & d \end{pmatrix}$ に対して

$A_{11} = d, \ A_{12} = -c, \ A_{21} = -b, \ A_{22} = a$

であるから $|A| = ad - bc \neq 0$ ならば

$$A^{-1} = \frac{1}{|A|} {}^t(A_{ij}) = \frac{1}{|A|} {}^t\begin{pmatrix} A_{11} & A_{12} \\ A_{21} & A_{22} \end{pmatrix}$$
$$= \frac{1}{|A|} \begin{pmatrix} A_{11} & A_{21} \\ A_{12} & A_{22} \end{pmatrix} = \frac{1}{ad-bc} \begin{pmatrix} d & -b \\ -c & a \end{pmatrix} \quad (5.27)$$

となるから，定理 5.4 は定理 1.4（p.19）の拡張である．

例題 5.2 行列 $A = \begin{pmatrix} 1 & 1 & 2 \\ 3 & 1 & 4 \\ 5 & 6 & 1 \end{pmatrix}$ が正則ならば，逆行列を求めよ．

解答

$$|A| = \begin{vmatrix} 1 & 1 & 2 \\ 3 & 1 & 4 \\ 5 & 6 & 1 \end{vmatrix} = \begin{vmatrix} 1 & 0 & 0 \\ 3 & -2 & -2 \\ 5 & 1 & -9 \end{vmatrix} = \begin{vmatrix} -2 & -2 \\ 1 & -9 \end{vmatrix} = 20 \neq 0$$

したがって A は正則で，逆行列は

$$\frac{1}{|A|} {}^t\begin{pmatrix} +\begin{vmatrix} 1 & 4 \\ 6 & 1 \end{vmatrix} & -\begin{vmatrix} 3 & 4 \\ 5 & 1 \end{vmatrix} & +\begin{vmatrix} 3 & 1 \\ 5 & 6 \end{vmatrix} \\ -\begin{vmatrix} 1 & 2 \\ 6 & 1 \end{vmatrix} & +\begin{vmatrix} 1 & 2 \\ 5 & 1 \end{vmatrix} & -\begin{vmatrix} 1 & 1 \\ 5 & 6 \end{vmatrix} \\ +\begin{vmatrix} 1 & 2 \\ 1 & 4 \end{vmatrix} & -\begin{vmatrix} 1 & 2 \\ 3 & 4 \end{vmatrix} & +\begin{vmatrix} 1 & 1 \\ 3 & 1 \end{vmatrix} \end{pmatrix} = \frac{1}{20} \begin{pmatrix} -23 & 11 & 2 \\ 17 & -9 & 2 \\ 13 & -1 & -2 \end{pmatrix}$$

問題 5.3 逆行列があれば求めよ．

(1) $\begin{pmatrix} -3 & 1 & -1 \\ 2 & -1 & 3 \\ -1 & -2 & 1 \end{pmatrix}$ (2) $\begin{pmatrix} -1 & 1 & 2 \\ 1 & 0 & 1 \\ 2 & 1 & 1 \end{pmatrix}$ (3) $\begin{pmatrix} 2 & 1 & 1 \\ -1 & -3 & 7 \\ 2 & 3 & -5 \end{pmatrix}$

章末問題

1 行列式の計算をせよ．

(1) $\begin{vmatrix} 1 & 2 & 3 & 4 \\ 6 & 7 & 8 & 9 \\ 13 & 14 & 15 & 16 \\ 5 & 4 & 3 & 2 \end{vmatrix}$
(2) $\begin{vmatrix} 0.2 & 0 & 0.3 & 0.4 \\ 20 & 70 & 80 & 0 \\ 0.4 & 1.4 & 0 & 0.6 \\ 10 & 25 & 5 & 35 \end{vmatrix}$
(3) $\begin{vmatrix} 1 & 2 & 4 & 8 \\ 1 & x & x^2 & x^3 \\ 1 & -y & y^2 & -y^3 \\ 1 & z & z^2 & z^3 \end{vmatrix}$

(4) $\begin{vmatrix} 0 & a & b & c & d \\ -a & 0 & a & b & c \\ -b & -a & 0 & a & b \\ -c & -b & -a & 0 & a \\ -d & -c & -b & -a & 0 \end{vmatrix}$

☞ n 次正方行列 A について $|kA| = k^n|A|$ であることと，交代行列であることを用いよ．

2 $A = \begin{pmatrix} a & b & c & d \\ -b & a & -d & c \\ -c & d & a & -b \\ -d & -c & b & a \end{pmatrix}$ とするとき，${}^tAA$ を計算することによって $|A|$ の値を求めよ．

3 次の等式を示せ．

(1) $\begin{vmatrix} x & -1 & 0 & \cdots & 0 & 0 \\ 0 & x & -1 & \cdots & 0 & 0 \\ \vdots & & & & & \vdots \\ 0 & 0 & 0 & \cdots & x & -1 \\ a_0 & a_1 & a_2 & \cdots & a_{n-1} & a_n \end{vmatrix} = a_0 + a_1 x + a_2 x^2 + \cdots + a_n x^n$

(2) $\begin{vmatrix} x+a & a & \cdots & a \\ a & x+a & \cdots & a \\ \vdots & \vdots & \ddots & \vdots \\ a & a & \cdots & x+a \end{vmatrix} = x^{n-1}(x+na)$ （左辺は n 次行列式）

第6章

連立1次方程式

　1.4節で,未知数が2個の連立1次方程式について,逆行列による解法を復習した.定理5.4 (p.99) によれば3次以上の正則行列についても逆行列を求めることができるから,未知数が3個以上の連立1次方程式についても逆行列による解法ができる.これが6.2節のクラーメルの公式である.

　逆行列による解法は,ただ一組の解が定まるような連立1次方程式において有効であるが,実際には解が存在しないような連立1次方程式や,解が無数に存在する連立1次方程式がある.6.1節では,このような状況をまず考察し,次の第7章で述べる系統的な連立1次方程式論の準備とする.

　キーワード　クラーメルの公式,解のない連立1次方程式,解が無数にある連立1次方程式.

6.1　予備的考察

〔1〕問題点

　1.4節で述べたように,x, y を未知数とする連立1次方程式,たとえば

$$\begin{cases} x + 2y = 3 \\ 2x + 3y = 4 \end{cases} \tag{6.1}$$

に対して,行列 A と列ベクトル $\mathbf{x}, \mathbf{p}$ を

$$A = \begin{pmatrix} 1 & 2 \\ 2 & 3 \end{pmatrix}, \quad \mathbf{x} = \begin{pmatrix} x \\ y \end{pmatrix}, \quad \mathbf{p} = \begin{pmatrix} 3 \\ 4 \end{pmatrix}$$

で定めると，式 (6.1) は次のように簡潔に表現された．

$$A\mathbf{x} = \mathbf{p} \tag{6.2}$$

ここでは式 (1.10)（p.20）の 3×1 行列（列ベクトル）X, P をボールド体小文字 $\mathbf{x}$, $\mathbf{p}$ で表している．

今の場合，係数行列 A は正則だから，式 (6.2) の両辺に

$$A^{-1} = \begin{pmatrix} -3 & 2 \\ 2 & -1 \end{pmatrix}$$

を左からかけて，右辺の $A^{-1}\mathbf{p}$ を計算すれば

$$\begin{pmatrix} x \\ y \end{pmatrix} = \begin{pmatrix} -3 & 2 \\ 2 & -1 \end{pmatrix} \begin{pmatrix} 3 \\ 4 \end{pmatrix} = \begin{pmatrix} -1 \\ 2 \end{pmatrix} \tag{6.3}$$

のように解が得られる．

また，1.5 節で述べたように，拡大係数行列 $(A|\mathbf{p})$ を基本変形して

$$(A|\mathbf{p}) = \begin{pmatrix} 1 & 2 & 3 \\ 2 & 3 & 4 \end{pmatrix} \longrightarrow \begin{pmatrix} 1 & 0 & -1 \\ 0 & 1 & 2 \end{pmatrix} \tag{6.4}$$

のように $(E|\mathbf{q})$ の形になったとき，第 3 列の $\begin{pmatrix} -1 \\ 2 \end{pmatrix}$ が解となる．拡大係数行列では，A と $\mathbf{p}$ の行列としての積 $A\mathbf{p}$ ではなく，A と $\mathbf{p}$ を横に並べただけであることを強調するため，縦線を引いて $(A|\mathbf{p})$ のように表してある．

この例では解が一組求められたが，係数行列が正則でない場合や，拡大係数行列が $(E|\mathbf{q})$ の形に基本変形されない場合，あるいは方程式の個数と未知数の個数が異なる場合には，どのように処理したらよいだろうか．まず，簡単な例をいくつか考えてみよう．

[2] 解がない場合,無数にある場合

前出の連立 1 次方程式 (6.1)

$$\begin{cases} x + 2y = 3 & \text{(a)} \\ 2x + 3y = 4 & \text{(b)} \end{cases}$$

は一組の解 $x = -1$, $y = 2$ をもっていたのだが,これと似たような二つの連立方程式

$$\begin{cases} x + 2y = 3 & \text{(a)} \\ 2x + 4y = 4 & \text{(c)} \end{cases} \tag{6.5}$$

$$\begin{cases} x + 2y = 3 & \text{(a)} \\ 2x + 4y = 6 & \text{(d)} \end{cases} \tag{6.6}$$

を考えてみよう.式 (6.5) では x を消去するため (c) $- 2 \times$ (a) を行うと

$$0 = -2$$

となり,矛盾が起こる.つまり,(a) と (c) を同時に満たすような x, y は存在せず,連立 1 次方程式 (6.5) は解をもたない.係数行列式の基本変形は

$$\begin{pmatrix} 1 & 2 & 3 \\ 2 & 4 & 4 \end{pmatrix} \longrightarrow \begin{pmatrix} 1 & 2 & 3 \\ 0 & 0 & -2 \end{pmatrix}$$

であり,左側を単位行列に変形することはできない.このとき第 2 行の行ベクトル $(0\ 0\ -2)$ は矛盾した等式 $0 = -2$ に対応している.

一方,式 (6.6) では x を消去するため (b) $- 2 \times$ (a) を行うと

$$0 = 0$$

となり,この式は x, y の値にかかわらず常に成り立つ.つまり,式 (6.6) は二つの式 (a), (d) からなるのだが,(d) は (a) の 2 倍で実質的には同じ式である.この場合には解は一組に定まらないのだが,未知数のうちの一方に任意の数値を与えると,他の未知数が定まる.たとえば $y = a$ とすると (a) より $x = -2a + 3$ が得られるから,解は

$$\begin{pmatrix} x \\ y \end{pmatrix} = \begin{pmatrix} -2a + 3 \\ a \end{pmatrix} \quad (a \text{ は任意の定数}) \tag{6.7}$$

と書くことができる．a は任意の値をとりうるから，それに伴って解の組も無数に存在する．また，$x = a$ とすると (a) より $y = \frac{1}{2}(-a+3)$ が得られるから

$$\begin{pmatrix} x \\ y \end{pmatrix} = \begin{pmatrix} a \\ \frac{1}{2}(-a+3) \end{pmatrix} \quad (a \text{ は任意の定数}) \tag{6.8}$$

と書くこともできる．いずれの式においても a は固定した値ではなく任意の値をとりうるから，式 (6.8) において $\frac{1}{2}(-a+3)$ をあらためて a と置き直すと式 (6.7) に一致する．つまり，解が無数にある場合には，解の表現は一意的ではない．

連立 1 次方程式 (6.6) の拡大係数行列の基本変形は

$$\begin{pmatrix} 1 & 2 & 3 \\ 2 & 4 & 6 \end{pmatrix} \longrightarrow \begin{pmatrix} 1 & 2 & 3 \\ 0 & 0 & 0 \end{pmatrix}$$

であり，この場合も左側を単位行列に変形することはできない．第 2 行のベクトル (0 0 0) が恒等式 $0 = 0$ に対応している．

以上に述べた解の状況の違いは，グラフを考えてみれば明瞭になる（図 6-1）．式 (6.1) では，二つの 1 次式の表す直線がただ 1 点で交わっていて，交点の座標が解を表している．式 (6.5) では，二つの 1 次式の表す直線が平行で交わらず，二つの曲線に同時に乗っている点は存在しない．つまり，二つの 1 次式を同時に満たす x, y の値は存在しない．式 (6.6) では，二つの 1 次式の表す直線は重なっていて，その直線上の任意の点の座標は二つの 1 次式を同時に満たしている．

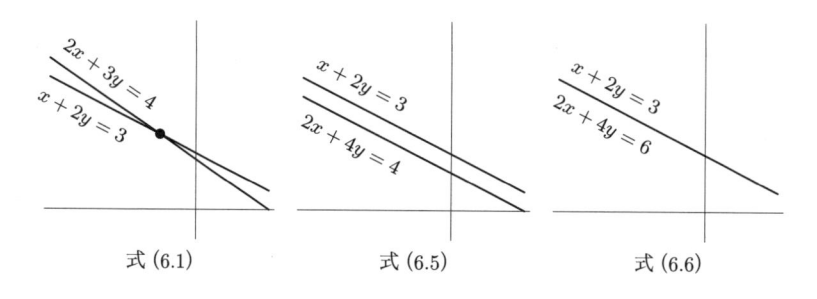

図 6-1 一組の解，解なし，無数の解

[3] 未知数の数と方程式の数が異なる場合

以上では未知数の個数と方程式の数が等しい場合を考えた．これ以降はたとえば

$$\begin{cases} x + 2y + 3z = 6 \\ 2x + 3y + z = 8 \end{cases} \tag{6.9}$$

$$\begin{cases} x + 2y + 3z = 6 \\ 2x + 4y + 6z = 8 \end{cases} \tag{6.10}$$

のように未知数の数が方程式の数より多い場合や

$$\begin{cases} x + 2y + 3z = 6 \\ x + 3y + 2z = 4 \\ 2x + 3y + z = 8 \\ 2x + 2y - 5z = 3 \end{cases} \tag{6.11}$$

$$\begin{cases} x + 2y + 3z = 6 \\ x + 3y + 2z = 4 \\ 2x + 3y + z = 8 \\ 2x + 2y - 5z = 7 \end{cases} \tag{6.12}$$

のように未知数の数が方程式の数より少ない場合も考えることにする．実際には，式 (6.9) は解を無数にもち，式 (6.11) はただ一組の解をもち，式 (6.10) と式 (6.12) は解をもたない（図 6-2）．

式 (6.9) では，1 次式の表す 2 平面が交わって 1 直線を共有する．式 (6.10) では，2 平面は平行で共有点がない．式 (6.11) では，4 平面が 1 点で交わる（共有点が切り口に現れている）．式 (6.12) では，式 (6.11) の平面のうちの一つ（水平に近い平面）が平行移動して下に下がって残り 3 平面の共有点から離れ，その結果 4 平面は共有点をもたない．

以上を踏まえて，これ以降は連立 1 次方程式を解くということは，一組の解の数値を求めるというよりは，未知数に関するいくつかの条件（方程式）を与えたとき，条件をすべて満たすような数値が存在するかどうか，存在するとすれば無数にあるのか有限個（たとえば一組）なのか，無数にある場合にはどのようにすれば解を具体的に表現できるか，などということが関心事となる．

次節以降では，これらを行列と行列式を用いて系統的に述べる．

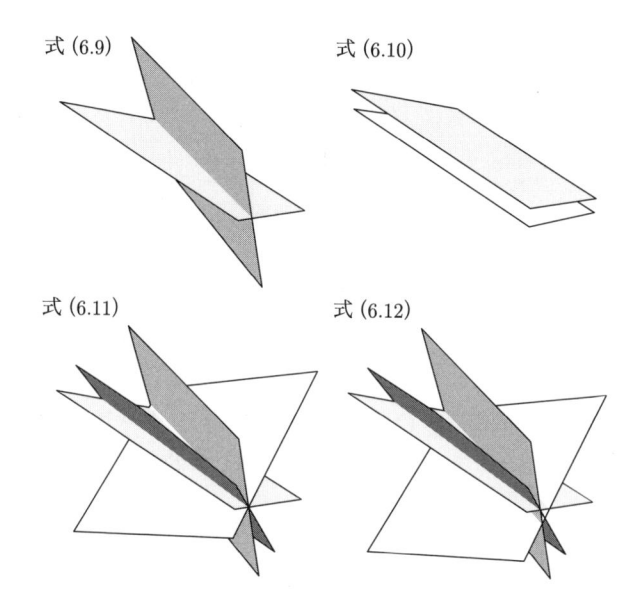

図 6-2 一組の解（式 (6.11)），無数の解（式 (6.9)），解なし（式 (6.10)，式 (6.12)）

6.2 クラーメルの公式

この節では，未知数の数と方程式の数が一致している場合の，逆行列による解法を一般化したクラーメルの公式を紹介する．

$x_1, x_2, \cdots, x_n$ を未知数とする連立 1 次方程式

$$\begin{cases} a_{11}x_1 + a_{12}x_2 + \cdots + a_{1n}x_n = b_1 \\ a_{21}x_1 + a_{22}x_2 + \cdots + a_{2n}x_n = b_2 \\ \qquad\qquad\qquad \vdots \\ a_{n1}x_1 + a_{n2}x_2 + \cdots + a_{nn}x_n = b_n \end{cases} \tag{6.13}$$

に対し，係数行列 A と未知数の列ベクトル $\mathbf{x}$，定数項の列ベクトル $\mathbf{b}$ は

$$A = \begin{pmatrix} a_{11} & \cdots & a_{1n} \\ \vdots & & \vdots \\ a_{n1} & \cdots & a_{nn} \end{pmatrix}, \quad \mathbf{x} = \begin{pmatrix} x_1 \\ \vdots \\ x_n \end{pmatrix}, \quad \mathbf{b} = \begin{pmatrix} b_1 \\ \vdots \\ b_n \end{pmatrix}$$

であり，式 (6.13) は行列の積として次のように表される．

$$A\mathbf{x} = \mathbf{b} \tag{6.14}$$

❖ 定理 6.1 ❖

連立 1 次方程式 (6.13) は，係数行列式 $|A|$ が 0 でないときただ一組の解をもち，各 x_i $(i=1,\cdots,n)$ は次の式で与えられる．

$$x_i = \frac{1}{|A|} \begin{vmatrix} a_{11} & \cdots & a_{1(i-1)} & b_1 & a_{1(i+1)} & \cdots & a_{1n} \\ a_{21} & \cdots & a_{2(i-1)} & b_2 & a_{2(i+1)} & \cdots & a_{2n} \\ \vdots & & \vdots & \vdots & \vdots & & \vdots \\ a_{n1} & \cdots & a_{n(i-1)} & b_n & a_{n(i+1)} & \cdots & a_{nn} \end{vmatrix} \tag{6.15}$$

右辺の行列式は，係数行列 A の第 i 列を定数項のベクトル $\mathbf{b}$ で置き換えた行列の行列式である．式 (6.15) を**クラーメル（Cramer）の公式**という．

【証明】　A の (i,j) 余因子を A_{ij} とする．仮定により $|A| \neq 0$ だから，定理 5.4 (p.99) により A は逆行列 $A^{-1} = \dfrac{1}{|A|} {}^t(A_{ij})$ をもつ．式 (6.14) の両辺に左から A^{-1} をかけて

$$\begin{aligned}
\mathbf{x} = A^{-1}\mathbf{b} &= \frac{1}{|A|} {}^t\!\begin{pmatrix} A_{11} & \cdots & A_{1n} \\ \vdots & & \vdots \\ A_{n1} & \cdots & A_{nn} \end{pmatrix} \begin{pmatrix} b_1 \\ \vdots \\ b_n \end{pmatrix} \\
&= \frac{1}{|A|} \begin{pmatrix} A_{11} & \cdots & A_{n1} \\ \vdots & & \vdots \\ A_{1n} & \cdots & A_{nn} \end{pmatrix} \begin{pmatrix} b_1 \\ \vdots \\ b_n \end{pmatrix} \\
&= \frac{1}{|A|} \begin{pmatrix} b_1 A_{11} + \cdots + b_n A_{n1} \\ \vdots \\ b_1 A_{1n} + \cdots + b_n A_{nn} \end{pmatrix}
\end{aligned}$$

両辺の第 i 行をとれば，各番号 i $(i=1,\cdots,n)$ に対して

$$x_i = \frac{1}{|A|} \Big(b_1 A_{1i} + \cdots + b_n A_{ni} \Big) \tag{6.16}$$

一方，行列 A の第 i 列を $\mathbf{b}$ で置き換えた行列を $C = (c_{ij})$ とし，その (i,j) 余因子を C_{ij} すると，

$$C = \begin{pmatrix} a_{11} & \cdots & a_{1(i-1)} & b_1 & a_{1(i+1)} & \cdots & a_{1n} \\ a_{21} & \cdots & a_{2(i-1)} & b_2 & a_{2(i+1)} & \cdots & a_{2n} \\ \vdots & & \vdots & \vdots & \vdots & & \vdots \\ a_{n1} & \cdots & a_{n(i-1)} & b_n & a_{n(i+1)} & \cdots & a_{nn} \end{pmatrix}$$

であり，C の第 i 列の成分は $c_{1i} = b_1, \cdots, c_{ni} = b_n$ を満たし，C の第 i 列の余因子は A の第 i 列の余因子に一致して $C_{1i} = A_{1i}, \cdots, C_{ni} = A_{ni}$ を満たしている．したがって，$|C|$ を第 i 列について展開すれば

$$|C| = c_{1i}C_{1i} + \cdots + c_{ni}C_{ni} = b_1 A_{1i} + \cdots + b_n A_{ni}$$

これを式 (6.16) に代入すれば

$$x_i = \frac{1}{|A|}|C|$$

となり，式 (6.15) が得られた． ∎

例題 6.1 次の連立 1 次方程式をクラーメルの公式を用いて解け．

(1) $\begin{cases} 2x + y - z = 3 \\ x - 2y + z = 4 \\ x + 2y - z = 1 \end{cases}$ (2) $\begin{cases} x + 2y + 3z + 5w = 1 \\ 2x + y + 5z + 3w = 2 \\ 3x + 5y + z + 2w = 2 \\ 5x + 3y + 2z + w = 1 \end{cases}$

解答

(1) 係数行列式は

$$\begin{vmatrix} 2 & 1 & -1 \\ 1 & -2 & 1 \\ 1 & 2 & -1 \end{vmatrix} = -2$$

したがって

$$x = \frac{1}{-2}\begin{vmatrix} 3 & 1 & -1 \\ 4 & -2 & 1 \\ 1 & 2 & -1 \end{vmatrix} = \frac{5}{2}, \quad y = \frac{1}{-2}\begin{vmatrix} 2 & 3 & -1 \\ 1 & 4 & 1 \\ 1 & 1 & -1 \end{vmatrix} = \frac{1}{2},$$

$$z = \frac{1}{-2}\begin{vmatrix} 2 & 1 & 3 \\ 1 & -2 & 4 \\ 1 & 2 & 1 \end{vmatrix} = \frac{5}{2}$$

(2) 係数行列式は

$$\begin{vmatrix} 1 & 2 & 3 & 5 \\ 2 & 1 & 5 & 3 \\ 3 & 5 & 1 & 2 \\ 5 & 3 & 2 & 1 \end{vmatrix} = 165$$

したがって

$$x = \frac{1}{165}\begin{vmatrix} 1 & 2 & 3 & 5 \\ 2 & 1 & 5 & 3 \\ 2 & 5 & 1 & 2 \\ 1 & 3 & 2 & 1 \end{vmatrix} = \frac{-4}{11}, \quad y = \frac{1}{165}\begin{vmatrix} 1 & 1 & 3 & 5 \\ 2 & 2 & 5 & 3 \\ 3 & 2 & 1 & 2 \\ 5 & 1 & 2 & 1 \end{vmatrix} = \frac{7}{11},$$

$$z = \frac{1}{165}\begin{vmatrix} 1 & 2 & 1 & 5 \\ 2 & 1 & 2 & 3 \\ 3 & 5 & 2 & 2 \\ 5 & 3 & 1 & 1 \end{vmatrix} = \frac{7}{11}, \quad w = \frac{1}{165}\begin{vmatrix} 1 & 2 & 3 & 1 \\ 2 & 1 & 5 & 2 \\ 3 & 5 & 1 & 2 \\ 5 & 3 & 2 & 1 \end{vmatrix} = \frac{-4}{11}$$

問題 6.1　次の連立 1 次方程式をクラーメルの公式を用いて解け．

(1) $\begin{cases} 2x + y + 3z = 1 \\ -x + 2y + 5z = -2 \\ 4x - 3y - 2z = 0 \end{cases}$　(2) $\begin{cases} x + 2y + 3z = 4 \\ 2x + 3y + z = 10 \\ 3x + y + 5z = 1 \end{cases}$

章末問題

1 連立1次方程式 $\begin{cases} x + y + 1 = 0 \\ x + ay + b = 0 \end{cases}$ に対し，

(1) ただ一組の解をもつような a, b の例を挙げよ．
(2) 解を無数にもつような a, b の例を挙げよ．
(3) 解をもたないような a, b の例を挙げよ．
(4) 図 6-1 のようなグラフを描き，(1)〜(3) の状況を図で考えよ．

2 a, b, c を相異なる定数とするとき，連立1次方程式

$$\begin{cases} x + y + z = 1 \\ ax + by + cz = 0 \\ a^2 x + b^2 y + c^2 z = 0 \end{cases}$$

をクラーメルの公式で解け．

3 次の x, y, z, w に関する連立1次方程式を，未知数 w を任意の値 a に固定することにより，クラーメルの公式で解け．

$$\begin{cases} x + y \phantom{{}+z} + w = 2 \\ -3x \phantom{{}+y} + z + w = 1 \\ \phantom{-3x+{}} y - 3z + 2w = 0 \end{cases}$$

第7章

基本変形

　第1章で基本変形による連立1次方程式の解法（掃き出し法）を復習した．この章では，基本変形を論理づけ，解の存在条件に必要な階数の概念を紹介する．7.3節は，連立1次方程式の解法のまとめとなる．

キーワード　基本行列，基本変形，行列の階数，掃き出し法，解の自由度，斉次方程式，自明な解・非自明な解．

7.1　基本行列と基本変形

〔1〕基本変形と行列

　次のような 3×3 行列を考えてみよう．

$$P = \begin{pmatrix} 1 & 0 & 0 \\ 0 & 1 & 0 \\ 0 & 0 & k \end{pmatrix}, \ k \neq 0, \ Q = \begin{pmatrix} 1 & 0 & 0 \\ 0 & 0 & 1 \\ 0 & 1 & 0 \end{pmatrix}, \ R = \begin{pmatrix} 1 & 0 & 0 \\ k & 1 & 0 \\ 0 & 0 & 1 \end{pmatrix}$$

言葉で確認すれば，P は3次単位行列の $(3,3)$ 成分の1を $k\ (\neq 0)$ で置き換えたもの，Q は3次単位行列の第2行と第3行を入れ替えたもの，R は3次単位行列の $(2,1)$ 成分の0を k で置き換えたものである．

　P, Q, R は正則である．実際，逆行列が

$$P^{-1} = \begin{pmatrix} 1 & 0 & 0 \\ 0 & 1 & 0 \\ 0 & 0 & \frac{1}{k} \end{pmatrix}, \quad Q^{-1} = Q = \begin{pmatrix} 1 & 0 & 0 \\ 0 & 0 & 1 \\ 0 & 1 & 0 \end{pmatrix}, \quad R^{-1} = \begin{pmatrix} 1 & 0 & 0 \\ -k & 1 & 0 \\ 0 & 0 & 1 \end{pmatrix}$$

となることは，それぞれ積を作ってみれば容易にわかる．

他の行列に P, Q, R をかけてみよう．たとえば 3×3 行列

$$A = \begin{pmatrix} a_{11} & a_{12} & a_{13} \\ a_{21} & a_{22} & a_{23} \\ a_{31} & a_{32} & a_{33} \end{pmatrix}$$

に左から P をかけると

$$PA = \begin{pmatrix} 1 & 0 & 0 \\ 0 & 1 & 0 \\ 0 & 0 & k \end{pmatrix} \begin{pmatrix} a_{11} & a_{12} & a_{13} \\ a_{21} & a_{22} & a_{23} \\ a_{31} & a_{32} & a_{33} \end{pmatrix} = \begin{pmatrix} a_{11} & a_{12} & a_{13} \\ a_{21} & a_{22} & a_{23} \\ ka_{31} & ka_{32} & ka_{33} \end{pmatrix}$$

となり，A の第 3 行が $k\ (\neq 0)$ 倍となる．A に左から Q をかけると

$$QA = \begin{pmatrix} 1 & 0 & 0 \\ 0 & 0 & 1 \\ 0 & 1 & 0 \end{pmatrix} \begin{pmatrix} a_{11} & a_{12} & a_{13} \\ a_{21} & a_{22} & a_{23} \\ a_{31} & a_{32} & a_{33} \end{pmatrix} = \begin{pmatrix} a_{11} & a_{12} & a_{13} \\ a_{31} & a_{32} & a_{33} \\ a_{21} & a_{22} & a_{23} \end{pmatrix}$$

となり，A の第 2 行と第 3 行が入れ替わる．A に左から R をかけると

$$RA = \begin{pmatrix} 1 & 0 & 0 \\ k & 1 & 0 \\ 0 & 0 & 1 \end{pmatrix} \begin{pmatrix} a_{11} & a_{12} & a_{13} \\ a_{21} & a_{22} & a_{23} \\ a_{31} & a_{32} & a_{33} \end{pmatrix}$$

$$= \begin{pmatrix} a_{11} & a_{12} & a_{13} \\ a_{21} + ka_{11} & a_{22} + ka_{12} & a_{23} + ka_{13} \\ a_{31} & a_{32} & a_{33} \end{pmatrix}$$

となり，A の第 1 行が k 倍されて第 2 行に加えられる．これらは，1.5 節で述べた行列の基本変形の一部である．他の形の基本変形も P, Q, R と似た行列をかけることによって得られる．

問題 7.1 3×3 行列 A に右から P, Q, R をかけると，A はどのような変形を受けるか．

〔2〕基本行列

上の P, Q, R を一般化して，三つの型の正方行列を定義する．

$$P[i,\lambda] = \begin{pmatrix} 1 & 0 & \cdots & \vdots & \cdots & \cdots & 0 \\ 0 & \ddots & & \vdots & & & \vdots \\ \vdots & & 1 & \vdots & & & \vdots \\ \cdots & \cdots & \cdots & \lambda & \cdots & \cdots & \cdots \\ \vdots & & & \vdots & 1 & & \vdots \\ \vdots & & & \vdots & & \ddots & 0 \\ 0 & \cdots & \cdots & \vdots & \cdots & 0 & 1 \end{pmatrix} \begin{matrix} \\ \\ \\ i\text{行} \\ \\ \\ \end{matrix} \quad (\lambda \neq 0)$$

$$ i\text{列}$$

つまり，$P[i,\lambda]$ は単位行列 E の (i,i) 成分を $\lambda\ (\neq 0)$ に換えたものである．

$$Q[i,j] = \begin{pmatrix} 1 & 0 & \cdots & \cdots & \cdots & \cdots & 0 \\ \vdots & \ddots & \vdots & & \vdots & & \vdots \\ 0 & \cdots & 0 & \cdots & 1 & \cdots & 0 \\ \vdots & & \vdots & \ddots & \vdots & & \vdots \\ 0 & \cdots & 1 & \cdots & 0 & \cdots & 0 \\ \vdots & & \vdots & & \vdots & \ddots & 0 \\ 0 & \cdots & \cdots & \cdots & \cdots & 0 & 1 \end{pmatrix} \begin{matrix} \\ \\ i\text{行} \\ \\ j\text{行} \\ \\ \end{matrix} \quad (i \neq j)$$

$$ i\text{列} \quad\quad j\text{列}$$

つまり，$Q[i,j]$ は単位行列 E の第 i 行と第 j 行を入れ替えたものである．

$$R[i,j,\lambda] = \begin{pmatrix} 1 & 0 & \cdots & \cdots & \cdots & \cdots & 0 \\ \vdots & \ddots & \vdots & & \vdots & & \vdots \\ 0 & \cdots & 1 & \cdots & \lambda & \cdots & 0 \\ \vdots & & \vdots & \ddots & \vdots & & \vdots \\ 0 & \cdots & 0 & \cdots & 1 & \cdots & 0 \\ \vdots & & \vdots & & \vdots & \ddots & 0 \\ 0 & \cdots & \cdots & \cdots & \cdots & 0 & 1 \end{pmatrix} \begin{matrix} \\ \\ i\text{行} \\ \\ j\text{行} \\ \\ \end{matrix} \quad (i \neq j)$$

$$ i\text{列} \quad\quad j\text{列}$$

つまり，$R[i,j,\lambda]$ は単位行列 E の (i,j) 成分の 0 を λ に換えたものである．

これらの行列の行列式の値は

$$\left|P[i,\lambda]\right| = \lambda \neq 0, \quad \left|Q[i,j]\right| = -1, \quad \left|R[i,j,\lambda]\right| = 1$$

だから $P[i,\lambda]$, $Q[i,j]$, $R[i,j,\lambda]$ はいずれも正則である．またかけ算を実行してみれば容易にわかるように，逆行列は

$$P[i,\lambda]^{-1} = P[i,1/\lambda]$$
$$Q[i,j]^{-1} = Q[i,j]$$
$$R[i,j,\lambda]^{-1} = R[i,j,-\lambda]$$

となる．$P[i,\lambda]$, $Q[i,j]$, $R[i,j,\lambda]$ を**基本行列**という．

〔3〕行列の基本変形

A を $n \times k$ 行列とするとき，n 次の基本行列 $P[i,\lambda]$, $Q[i,j]$, $R[i,j,\lambda]$ を左から A にかけると，A は次のような変形を受ける．

(1) $P[i,\lambda] \cdot A$ —— A の第 i 行が λ $(\neq 0)$ 倍される
(2) $Q[i,j] \cdot A$ —— A の第 i 行と第 j 行が入れ替わる
(3) $R[i,j,\lambda] \cdot A$ —— A の第 i 行に第 j 行の λ 倍が加えられる

これらを行列の**行に関する基本変形**（あるいは**左基本変形**）という．

また，B を $m \times n$ 行列とするとき，n 次の基本行列 $P[i,\lambda]$, $Q[i,j]$, $R[i,j,\lambda]$ を右から B にかけると，B は次のような変形を受ける．

(4) $B \cdot P[i,\lambda]$ —— B の第 i 列が λ $(\neq 0)$ 倍される
(5) $B \cdot Q[i,j]$ —— B の第 i 列と第 j 列が入れ替わる
(6) $B \cdot R[i,j,\lambda]$ —— B の第 i 列に第 j 列の λ 倍が加えられる

これらを行列の**列に関する基本変形**（あるいは**右基本変形**）という．A に有限回の（行または列に関する）基本変形を行って B に到達するとき，

$$A \longrightarrow B$$

と表す．

問題 7.2

(1) 3×3 行列 $A = (a_{ij})$ に $P[3,2]$, $Q[1,3]$, $R[2,3,-1]$ を実際に左右からかけて，どのような基本変形を受けるか確認せよ．

(2) 行列 A, B に対し，$A \longrightarrow B$ ならば $B \longrightarrow A$ であることを示せ．

7.2 行列の階数

まず，定理を二つ示す．

❖ **定理 7.1** ❖

任意の $m \times n$ 行列 A は行に関する基本変形と列の入れ替えにより

$$A \longrightarrow \begin{pmatrix} E_r & B \\ 0 & 0 \end{pmatrix} = \left(\begin{array}{ccc|ccc} 1 & & 0 & b_{11} & \cdots & b_{1(n-r)} \\ & \ddots & & \vdots & & \vdots \\ 0 & & 1 & b_{r1} & \cdots & b_{r(n-r)} \\ \hline & 0 & & & 0 & \end{array} \right)$$

の形に直すことができる．

【証明】 いくつかの段階に分けて証明する．

◻ 第 1 段

$A = O$ なら $r = 0$ とし，$A \neq O$ なら第 2 段に進む．

◻ 第 2 段

必要ならば行の入れ替えと列の入れ替えを行って $(1,1)$ 成分が 0 でないようにし，その $(1,1)$ 成分で第 1 行を割る．この操作により，A は次の形に変形される．

$$A \longrightarrow \begin{pmatrix} 1 & * & \cdots & * \\ * & * & \cdots & * \\ \vdots & & & \vdots \\ * & * & \cdots & * \end{pmatrix}$$

次に，第 2 行から第 1 行の $(2,1)$ 成分倍を引く，$\cdots$，第 n 行から第 1 行の $(n,1)$ 成分倍を引く．この操作により，A は次の形に変形される．

$$A \longrightarrow \begin{pmatrix} 1 & * & \cdots & * \\ \hline 0 & & & \\ \vdots & & C & \\ 0 & & & \end{pmatrix}$$

この状態に変形することを，**(1, 1) 成分を軸**（ピボット，pivot）**として第 1 列を掃き出す**という．ここで，$C = O$ なら $r = 1$ とし，$C \neq O$ なら第 3 段に進む．

◻ 第 3 段

必要ならば第 2 行以下の行の入れ替えと第 2 列以下の列の入れ替えを行って，$(2, 2)$ 成分が 0 でないようにし，その $(2, 2)$ 成分で第 2 行を割る．この操作により，A は次の形に変形される．

$$A \longrightarrow \begin{pmatrix} 1 & * & \cdots & \cdots & * \\ 0 & 1 & * & \cdots & * \\ 0 & * & * & \cdots & * \\ \vdots & \vdots & & & \vdots \\ 0 & * & * & \cdots & * \end{pmatrix}$$

次に，第 1 行から第 2 行の $(1, 2)$ 成分倍を引き，第 3 行から第 2 行の $(3, 2)$ 成分倍を引き，$\cdots$，第 n 行から第 2 行の $(n, 2)$ 成分倍を引く．この操作により，A は次の形に変形される．

$$A \longrightarrow \begin{pmatrix} 1 & 0 & * & \cdots & * \\ 0 & 1 & * & \cdots & * \\ \hline 0 & 0 & & & \\ \vdots & \vdots & & D & \\ 0 & 0 & & & \end{pmatrix}$$

この状態に変形することを，**(2, 2) 成分を軸として第 2 列を掃き出す**という．ここで，$D = O$ なら $r = 2$ とし，$D \neq O$ なら次の段に進む．

この操作を繰り返せば，最終的に定理の形が得られる． ■

定理 7.1 の証明の途中に現れる行や列の入れ替えは一意的ではないので，定理の中の B も一意的ではない．しかし次の定理に述べるように，左上の部分の単位行列 E_r の次数 r は基本変形の仕方によらずに，行列 A に対して一意的に定まる．

❖ 定理 7.2 ❖

行列 A を

$$A \longrightarrow \begin{pmatrix} E_r & B \\ 0 & 0 \end{pmatrix}$$

の形に基本変形したとき，整数 r は A によって一意的に定まる．

【証明】 A が次のように 2 通りに基本変形されたとする．

$$A \longrightarrow \begin{pmatrix} E_r & B \\ 0 & 0 \end{pmatrix} \qquad A \longrightarrow \begin{pmatrix} E_s & C \\ 0 & 0 \end{pmatrix}$$

このとき，r と s のうち大きくないほうをあらためて r とおくことにより，$r \leqq s$ と仮定しても一般性は失われない．

$\begin{pmatrix} E_r & B \\ 0 & 0 \end{pmatrix}$ の第 $(r+1)$ 列から第 1 列の $(1, r+1)$ 成分倍を引き，…，第 n 列から第 1 列の $(1, n)$ 倍を引けば，次のように変形される．

$$\begin{pmatrix} E_r & B \\ 0 & 0 \end{pmatrix} \longrightarrow \left(\begin{array}{cccc|ccc} 1 & 0 & \cdots & 0 & 0 & \cdots & 0 \\ 0 & 1 & \cdots & 0 & * & \cdots & * \\ \vdots & & \ddots & \vdots & \vdots & & \vdots \\ 0 & \cdots & 0 & 1 & * & \cdots & * \\ \hline 0 & \cdots & \cdots & 0 & 0 & \cdots & 0 \\ \vdots & & & \vdots & \vdots & & \vdots \\ 0 & \cdots & \cdots & 0 & 0 & \cdots & 0 \end{array} \right)$$

つまり，$(1,1)$ 成分を軸として第 1 行が掃き出された．各 i $(2 \leqq i \leqq r)$ に対しても (i, i) 成分を軸として第 i 行を掃き出すと

$$A \longrightarrow \begin{pmatrix} E_r & 0 \\ 0 & 0 \end{pmatrix}$$

同様に

$$A \longrightarrow \begin{pmatrix} E_s & 0 \\ 0 & 0 \end{pmatrix}$$

基本変形を施すということは，いくつかの基本行列を左右からかけるということだから，

$$\begin{pmatrix} E_r & 0 \\ 0 & 0 \end{pmatrix} = P_1 A Q_1, \quad \begin{pmatrix} E_s & 0 \\ 0 & 0 \end{pmatrix} = P_2 A Q_2$$

(ただし，P_1, P_2, Q_1, Q_2 はいくつかの基本行列の積)

と表現される．したがって

$$\begin{pmatrix} E_s & 0 \\ 0 & 0 \end{pmatrix} = (P_2 P_1^{-1}) \begin{pmatrix} E_r & 0 \\ 0 & 0 \end{pmatrix} (Q_1^{-1} Q_2)$$

行列 $P_2 P_1^{-1}$, $Q_1^{-1} Q_2$ を分割し，P_{11}, Q_{11} は r 次正方行列として

$$P_2 P_1^{-1} = \begin{pmatrix} P_{11} & P_{12} \\ P_{21} & P_{22} \end{pmatrix}, \quad Q_1^{-1} Q_2 = \begin{pmatrix} Q_{11} & Q_{12} \\ Q_{21} & Q_{22} \end{pmatrix}$$

とおけば，分割表示された行列の積に関する定理 3.2（p.59）に注意して

$$\begin{pmatrix} E_s & 0 \\ 0 & 0 \end{pmatrix} = \begin{pmatrix} P_{11} & P_{12} \\ P_{21} & P_{22} \end{pmatrix} \begin{pmatrix} E_r & 0 \\ 0 & 0 \end{pmatrix} \begin{pmatrix} Q_{11} & Q_{12} \\ Q_{21} & Q_{22} \end{pmatrix}$$

$$= \begin{pmatrix} P_{11} & 0 \\ P_{21} & 0 \end{pmatrix} \begin{pmatrix} Q_{11} & Q_{12} \\ Q_{21} & Q_{22} \end{pmatrix}$$

$$= \begin{pmatrix} P_{11} Q_{11} & P_{11} Q_{12} \\ P_{21} Q_{11} & P_{21} Q_{12} \end{pmatrix}$$

$$\therefore \begin{pmatrix} E_s & 0 \\ 0 & 0 \end{pmatrix} = \begin{pmatrix} P_{11} Q_{11} & P_{11} Q_{12} \\ P_{21} Q_{11} & P_{21} Q_{12} \end{pmatrix}$$

$P_{11} Q_{11}$ は r 次正方行列であり，$s \geq r$ であることに注意して両辺を比較すると，$P_{11} Q_{11}$ は s 次単位行列 E_s の一部であって $P_{11} Q_{11} = E_r$ とかける．したがって，P_{11}, Q_{11} は正則である．また，$P_{11} Q_{12}$ は $r \times (n-r)$ 行列として零行列であり，$P_{21} Q_{11}$ は $(n-r) \times r$ 行列として零行列である．$P_{11} Q_{12} = O$, $P_{21} Q_{11} = O$ のそれぞれの両辺に，正則行列 P_{11}, Q_{11} の逆行列 ${P_{11}}^{-1}$, ${Q_{11}}^{-1}$ を左および右からかけると，$Q_{12} = O$, $P_{21} = O$ が得られる．したがってまた，$P_{21} Q_{12} = O$ となる．まとめると

$$\begin{pmatrix} E_s & 0 \\ 0 & 0 \end{pmatrix} = \begin{pmatrix} E_r & 0 \\ 0 & 0 \end{pmatrix} \quad \therefore r = s$$

∎

定理 7.2 で定まる整数 r を A の**階数**（rank）といい，rank(A) で表す．

例題 7.1　次の行列の階数を求めよ．

(1) $\begin{pmatrix} 0 & 2 & 1 & 1 \\ 3 & 2 & 3 & 2 \\ 2 & 1 & 2 & 2 \end{pmatrix}$　(2) $\begin{pmatrix} 1 & 2 & 2 & 3 \\ 3 & 2 & 3 & 2 \\ 6 & 8 & 9 & 1 \end{pmatrix}$　(3) $\begin{pmatrix} 1 & 2 & 3 & 2 \\ 0 & 1 & 2 & 2 \\ 1 & 3 & 5 & 4 \end{pmatrix}$

解答

(1) $\begin{pmatrix} 0 & 2 & 1 & 1 \\ 3 & 2 & 3 & 2 \\ 2 & 1 & 2 & 2 \end{pmatrix} \xrightarrow[\text{入れ替える}]{\text{第1行と第3行を}} \begin{pmatrix} 2 & 1 & 2 & 2 \\ 3 & 2 & 3 & 2 \\ 0 & 2 & 1 & 1 \end{pmatrix} \xrightarrow[\text{2で割る}]{\text{第1行を}}$

$\begin{pmatrix} 1 & \frac{1}{2} & 1 & 1 \\ 3 & 2 & 3 & 2 \\ 0 & 2 & 1 & 1 \end{pmatrix} \xrightarrow[\text{掃き出す}]{\text{第1列を}} \begin{pmatrix} 1 & \frac{1}{2} & 1 & 1 \\ 0 & \frac{1}{2} & 0 & -1 \\ 0 & 2 & 1 & 1 \end{pmatrix} \xrightarrow[\text{2をかける}]{\text{第2行に}}$

$\begin{pmatrix} 1 & \frac{1}{2} & 1 & 1 \\ 0 & 1 & 0 & -2 \\ 0 & 2 & 1 & 1 \end{pmatrix} \xrightarrow[\text{掃き出す}]{\text{第2列を}} \begin{pmatrix} 1 & 0 & 1 & 2 \\ 0 & 1 & 0 & -2 \\ 0 & 0 & 1 & 5 \end{pmatrix} \xrightarrow[\text{掃き出す}]{\text{第3列を}}$

$\begin{pmatrix} 1 & 0 & 0 & -3 \\ 0 & 1 & 0 & -2 \\ 0 & 0 & 1 & 5 \end{pmatrix}$

よって階数は 3 である．

(2) $\begin{pmatrix} 1 & 2 & 2 & 3 \\ 3 & 2 & 3 & 2 \\ 6 & 8 & 9 & 1 \end{pmatrix} \xrightarrow[\text{掃き出す}]{\text{第1列を}} \begin{pmatrix} 1 & 2 & 2 & 3 \\ 0 & -4 & -3 & -7 \\ 0 & -4 & -3 & -17 \end{pmatrix} \xrightarrow[\text{-4で割る}]{\text{第2行を}}$

$\begin{pmatrix} 1 & 2 & 2 & 3 \\ 0 & 1 & \frac{3}{4} & \frac{7}{4} \\ 0 & -4 & -3 & -17 \end{pmatrix} \xrightarrow[\text{掃き出す}]{\text{第2列を}} \begin{pmatrix} 1 & 0 & \frac{1}{2} & -\frac{1}{2} \\ 0 & 1 & \frac{3}{4} & \frac{7}{4} \\ 0 & 0 & 0 & -10 \end{pmatrix} \xrightarrow[\text{入れ替える}]{\text{第3列と第4列を}}$

$\begin{pmatrix} 1 & 0 & -\frac{1}{2} & \frac{1}{2} \\ 0 & 1 & \frac{7}{4} & \frac{3}{4} \\ 0 & 0 & -10 & 0 \end{pmatrix} \xrightarrow[\text{-10で割る}]{\text{第3行を}} \begin{pmatrix} 1 & 0 & -\frac{1}{2} & \frac{1}{2} \\ 0 & 1 & \frac{7}{4} & \frac{3}{4} \\ 0 & 0 & 1 & 0 \end{pmatrix} \xrightarrow[\text{掃き出す}]{\text{第3列を}}$

$\begin{pmatrix} 1 & 0 & 0 & \frac{1}{2} \\ 0 & 1 & 0 & \frac{3}{4} \\ 0 & 0 & 1 & 0 \end{pmatrix}$

よって，階数は 3 である．

(3) $\begin{pmatrix} 1 & 2 & 3 & 2 \\ 0 & 1 & 2 & 2 \\ 1 & 3 & 5 & 4 \end{pmatrix} \xrightarrow[\text{掃き出す}]{\text{第1列を}} \begin{pmatrix} 1 & 2 & 3 & 2 \\ 0 & 1 & 2 & 2 \\ 0 & 1 & 2 & 2 \end{pmatrix} \xrightarrow[\text{掃き出す}]{\text{第2列を}}$
$\begin{pmatrix} 1 & 0 & -1 & -2 \\ 0 & 1 & 2 & 2 \\ 0 & 0 & 0 & 0 \end{pmatrix}$

よって階数は 2 である．

問題 7.3 次の行列の階数を求めよ．

(1) $\begin{pmatrix} 1 & 2 & 2 & 1 \\ 3 & 2 & 3 & -1 \\ 2 & 1 & 3 & 4 \end{pmatrix}$ (2) $\begin{pmatrix} 1 & 1 & 4 & 2 \\ 1 & 0 & 1 & 1 \\ 2 & -1 & -1 & 1 \end{pmatrix}$ (3) $\begin{pmatrix} 0 & 2 & 2 & 4 \\ 3 & 2 & 3 & -1 \\ 6 & 3 & 5 & 4 \end{pmatrix}$

7.3 掃き出し法

〔1〕連立1次方程式の解の存在

ここでは，未知数の数と方程式の数が必ずしも一致していない場合について，6.1 節の予備的考察で触れた掃き出し法による解法を，行列の階数の観点から整理する．

$x_1, x_2, \cdots, x_n$ を未知数とする，m 個の方程式の連立1次方程式

$$\begin{cases} a_{11}x_1 + a_{12}x_2 + \cdots + a_{1n}x_n = b_1 \\ a_{21}x_1 + a_{22}x_2 + \cdots + a_{2n}x_n = b_2 \\ \quad\vdots \\ a_{m1}x_1 + a_{m2}x_2 + \cdots + a_{mn}x_n = b_m \end{cases} \tag{7.1}$$

に対し，拡大係数行列

$$(A \mid \mathbf{b}) = \left(\begin{array}{ccc|c} a_{11} & \cdots & a_{1n} & b_1 \\ \vdots & & \vdots & \vdots \\ a_{m1} & \cdots & a_{mn} & b_m \end{array} \right)$$

に行に関する基本変形と，必要ならば列の入れ替えを行って（つまり，未知数の順序を入れ替えて），ただし定数項に対応する最後の第 $(n+1)$ 列は入れ替えない

で，次の形に変形する．

$$(A|\mathbf{b}) \longrightarrow \left(\begin{array}{ccc|ccc|c} 1 & & 0 & c_{11} & \cdots & c_{1(n-r)} & d_1 \\ & \ddots & & \vdots & & \vdots & \vdots \\ 0 & & 1 & c_{r1} & \cdots & c_{r(n-r)} & d_r \\ \hline & & & & & & d_{r+1} \\ & 0 & & & 0 & & \vdots \\ & & & & & & d_m \end{array}\right) \qquad (7.2)$$

このように変形できることは，定理 7.2 と同様に示される．このとき，同じ基本変形で

$$A \longrightarrow \left(\begin{array}{ccc|ccc} 1 & & 0 & c_{11} & \cdots & c_{1(n-r)} \\ & \ddots & & \vdots & & \vdots \\ 0 & & 1 & c_{r1} & \cdots & c_{r(n-r)} \\ \hline & 0 & & & 0 & \end{array}\right) \qquad (7.3)$$

となるから，A の階数 $\mathrm{rank}(A)$ は r に等しい．

ここで，もし $d_{r+1}, \cdots, d_m$ の中の一つ，d_k が 0 でないとすると，式 (7.2) の行列の第 k 行 $(r < k \leqq m)$ を方程式に直せば

$$0\,x_1 + \cdots + 0\,x_n = d_k \neq 0$$

となる．これは，式 (6.5)（p.104）の例と同様に矛盾だから，この連立 1 次方程式は解をもたない．このとき $(A|\mathbf{b})$ について，最後の列の入れ替えも許して階数を調べると，つまり式 (7.2) の最後の第 $n+1$ 列と第 $r+1$ 列を入れ替え，第 $(r+1)$ 行と第 k 行を入れ替えて，$(r+1, r+1)$ 成分を軸として第 $r+1$ 列を掃き出せば

$$(A|\mathbf{b}) \longrightarrow \left(\begin{array}{ccc|c|ccc} 1 & & 0 & 0 & * & \cdots & * \\ & \ddots & & \vdots & \vdots & & \vdots \\ 0 & & 1 & 0 & * & \cdots & * \\ \hline 0 & \cdots & 0 & 1 & 0 & \cdots & 0 \\ \hline & & & 0 & & & \\ & 0 & & \vdots & & 0 & \\ & & & 0 & & & \end{array}\right) = \left(\begin{array}{c|c} E_{r+1} & * \\ \hline 0 & 0 \end{array}\right)$$

となるから，$\mathrm{rank}\,(A|\mathbf{b}) = r+1 > \mathrm{rank}(A)$ となっている．

一方,もし $d_{r+1} = \cdots = d_m = 0$ ならば,式 (6.6) (p.104) の例で述べたように $(n-r)$ 個の未知数 $x_{r+1}, \cdots, x_n$ に任意の値 $\alpha_1, \cdots, \alpha_{n-r}$ を与えて $x_{r+1} = \alpha_1, \cdots, x_n = \alpha_{n-r}$ とおけば,残りの r 個の未知数 $x_1, \cdots, x_r$ は $\alpha_1, \cdots, \alpha_{n-r}$ を用いて表現される.この $(n-r)$ のように,連立1次方程式の解において任意の値をとりうる未知数の個数を,その連立1次方程式の**解の自由度**という.このとき,$\operatorname{rank}(A|\mathbf{b}) = r = \operatorname{rank}(A)$ であることに注意せよ.

以上をまとめると,次の定理となる.

♣ 定理 7.3 ♣

n 個の未知数に関する連立1次方程式 $A\mathbf{x} = \mathbf{b}$ が解をもつための必要十分条件は,係数行列と拡大係数行列の階数が等しいことである.このとき,この階数を r とおけば

(i) $r = n$ ならば,$A\mathbf{x} = \mathbf{b}$ はただ一組の解をもつ

(ii) $r < n$ ならば,$A\mathbf{x} = \mathbf{b}$ は自由度 $(n-r)$ の解をもつ

例題 7.2　次の連立1次方程式を掃き出し法で解け.

(1) $\begin{cases} x + 2y + z = 8 \\ 2x - y - 2z = -6 \\ 4x - 3y + z = 1 \end{cases}$
(2) $\begin{cases} 2x - y - z + w = 1 \\ x + 2y + 2z - w = -1 \\ x - 3y - 3z + 2w = 2 \end{cases}$

(3) $\begin{cases} x + 2y + 3z = 4 \\ 2x + 5y + 8z = 10 \\ 3x + 2y + z = 0 \end{cases}$

解答

(1) $\begin{pmatrix} 1 & 2 & 1 & 8 \\ 2 & -1 & -2 & -6 \\ 4 & -3 & 1 & 1 \end{pmatrix} \longrightarrow \begin{pmatrix} 1 & 0 & 0 & 1 \\ 0 & 1 & 0 & 2 \\ 0 & 0 & 1 & 3 \end{pmatrix}$ ∴ $\begin{pmatrix} x \\ y \\ z \end{pmatrix} = \begin{pmatrix} 1 \\ 2 \\ 3 \end{pmatrix}$

(2) $\begin{pmatrix} 2 & -1 & -1 & 1 & 1 \\ 1 & 2 & 2 & -1 & -1 \\ 1 & -3 & -3 & 2 & 2 \end{pmatrix} \longrightarrow \begin{pmatrix} 1 & 0 & 0 & 1/5 & 1/5 \\ 0 & 1 & 1 & -3/5 & -3/5 \\ 0 & 0 & 0 & 0 & 0 \end{pmatrix}$

方程式に直すと

$$\begin{cases} x + (1/5)w = 1/5 \\ y + z - (3/5)w = -3/5 \end{cases}$$

ここで任意の定数 α, β を用いて $z = \alpha$, $w = \beta$ とおくと

$$\begin{cases} x = -(1/5)\beta + 1/5 \\ y = -\alpha + (3/5)\beta - 3/5 \end{cases}$$

つまり

$$\begin{pmatrix} x \\ y \\ z \\ w \end{pmatrix} = \begin{pmatrix} -(1/5)\beta + 1/5 \\ -\alpha + (3/5)\beta - 3/5 \\ \alpha \\ \beta \end{pmatrix}$$

$$\therefore \begin{pmatrix} x \\ y \\ z \\ w \end{pmatrix} = \begin{pmatrix} 1/5 \\ -3/5 \\ 0 \\ 0 \end{pmatrix} + \alpha \begin{pmatrix} 0 \\ -1 \\ 1 \\ 0 \end{pmatrix} + \beta \begin{pmatrix} -1/5 \\ 3/5 \\ 0 \\ 1 \end{pmatrix}$$

(3) $\begin{pmatrix} 1 & 2 & 3 & 4 \\ 2 & 5 & 8 & 10 \\ 3 & 2 & 1 & 0 \end{pmatrix} \longrightarrow \begin{pmatrix} 1 & 0 & -1 & 0 \\ 0 & 1 & 2 & 2 \\ 0 & 0 & 0 & -4 \end{pmatrix}$

したがって，解は存在しない．

問題 7.4 次の連立 1 次方程式を掃き出し法で解け．

(1) $\begin{cases} x - 2y + z = 1 \\ 2x + y + z = 2 \\ 5x \quad\quad - z = 0 \end{cases}$
(2) $\begin{cases} 2x + 3y + 4z = 16 \\ 3x + 4y - 2z = 7 \\ 4x - 2y - 3z = -6 \end{cases}$

(3) $\begin{cases} x - 2y + 4z = -1 \\ 2x - y - z = 4 \\ 3x - 5y + 9z = -1 \end{cases}$
(4) $\begin{cases} x - y + 2z = 3 \\ 2x + 2y - 3z = 1 \\ 3x + y - z = 5 \end{cases}$

〔2〕斉次連立1次方程式

定数項がすべて0であるような連立1次方程式を**斉次連立1次方程式**という．ここでは，未知数の個数と方程式の個数が等しい場合を考える．

$$\begin{cases} a_{11}x_1 + a_{12}x_2 + \cdots + a_{1n}x_n = 0 \\ a_{21}x_1 + a_{22}x_2 + \cdots + a_{2n}x_n = 0 \\ \qquad\qquad\vdots \\ a_{n1}x_1 + a_{n2}x_2 + \cdots + a_{nn}x_n = 0 \end{cases} \tag{7.4}$$

$x_1 = x_2 = \cdots = x_n = 0$ とおけば式 (7.4) は成り立つから，$x_1 = x_2 = \cdots = x_n = 0$ は必ず解となる．これを斉次連立1次方程式の**自明な解**という．自明な解以外に解があれば，それを**非自明な解**という．もし $|A| \neq 0$ ならば，クラーメルの公式から式 (7.4) はただ一組の解，つまり自明な解しかもたない．対偶をとれば，非自明な解をもてば $|A| = 0$ である．

逆に，$|A| = 0$ ならば，$\mathrm{rank}(A) = r < n$ だから（第7章の章末問題1），定理7.3 により解の自由度は $n - r \geqq 1$ となり無数の解をもつ．したがって，自明な解のほかに非自明な解ももつ．

以上をまとめると，次の定理が得られる．

❖ **定理 7.4** ❖

斉次連立1次方程式 (7.4) が非自明な解をもつための必要十分条件は，$|A| = 0$ である．

例題 7.3 次の斉次連立1次方程式が非自明な解をもつように，定数 λ の値を定めよ．また，そのときの解を求めよ．

$$\begin{cases} (\lambda - 2)x - y = 0 \\ -2x + (\lambda - 3)y + 2z = 0 \\ -x - y + (\lambda - 1)z = 0 \end{cases}$$

解答

$$0 = \begin{vmatrix} \lambda - 2 & -1 & 0 \\ -2 & \lambda - 3 & 2 \\ -1 & -1 & \lambda - 1 \end{vmatrix} = (\lambda - 1)(\lambda - 2)(\lambda - 3) \quad \therefore\ \lambda = 1, 2, 3$$

$\lambda = 1$ のとき，これを元の方程式に代入して，拡大係数行列を基本変形すれば

$$\begin{pmatrix} -1 & -1 & 0 & 0 \\ -2 & -2 & 2 & 0 \\ -1 & -1 & 0 & 0 \end{pmatrix} \longrightarrow \begin{pmatrix} 1 & 1 & 0 & 0 \\ 0 & 0 & 1 & 0 \\ 0 & 0 & 0 & 0 \end{pmatrix}$$

方程式に直せば

$$\begin{cases} x + y = 0 \\ z = 0 \end{cases}$$

$y = \alpha$ とおけば

$$\begin{pmatrix} x \\ y \\ z \end{pmatrix} = \begin{pmatrix} -\alpha \\ \alpha \\ 0 \end{pmatrix} = \alpha \begin{pmatrix} -1 \\ 1 \\ 0 \end{pmatrix} \quad (\alpha \text{ は任意の定数})$$

$\lambda = 2$ のとき，

$$\begin{pmatrix} 0 & -1 & 0 & 0 \\ -2 & -1 & 2 & 0 \\ -1 & -1 & 1 & 0 \end{pmatrix} \longrightarrow \begin{pmatrix} 1 & 0 & -1 & 0 \\ 0 & 1 & 0 & 0 \\ 0 & 0 & 0 & 0 \end{pmatrix} \quad \therefore \begin{cases} x - z = 0 \\ y = 0 \end{cases}$$

$z = \beta$ とおけば

$$\begin{pmatrix} x \\ y \\ z \end{pmatrix} = \begin{pmatrix} \beta \\ 0 \\ \beta \end{pmatrix} = \beta \begin{pmatrix} 1 \\ 0 \\ 1 \end{pmatrix} \quad (\beta \text{ は任意の定数})$$

$\lambda = 3$ のとき，

$$\begin{pmatrix} 1 & -1 & 0 & 0 \\ -2 & 0 & 2 & 0 \\ -1 & -1 & 2 & 0 \end{pmatrix} \longrightarrow \begin{pmatrix} 1 & 0 & -1 & 0 \\ 0 & 1 & -1 & 0 \\ 0 & 0 & 0 & 0 \end{pmatrix} \quad \therefore \begin{cases} x - z = 0 \\ y - z = 0 \end{cases}$$

$x = y = z = \gamma$ とおけば

$$\begin{pmatrix} x \\ y \\ z \end{pmatrix} = \begin{pmatrix} \gamma \\ \gamma \\ \gamma \end{pmatrix} = \gamma \begin{pmatrix} 1 \\ 1 \\ 1 \end{pmatrix} \quad (\gamma \text{ は任意の定数})$$

問題 7.5 次の斉次連立 1 次方程式が非自明な解をもつように定数 a の値を定め，そのときの解を求めよ．

$$\begin{cases} x + 2y + az = 0 \\ 3x + 4y + 7z = 0 \\ ax + ay + 6z = 0 \end{cases}$$

〔3〕逆行列

ここでは，掃き出し法を用いて逆行列を求める方法を紹介する．

n 次正方行列 A が，行に関する基本変形を繰り返して単位行列 E になったとする．

$$A \longrightarrow E$$

このとき，A の階数は n であり，この基本変形に対応するいくつかの基本行列の積（これを B で表す）を A に左からかけて E になっている．

$$BA = E$$

したがって，A は正則であり，B は A の逆行列である．ここで，A と E を並べてできる $n \times (2n)$ 行列 $(A|E)$ を考え，これに左から B をかけると，

$$B(A|E) = (BA|BE) = (E|B)$$

この計算には分割表示された行列の積に関する定理 3.2（p.59）を用いた．上の式は，B に対応する基本変形により，

$$(A|E) \longrightarrow (E|B) = (E|A^{-1})$$

となることを示す．まとめると，次の定理が得られる．

❖ 定理 7.5 ❖

行に関する基本変形で $(A|E) \longrightarrow (E|B)$ となれば，B は A の逆行列である．

例題 7.4　掃き出し法を用いて $A = \begin{pmatrix} 1 & -1 & 2 \\ 2 & 1 & 0 \\ -1 & 3 & -5 \end{pmatrix}$ の逆行列を求めよ．

解答

$$\begin{pmatrix} 1 & -1 & 2 & | & 1 & 0 & 0 \\ 2 & 1 & 0 & | & 0 & 1 & 0 \\ -1 & 3 & -5 & | & 0 & 0 & 1 \end{pmatrix}$$

$$\to \begin{pmatrix} 1 & -1 & 2 & | & 1 & 0 & 0 \\ 0 & 3 & -4 & | & -2 & 1 & 0 \\ 0 & 2 & -3 & | & 1 & 0 & 1 \end{pmatrix} \to \begin{pmatrix} 1 & -1 & 2 & | & 1 & 0 & 0 \\ 0 & 2 & -3 & | & 1 & 0 & 1 \\ 0 & 3 & -4 & | & -2 & 1 & 0 \end{pmatrix}$$

$$\to \begin{pmatrix} 1 & 0 & 1/2 & | & 3/2 & 0 & 1/2 \\ 0 & 1 & -3/2 & | & 1/2 & 0 & 1/2 \\ 0 & 0 & 1/2 & | & -7/2 & 1 & -3/2 \end{pmatrix}$$

$$\to \begin{pmatrix} 1 & 0 & 1/2 & | & 3/2 & 0 & 1/2 \\ 0 & 1 & -3/2 & | & 1/2 & 0 & 1/2 \\ 0 & 0 & 1 & | & -7 & 2 & -3 \end{pmatrix} \to \begin{pmatrix} 1 & 0 & 0 & | & 5 & -1 & 2 \\ 0 & 1 & 0 & | & -10 & 3 & -4 \\ 0 & 0 & 1 & | & -7 & 2 & -3 \end{pmatrix}$$

したがって，逆行列は $\begin{pmatrix} 5 & -1 & 2 \\ -10 & 3 & -4 \\ -7 & 2 & -3 \end{pmatrix}$.

問題 7.6 掃き出し法を用いて次の行列の逆行列を求めよ．

(1) $\begin{pmatrix} 1 & 1 & 0 \\ 0 & 1 & 1 \\ 1 & 2 & 2 \end{pmatrix}$ (2) $\begin{pmatrix} 1 & 0 & 3 \\ 2 & 4 & 1 \\ 1 & 3 & 0 \end{pmatrix}$ (3) $\begin{pmatrix} 2 & -1 & 1 \\ 1 & 2 & -4 \\ 2 & 0 & 3 \end{pmatrix}$

章末問題

1 n 次正方行列 A に対し，$|A| = 0$ ならば $\text{rank}(A) = r < n$ であることを示せ．

☞ もし $\text{rank}(A) = n$ ならば $A \to E$ だから，基本行列の積 B と C があって $BAC = E$ となる．これと定理 5.2（p.95）を用いよ．

2 次の連立 1 次方程式を掃き出し法で解け．

(1) $\begin{cases} x - 2y + 7z - 4w = -6 \\ x - y + 5z - w = -1 \\ -2x + 2y - 9z + 5w = 4 \\ x - y + 8z + 8w = 5 \end{cases}$
(2) $\begin{cases} 2x - 4y + z + w = 0 \\ x - 5y + 2z + 2w = 0 \\ x + 3y + 4w = 0 \\ x - 2y - z + w = 0 \end{cases}$

3 $A = \begin{pmatrix} 1 & 2 \\ 3 & 4 \end{pmatrix}$ とするとき

(1) $XYZA = E$ となる基本行列 X，Y，Z を求めよ．
(2) A^{-1} を基本行列の積で表せ．
(3) A を基本行列の積で表せ．

4 前問を参考に，正則行列は基本行列の積で表現できることを示せ．

第8章

線形写像

　実数を成分とする2次の正方行列があれば，平面から平面への写像が自然な形で定まる．同様に，実数を成分とする3次の正方行列は空間から空間への写像を定める．このように行列の定める写像を線形写像という．原点を中心とする拡大・縮小や回転は線形写像の例である．また，連立1次方程式の解の集合を，線形写像の観点から捉えることができる．

　キーワード　線形写像，線形変換，相似変換，対称移動，回転，直交行列，部分ベクトル空間，部分ベクトル空間の次元，解空間，像，核．

8.1　線形写像

〔1〕線形写像・線形変換

　2.3節と同様に，K は実数全体の集合 $\mathbb{R}$ または複素数全体の集合 $\mathbb{C}$ であるとする．

　V と W を K 上のベクトル空間とする．つまり，V の任意の要素 $\mathbf{a}$, $\mathbf{b}$ に対して和 $\mathbf{a}+\mathbf{b}\in V$ が定まり，V の任意の要素 $\mathbf{a}$ と K の任意の要素 λ に対して $\mathbf{a}$ のスカラー倍 $\lambda\mathbf{a}\in V$ が定まって，この和とスカラー倍がベクトル空間の公理（2.3節〔1〕の囲み（p.47）を参照）を満たしているものとする．W についても同様である．

V から W への写像

$$f: V \to W \tag{8.1}$$

があって，二つの条件

$$\begin{cases} f(\mathbf{p} + \mathbf{p}') = f(\mathbf{p}) + f(\mathbf{p}') & (\mathbf{p}, \mathbf{p}' \in V) \\ f(\lambda \mathbf{p}) = \lambda f(\mathbf{p}) & (\mathbf{p} \in V, \ \lambda \in K) \end{cases} \tag{8.2}$$

を満たしているとき，f を V から W への**線形写像**という．特に V と W が一致しているとき，f を V の**線形変換**という．式 (8.2) を写像 f の**線形性**という．

〔2〕行列による線形写像

実数を成分とする行列を**実行列**という．

$m \times n$ 実行列 $A = \begin{pmatrix} a_{11} & \cdots & a_{1n} \\ \vdots & & \vdots \\ a_{m1} & \cdots & a_{mn} \end{pmatrix}$ が与えられたとき，n 次元実数空間 $\mathbb{R}^n$ から m 次元実数空間 $\mathbb{R}^m$ への写像

$$f: \mathbb{R}^n \longrightarrow \mathbb{R}^m; \ f(x_1, \cdots, x_n) = (y_1, \cdots, y_m) \tag{8.3}$$

を，$m \times n$ 行列と $n \times 1$ 行列の積を用いて

$$\begin{pmatrix} y_1 \\ \vdots \\ y_m \end{pmatrix} = \begin{pmatrix} a_{11} & \cdots & a_{1n} \\ \vdots & & \vdots \\ a_{m1} & \cdots & a_{mn} \end{pmatrix} \begin{pmatrix} x_1 \\ \vdots \\ x_n \end{pmatrix} \tag{8.4}$$

で定めることができる．行列の積の性質の性質から f は線形性 (8.2) を満たし，$\mathbb{R}^n$ から $\mathbb{R}^m$ への線形写像となる．f を**行列 A の定める線形写像**という[1]．

正確にいえば，$\mathbb{R}^n$ の点 $\mathrm{P} = (x_1, \cdots, x_n)$ が $\mathbb{R}^m$ の点 $\mathrm{Q} = (y_1, \cdots, y_m)$ に移されるとき，P, Q の位置ベクトル（つまり，$\mathbb{R}^n$ の原点と P，$\mathbb{R}^m$ の原点と Q を結ぶベクトル）をそれぞれ列ベクトル $\mathbf{p}$, $\mathbf{q}$ で

$$\mathbf{p} = \begin{pmatrix} x_1 \\ \vdots \\ x_n \end{pmatrix} = {}^t(x_1, \cdots, x_n), \ \mathbf{q} = \begin{pmatrix} y_1 \\ \vdots \\ y_m \end{pmatrix} = {}^t(y_1, \cdots, y_m) \tag{8.5}$$

---

[1] 同様に，複素数を成分とする行列（複素行列）は複素空間の間の線形写像 $f: \mathbb{C}^n \to \mathbb{C}^m$ を定めるのだが，ここでは話を実数に限定する．

のように表せば，式 (8.4) は次のように表される．

$$\mathbf{q} = A\mathbf{p} \tag{8.6}$$

線形写像を考えるときには，位置ベクトルはこのように常に列ベクトルで表されるものとしておく．線形写像については，

$$(y_1, \cdots, y_m) = f(x_1, \cdots, x_n), \quad \mathrm{Q} = f(\mathrm{P}), \quad \mathbf{q} = f(\mathbf{p}), \quad \mathbf{q} = A\mathbf{p}$$

などのように，その文脈で使いやすい表記法を適宜使い分けることにする．

次に示すように，実数空間から実数空間への線形写像は必ずある実行列によって定められる．

❖ **定理 8.1** ❖

$f: \mathbb{R}^n \to \mathbb{R}^m$ を線形写像とするとき，f を定める $m \times n$ 実行列 A がただ一つ存在する．

【証明】 $\mathbb{R}^n$ の基本ベクトル $\mathbf{e}_1 = \begin{pmatrix} 1 \\ 0 \\ \vdots \\ 0 \end{pmatrix}, \mathbf{e}_2 = \begin{pmatrix} 0 \\ 1 \\ \vdots \\ 0 \end{pmatrix}, \cdots, \mathbf{e}_n = \begin{pmatrix} 0 \\ 0 \\ \vdots \\ 1 \end{pmatrix}$ を f で移したベクトルを

$$f(\mathbf{e}_1) = \begin{pmatrix} a_{11} \\ a_{21} \\ \vdots \\ a_{m1} \end{pmatrix}, \quad f(\mathbf{e}_2) = \begin{pmatrix} a_{12} \\ a_{22} \\ \vdots \\ a_{m2} \end{pmatrix}, \quad \cdots, \quad f(\mathbf{e}_n) = \begin{pmatrix} a_{1n} \\ a_{2n} \\ \vdots \\ a_{mn} \end{pmatrix}$$

とし，行列 A を $A = \begin{pmatrix} a_{11} & a_{12} & \cdots & a_{1n} \\ a_{21} & a_{22} & \cdots & a_{2n} \\ \vdots & & & \\ a_{m1} & a_{m2} & \cdots & a_{mn} \end{pmatrix}$ で定める．$\mathbb{R}^n$ の任意のベクトル

$$\mathbf{x} = \begin{pmatrix} x_1 \\ x_2 \\ \vdots \\ x_n \end{pmatrix} = x_1 \mathbf{e}_1 + x_2 \mathbf{e}_2 + \cdots + x_n \mathbf{e}_n$$

に対し f を施せば，f の線形性により

$$f(\mathbf{x}) = x_1 \begin{pmatrix} a_{11} \\ a_{21} \\ \vdots \\ a_{m1} \end{pmatrix} + x_2 \begin{pmatrix} a_{12} \\ a_{22} \\ \vdots \\ a_{m2} \end{pmatrix} + \cdots + x_n \begin{pmatrix} a_{1n} \\ a_{2n} \\ \vdots \\ a_{mn} \end{pmatrix}$$

$$= \begin{pmatrix} x_1 a_{11} + x_2 a_{12} + \cdots + x_n a_{1n} \\ x_1 a_{21} + x_2 a_{22} + \cdots + x_n a_{2n} \\ \vdots \\ x_1 a_{m1} + x_2 a_{m2} + \cdots + x_n a_{mn} \end{pmatrix}$$

一方，

$$A\mathbf{x} = \begin{pmatrix} a_{11} & a_{12} & \cdots & a_{1n} \\ a_{21} & a_{22} & \cdots & a_{2n} \\ \vdots & & & \\ a_{m1} & a_{m2} & \cdots & a_{mn} \end{pmatrix} \begin{pmatrix} x_1 \\ x_2 \\ \vdots \\ x_n \end{pmatrix}$$

$$= \begin{pmatrix} x_1 a_{11} + x_2 a_{12} + \cdots + x_n a_{1n} \\ x_1 a_{21} + x_2 a_{22} + \cdots + x_n a_{2n} \\ \vdots \\ x_1 a_{m1} + x_2 a_{m2} + \cdots + x_n a_{mn} \end{pmatrix}$$

だから $f(\mathbf{x}) = A\mathbf{x}$ となり，f は A の定める線形写像である．

また，$B = (b_{ij})$ も線形写像 f を定める行列であるとすると，任意の番号 j $(1 \leqq j \leqq n)$ に対し

$$\begin{pmatrix} a_{1j} \\ a_{2j} \\ \vdots \\ a_{mj} \end{pmatrix} = f(\mathbf{e}_j) = B\mathbf{e}_j = \begin{pmatrix} b_{1j} \\ b_{2j} \\ \vdots \\ b_{mj} \end{pmatrix}$$

となり，A と B の第 j 列ベクトルは等しい．つまり，A と B は一致する． ∎

例題 8.1 線形変換 $f: \mathbb{R}^2 \to \mathbb{R}^2$ は点 $(1,3)$, $(2,1)$ をそれぞれ $(9,-5)$, $(8,5)$ に移すとする．このとき，f を定める 2 次の正方行列 A を求めよ．

解答 $A = \begin{pmatrix} a & b \\ c & d \end{pmatrix}$ とすると

$$\begin{pmatrix} a & b \\ c & d \end{pmatrix} \begin{pmatrix} 1 \\ 3 \end{pmatrix} = \begin{pmatrix} 9 \\ -5 \end{pmatrix}, \quad \begin{pmatrix} a & b \\ c & d \end{pmatrix} \begin{pmatrix} 2 \\ 1 \end{pmatrix} = \begin{pmatrix} 8 \\ 5 \end{pmatrix}$$

したがって

$$\begin{cases} a + 3b = 9 \\ c + 3d = -5 \end{cases} \quad \begin{cases} 2a + b = 8 \\ 2c + d = 5 \end{cases}$$

$$\therefore \ a = 3, \ b = 2, \ c = 4, \ d = -3$$

ゆえに，求める行列は $A = \begin{pmatrix} 3 & 2 \\ 4 & -3 \end{pmatrix}$.

問題 8.1 線形変換 $f : \mathbb{R}^2 \to \mathbb{R}^2$ は点 $(1,1)$, $(-1,1)$ をそれぞれ $(1,-1)$, $(1,1)$ に移すとする．このとき，f を定める 2 次の正方行列 A を求めよ．

〔3〕平面の線形変換

ここで，平面から平面への線形変換，つまり線形変換

$$f : \mathbb{R}^2 \to \mathbb{R}^2, \quad \begin{pmatrix} x' \\ y' \end{pmatrix} = \begin{pmatrix} a & b \\ c & d \end{pmatrix} \begin{pmatrix} x \\ y \end{pmatrix} \tag{8.7}$$

の具体的な例を図形的に考えてみよう．2 次正方行列

$$A = \begin{pmatrix} 2 & 3 \\ -1 & 1 \end{pmatrix}$$

は線形変換

$$\begin{pmatrix} x' \\ y' \end{pmatrix} = \begin{pmatrix} 2 & 3 \\ -1 & 1 \end{pmatrix} \begin{pmatrix} x \\ y \end{pmatrix} \tag{8.8}$$

を定める．通常の式で表せば

$$\begin{cases} x' = 2x + 3y \\ y' = -x + y \end{cases}$$

となり，x', y' は x, y の 1 次同次式（定数項のない 1 次式）で表される．

8.1 線形写像

線形変換がどのようなものであるかを図で示すには，平面上の図形がその線形写像によってどのような図形に移されるのかを見ればよい．今の場合には図 8-1 に示すように，たとえば点 P(1,0) は点 Q(2,−1) に移され，原点と点 (4,3) を通る直線 l は原点と点 (17,−1) を通る直線 m に移され，単位円 C は楕円 E に移されることが以下のようにしてわかる．

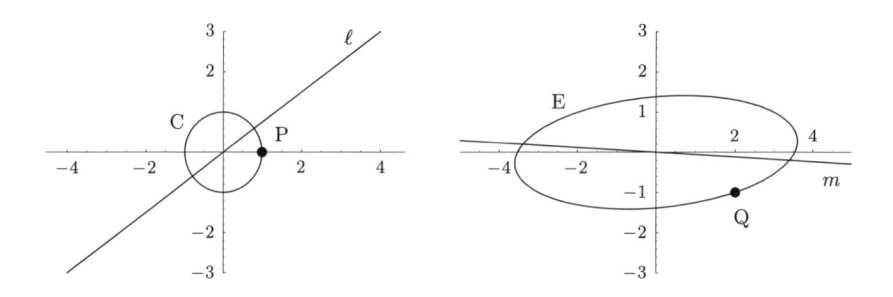

図 8-1　線形変換による対応

線形写像 f によって点 P(1,0) がどの点に対応するかは，式 (8.8) に $(x,y)=(1,0)$ を代入してみればよい．

一般に，直線 l のベクトル方程式を式 (1.2)（p.5）のように

$$\mathbf{x}=\mathbf{p}+t\mathbf{a}$$

とすると，線形写像の線形性 (8.2) により

$$f(\mathbf{x})=f(\mathbf{p})+tf(\mathbf{a}) \tag{8.9}$$

となるから，$f(\mathbf{a})\neq\mathbf{0}$ ならば式 (8.9) は点 $f(\mathbf{p})$ を通り $f(\mathbf{a})$ 方向の直線を表し，$f(\mathbf{a})=\mathbf{0}$ なら 1 点 $f(\mathbf{p})$ を表す．

今の場合は $\mathbf{p}=\mathbf{0}$, $\mathbf{a}=\begin{pmatrix}4\\3\end{pmatrix}$ だから，$f(\mathbf{p})=\mathbf{0}$, $f(\mathbf{a})=\begin{pmatrix}17\\-1\end{pmatrix}$ であり，直線 l は原点と点 (17,−1) を通る直線 m に移される．

この線形写像 f が単位円を楕円に移すことを示すには，線形写像の性質や 2 次曲線の分類などの準備が必要である．

Q，E，m を f による P，C，l の像といい，$f(\text{P})$, $f(\text{C})$, $f(l)$ で表す．

問題 8.2

(1) 次の1次変換に対応する行列を求めよ．

(a) $\begin{cases} x' = 3x - 2y \\ y' = -x + 5y \end{cases}$ (b) $\begin{cases} x' = 4y \\ y' = -x + y \end{cases}$

(2) 次の行列が定める線形変換により点 $(1, -3)$ はどんな点に移るか．

(a) $\begin{pmatrix} 1 & 0 \\ 0 & -2 \end{pmatrix}$ (b) $\begin{pmatrix} 3 & 0 \\ 2 & 7 \end{pmatrix}$ (c) $\begin{pmatrix} 5 & 6 \\ 8 & 7 \end{pmatrix}$

(3) 次の線形変換の行列を求めよ．

(a) $(1,1)$, $(2,-1)$ をそれぞれ $(4,3)$, $(5,3)$ に移す．

(b) $(2,3)$, $(-1,-2)$ をそれぞれ $(-1,-4)$, $(-5,8)$ に移す．

問題 8.3

行列 $A = \begin{pmatrix} 2 & -1 \\ 3 & 1 \end{pmatrix}$ の定める線形変換を f とする．直線 $\ell : 2x + y - 4 = 0$ は，f によってどのような図形に移されるか．

☞ ℓ のパラメータ表示は $(x,y) = (t, -2t + 4) = (0,4) + t(1,-2)$．

8.2　基本的な線形変換

この節では，平面と空間の線形変換のうちで基本なものをいくつか紹介する．

〔1〕恒等変換

単位行列 E の定める線形変換を**恒等変換**（identity transformation）といい，id で表す．恒等変換はどの点も動かさない．つまり，すべての $\mathbf{x}$ に対して次の式が成り立つ．

$$\mathrm{id}(\mathbf{x}) = \mathbf{x}$$

〔2〕相似変換

0 でない実数 k に対して，

$$kE = \begin{pmatrix} k & 0 \\ 0 & k \end{pmatrix}$$

の定める線形変換を**相似変換**といい，k を**相似比**という．

$$\begin{pmatrix} x' \\ y' \end{pmatrix} = \begin{pmatrix} k & 0 \\ 0 & k \end{pmatrix} \begin{pmatrix} x \\ y \end{pmatrix} = \begin{pmatrix} kx \\ ky \end{pmatrix} = k \begin{pmatrix} x \\ y \end{pmatrix}$$

だから，相似変換によって平面上の図形は k 倍に拡大または縮小される（図 8-2）．

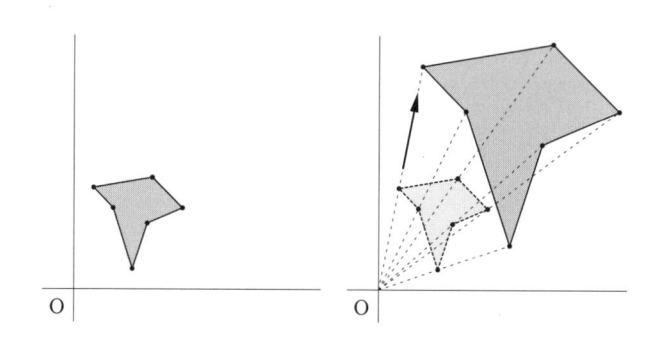

図 8-2 相似変換：k 倍に拡大・縮小

特に，相似比 k が 1 に等しいときには恒等変換 id になる．また，相似比 k が -1 に等しいときには，**原点に関する対称移動**となる（図 8-3）．

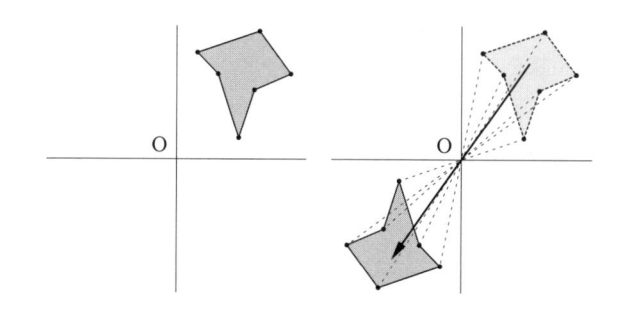

図 8-3 相似比 -1：原点に関する対称移動

〔3〕対称移動

行列 $A = \begin{pmatrix} 1 & 0 \\ 0 & -1 \end{pmatrix}$ の定める線形変換は x 軸に関する**対称移動**（線対称移動）となる．実際，

$$\begin{pmatrix} 1 & 0 \\ 0 & -1 \end{pmatrix} \begin{pmatrix} x \\ y \end{pmatrix} = \begin{pmatrix} x \\ -y \end{pmatrix}$$

となり，x 座標は変わらず，y 座標の符号が変わるからである（図 8-4）．原点を通る直線に関する対称移動は，この x 軸に関する対称移動と回転の合成として，後述する．

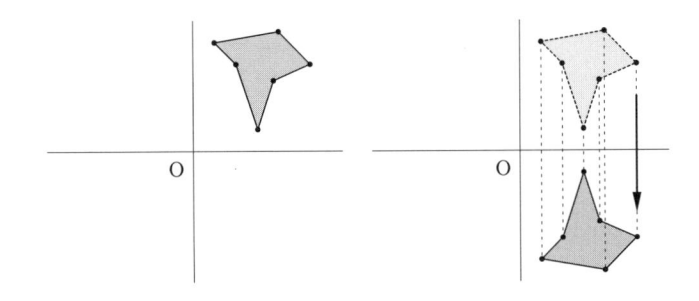

図 8-4　x 軸に関する対称移動

〔4〕回転

原点 O を中心とし回転角 θ の回転を ρ_θ で表そう．図 8-5 に示すように，点 P(x, y) が回転 ρ_θ によって点 Q(x', y') に移されたとし，線分 OP が x 軸となす角を α，O と P の距離を r とする．

ここで

$$\begin{cases} x = r\cos\alpha \\ y = r\sin\alpha \end{cases} \quad \begin{cases} x' = r\cos(\alpha + \theta) \\ y' = r\sin(\alpha + \theta) \end{cases}$$

であることに注意すれば，加法定理により

$$\begin{aligned} x' &= r\cos(\alpha + \theta) = r(\cos\alpha\cos\theta - \sin\alpha\sin\theta) \\ &= (r\cos\alpha)\cos\theta - (r\sin\alpha)\sin\theta = x\cos\theta - y\sin\theta \end{aligned}$$

8.2 基本的な線形変換

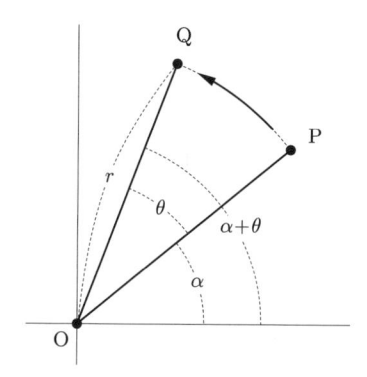

図 8-5 原点を中心に点を回転

$$y' = r\sin(\alpha + \theta) = r(\sin\alpha\cos\theta + \cos\alpha\sin\theta)$$
$$= r(\sin\alpha)\cos\theta + (r\cos\alpha)\sin\theta = x\sin\theta + y\cos\theta$$

まとめると

$$\begin{cases} x' = x\cos\theta - y\sin\theta \\ y' = x\sin\theta + y\cos\theta \end{cases} \quad \therefore \quad \begin{pmatrix} x' \\ y' \end{pmatrix} = \begin{pmatrix} \cos\theta & -\sin\theta \\ \sin\theta & \cos\theta \end{pmatrix} \begin{pmatrix} x \\ y \end{pmatrix}$$

となる．したがって，この回転 ρ_θ は行列

$$\begin{pmatrix} \cos\theta & -\sin\theta \\ \sin\theta & \cos\theta \end{pmatrix} \tag{8.10}$$

の定める線形変換である．行列 (8.10) を **回転の行列** という．図 8-6 は，多角形を回転 ρ_θ で移した状態を表す．

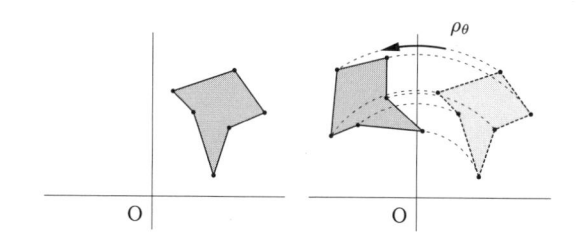

図 8-6 原点を中心に図形を回転

例題 8.2 点 P(2,6) を原点のまわりに 30° 回転した点 Q の座標を求めよ．

解答
$$\begin{pmatrix} x' \\ y' \end{pmatrix} = \begin{pmatrix} \cos 30° & -\sin 30° \\ \sin 30° & \cos 30° \end{pmatrix} \begin{pmatrix} 2 \\ 6 \end{pmatrix}$$
$$= \begin{pmatrix} \sqrt{3}/2 & -1/2 \\ 1/2 & \sqrt{3}/2 \end{pmatrix} \begin{pmatrix} 2 \\ 6 \end{pmatrix} = \begin{pmatrix} -3+\sqrt{3} \\ 1+3\sqrt{3} \end{pmatrix}$$

よって Q の座標は $(-3+\sqrt{3},\ 1+3\sqrt{3})$．

[5] 空間の線形変換

平面の線形変換の議論から直ちに推測できるように，3 次の実正方行列の定める線形変換 $f: \mathbb{R}^3 \to \mathbb{R}^3$ においても行列

$$\begin{pmatrix} 1 & 0 & 0 \\ 0 & 1 & 0 \\ 0 & 0 & 1 \end{pmatrix}, \begin{pmatrix} -1 & 0 & 0 \\ 0 & 1 & 0 \\ 0 & 0 & 1 \end{pmatrix}, \begin{pmatrix} 1 & 0 & 0 \\ 0 & -1 & 0 \\ 0 & 0 & 1 \end{pmatrix}, \begin{pmatrix} 1 & 0 & 0 \\ 0 & 1 & 0 \\ 0 & 0 & -1 \end{pmatrix} \tag{8.11}$$

はそれぞれ恒等変換と yz 平面，xz 平面，xy 平面に関する対称移動を定める．また，0 でない定数 k に対し

$$\begin{pmatrix} k & 0 & 0 \\ 0 & k & 0 \\ 0 & 0 & k \end{pmatrix} \tag{8.12}$$

は相似比 k の相似変換を定める．z 軸を軸とする回転角 θ の回転は，xy 平面に射影すれば原点を中心とする回転であり，また z 座標を変えないから，行列

$$\begin{pmatrix} \cos\theta & -\sin\theta & 0 \\ \sin\theta & \cos\theta & 0 \\ 0 & 0 & 1 \end{pmatrix} \tag{8.13}$$

が z 軸を軸とする**回転の行列**となる．x，y，z の立場を入れ替えると，x 軸や y 軸を軸とする回転の行列が得られる．

8.3 　線形変換の合成・逆変換・直交変換

〔1〕線形変換の合成

二つの行列 A, B の定める線形変換を，それぞれ f, g とする．f と g の**合成変換**を，つまり f を行った結果にさらに g を施して得られる変換を，$g \circ f$ あるいは gf（順序に注意）で表す（図 8-7）．詳しく書けば，$\mathbf{p}' = f(\mathbf{p})$, $\mathbf{p}'' = g(\mathbf{p}')$ ならば

$$(g \circ f)(\mathbf{p}) = g(f(\mathbf{p})) = g(\mathbf{p}') = \mathbf{p}''$$

行列で表せば

$$g \circ f(\mathbf{p}) = g(f(\mathbf{p})) = g(A\mathbf{p}) = B(A\mathbf{p}) = (BA)\mathbf{p}$$

したがって，合成変換 $g \circ f$ は行列の積 BA の定める線形変換である．

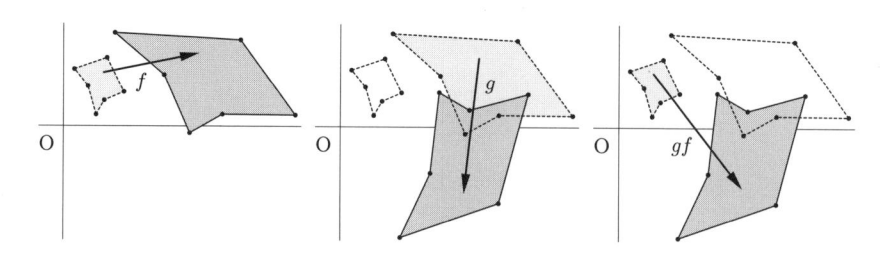

図 8-7 　f と g の合成 $g \circ f$

原点を通る直線 ℓ に関する対称移動を s_ℓ で表そう．変換の合成を用いれば，s_ℓ が簡潔に表示できる．原点を通り x 軸との間の角が α である直線を ℓ とする．図 8-8 に示すように，まず回転 $\rho_{-\alpha}$ を施して直線 ℓ を x 軸に重ね（左図），次に x 軸に関する対称移動を行い（中図），最後に回転 ρ_α を施して x 軸を ℓ まで戻すと（右図），これらの変換の合成は直線 ℓ に関する対称移動 s_ℓ になる．

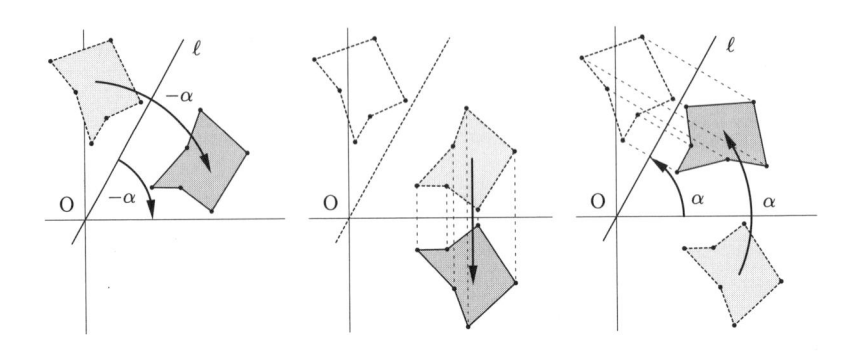

図 8-8　直線 ℓ に関する対称移動

対応する行列の積を作れば

$$\begin{pmatrix} \cos\alpha & -\sin\alpha \\ \sin\alpha & \cos\alpha \end{pmatrix} \begin{pmatrix} 1 & 0 \\ 0 & -1 \end{pmatrix} \begin{pmatrix} \cos(-\alpha) & -\sin(-\alpha) \\ \sin(-\alpha) & \cos(-\alpha) \end{pmatrix}$$

$$= \begin{pmatrix} \cos\alpha & -\sin\alpha \\ \sin\alpha & \cos\alpha \end{pmatrix} \begin{pmatrix} \cos\alpha & \sin\alpha \\ \sin\alpha & -\cos\alpha \end{pmatrix}$$

$$= \begin{pmatrix} \cos^2\alpha - \sin^2\alpha & 2\sin\alpha\cos\alpha \\ 2\sin\alpha\cos\alpha & -\cos^2\alpha + \sin^2\alpha \end{pmatrix} = \begin{pmatrix} \cos 2\alpha & \sin 2\alpha \\ \sin 2\alpha & -\cos 2\alpha \end{pmatrix}$$

したがって，直線 ℓ に関する対称移動 s_l は，行列

$$\begin{pmatrix} \cos 2\alpha & \sin 2\alpha \\ \sin 2\alpha & -\cos 2\alpha \end{pmatrix} \tag{8.14}$$

の定める線形変換であることがわかる．

〔2〕逆変換

線形変換 f を定める行列 A が正則であるとする．このとき，A の逆行列 A^{-1} の定める線形変換を g とすれば，f と g の合成変換 $g \circ f$ は行列 $A^{-1}A = E$ によって定められるから，恒等変換 id である．

$$g \circ f = \mathrm{id}$$

したがって g は f で移された点を元に戻す線形変換である．g を f の**逆変換**という（図 8-9）．

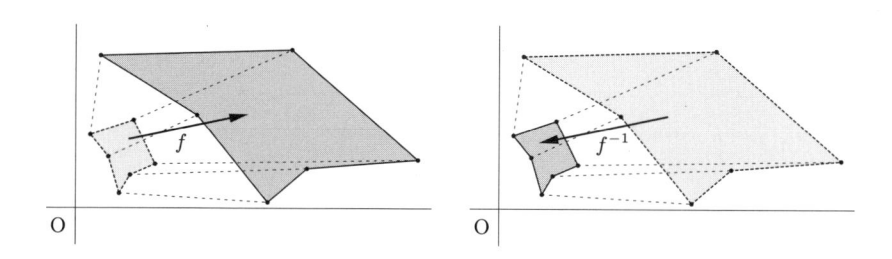

図 8-9　逆変換

例題 8.3　直線 $\ell : x+y+1=0$ を原点のまわりに $30°$ 回転して得られる直線 m の方程式を求めよ．

解答　直線 m 上の任意の点を $P(x,y)$ とする．$30°$ の回転の逆変換は $-30°$ の回転であるから，$P(x,y)$ を $-30°$ 回転した点を $Q(x',y')$ とすると $Q(x',y')$ は直線 ℓ の上の点となる．

$$\begin{pmatrix} x' \\ y' \end{pmatrix} = \begin{pmatrix} \cos(-30°) & -\sin(-30°) \\ \sin(-30°) & \cos(-30°) \end{pmatrix} \begin{pmatrix} x \\ y \end{pmatrix} = \frac{1}{2} \begin{pmatrix} \sqrt{3}x + y \\ -x + \sqrt{3}y \end{pmatrix}$$

つまり

$$\begin{cases} x' = \dfrac{1}{2}(\sqrt{3}x + y) \\ y' = \dfrac{1}{2}(-x + \sqrt{3}y) \end{cases}$$

$Q(x',y')$ は直線 ℓ の方程式を満たすから，代入して分母を払うと

$$(\sqrt{3}-1)x + (\sqrt{3}+1)y + 2 = 0$$

直線 m 上の任意の点 $P(x,y)$ がこの式を満たすから，この式は m の方程式となる．

〔3〕直交行列

一般に，線形変換によって図形は形を変えられるが，直線や点に関する対称移動および回転においては，対応する図形は合同である．点に関する対称移動は，$180°$ の回転であることに注意して，平面における回転の行列 (8.10) と空間における回

転の行列 (8.11) の特徴を考えてみよう．これらの行列を A とおけば，式 (8.10) については

$$
{}^t\!A\,A = \begin{pmatrix} \cos\theta & \sin\theta \\ -\sin\theta & \cos\theta \end{pmatrix} \begin{pmatrix} \cos\theta & -\sin\theta \\ \sin\theta & \cos\theta \end{pmatrix}
$$

$$
= \begin{pmatrix} \cos^2\theta + \sin^2\theta & 0 \\ 0 & \sin^2\theta + \cos^2\theta \end{pmatrix} = \begin{pmatrix} 1 & 0 \\ 0 & 1 \end{pmatrix} = E
$$

同様に，式 (8.11) についても ${}^t\!A\,A = E$ であることが確かめられる．一般に正方行列 A が

$$
{}^t\!A\,A = E \tag{8.15}
$$

を満たすとき，A を**直交行列**という．

2 次正方行列 $A = \begin{pmatrix} a_{11} & a_{12} \\ a_{21} & a_{22} \end{pmatrix}$ が直交行列であるということは，定義から

$$
a_{11}{}^2 + a_{21}{}^2 = 1, \quad a_{11}a_{12} + a_{21}a_{22} = 0, \quad a_{12}{}^2 + a_{22}{}^2 = 1 \tag{8.16}
$$

が成り立つことである．これは A の二つの列ベクトル $\begin{pmatrix} a_{11} \\ a_{21} \end{pmatrix}$, $\begin{pmatrix} a_{12} \\ a_{22} \end{pmatrix}$ がともに長さ 1 で互いに垂直になっていることにほかならない（「直交」の由来）．このとき，A の二つの行ベクトルも，ともに長さ 1 で互いに垂直になっている．このことは 3 次の直交行列についても成り立つ．

いま，ベクトル $\mathbf{x} = \begin{pmatrix} x \\ y \end{pmatrix}$ に直交行列 A を左からかけたものを $\mathbf{y}$ とすると

$$
\mathbf{y} = A\mathbf{x} = \begin{pmatrix} a_{11} & a_{12} \\ a_{21} & a_{22} \end{pmatrix} \begin{pmatrix} x \\ y \end{pmatrix} = \begin{pmatrix} a_{11}x + a_{12}y \\ a_{21}x + a_{22}y \end{pmatrix}
$$

したがって

$$
|\mathbf{y}|^2 = (a_{11}x + a_{12}y)^2 + (a_{21}x + a_{22}y)^2
$$
$$
= (a_{11}{}^2 + a_{21}{}^2)x^2 + 2(a_{11}a_{12} + a_{21}a_{22})xy + (a_{12}{}^2 + a_{22}{}^2)y^2
$$

これに式 (8.16) を用いれば

$$
|\mathbf{y}|^2 = x^2 + y^2 = |\mathbf{x}|^2 \qquad \therefore \quad |\mathbf{y}| = |\mathbf{x}|
$$

したがって，直交行列をかけてもベクトルの長さは変わらない．

直交行列の定める線形変換を**直交変換**という．直交変換はベクトルの長さを変えず，したがって直交変換は図形を合同な図形に移す．

問題 8.4

(1) 次の線形変換は逆変換をもつか．また，逆変換をもつ場合には，逆変換の行列を求めよ．

(a) $\begin{pmatrix} x' \\ y' \end{pmatrix} = \begin{pmatrix} 3 & 4 \\ 4 & 3 \end{pmatrix} \begin{pmatrix} x \\ y \end{pmatrix}$ (b) $\begin{pmatrix} x' \\ y' \end{pmatrix} = \begin{pmatrix} 5 & -6 \\ -7 & 8 \end{pmatrix} \begin{pmatrix} x \\ y \end{pmatrix}$

(c) $\begin{cases} x' = 2x - 4y \\ y' = -x + 2y \end{cases}$ (d) $\begin{cases} x' = 2x + y \\ y' = 3x - 2y \end{cases}$

(2) 行列 $A = \begin{pmatrix} 2 & 3 \\ 1 & 2 \end{pmatrix}$ の定める線形変換によって，次の直線が移される直線を求めよ．また，直線 $y = \sqrt{3}x$ に関して対称に移動した直線を求めよ．

(a) $x + y = 1$ (b) $x - 3y = 2$ (c) x 軸 (d) y 軸

(3) 次の図形を原点のまわりに $120°$ 回転した図形の方程式を求めよ．

(a) $x - y = 2$ (b) $x^2 + 4y^2 = 1$ (c) $y = x^2$ (d) $x^2 - y^2 = 1$

(4) 直交変換は二つのベクトルの内積を変えないことを，平面のベクトルについて証明せよ．

8.4 部分ベクトル空間・核・像

〔1〕部分ベクトル空間

K は $\mathbb{R}$ または $\mathbb{C}$ であるとし，V を K 上のベクトル空間とする．V の部分集合 W が次の二つの条件を満たしているとき，W は V の**部分ベクトル空間**（または**線形部分空間**）であるという．

(1) $\mathbf{a}, \mathbf{b} \in V$ ならば $\mathbf{a} + \mathbf{b} \in W$

(2) $\mathbf{a} \in V, \lambda \in K$ ならば $\lambda \mathbf{a} \in W$

容易に確かめられるように，W が V の部分ベクトル空間ならば，V と同じ和とスカラー倍に関して W 自身も 2.3 節 〔1〕のベクトル空間の公理（p.47 の囲みを参照）を満たし，K 上のベクトル空間となっている．

特別な場合として，V 自身，および零ベクトル $\mathbf{0}$ のみからなる部分集合 $\mathbf{O}$ も V の部分ベクトル空間である．これらを**自明な部分ベクトル空間**という．

また，$m \times n$ 実行列 A を係数行列とする斉次連立 1 次方程式

$$A\mathbf{x} = \mathbf{0} \tag{8.17}$$

の解全体の集合 S は $\mathbb{R}^n$ の部分ベクトル空間である（問題 8.6）．S を式 (8.17) の**解空間**という．

例題 8.4

(1) $\mathbb{R}^3$ の部分集合 $W = \{(x, y, z) \in \mathbb{R}^3 \mid x + 3y - z = 0\}$ は $\mathbb{R}^3$ の部分ベクトル空間となるか．

(2) $\mathbb{R}^2$ の部分集合 $W = \{(x, y) \in \mathbb{R}^2 \mid x + y = 1\}$ は $\mathbb{R}^2$ の部分ベクトル空間となるか．

解答

(1) $\mathbf{a} = (a_1, a_2, a_3) \in W$, $\mathbf{b} = (b_1, b_2, b_3) \in W$, $\lambda \in \mathbb{R}$ とすると

$$a_1 + 3a_2 - a_3 = 0, \quad b_1 + 3b_2 - b_3 = 0$$
$$\mathbf{a} + \mathbf{b} = (a_1 + b_1, a_2 + b_2, a_3 + b_3), \quad \lambda \mathbf{a} = (\lambda a_1, \lambda a_2, \lambda a_3)$$

$\mathbf{a} + \mathbf{b}, \lambda \mathbf{a}$ の成分をそれぞれ W の条件式の左辺に代入すると

$$(a_1 + b_1) + 3(a_2 + b_2) - (a_3 + b_3)$$
$$= (a_1 + 3a_2 - a_3) + (b_1 + 3b_2 - b_3) = 0 + 0 = 0$$
$$(\lambda a_1) + 3(\lambda a_2) - (\lambda a_3) = \lambda(a_1 + 3a_2 - a_3) = \lambda \times 0 = 0$$

となり，$\mathbf{a} + \mathbf{b} \in W$, $\lambda \mathbf{a} \in W$ だから，W は $\mathbb{R}^3$ の部分ベクトル空間である．

(2) $\mathbf{a} = (a_1, a_2) \in W$, $\mathbf{b} = (b_1, b_2) \in W$ とすると

$$a_1 + a_2 = 1, \quad b_1 + b_2 = 1, \quad \mathbf{a} + \mathbf{b} = (a_1 + b_1, a_2 + b_2)$$

$\mathbf{a}+\mathbf{b}$ の成分を W の条件式の左辺に代入すると

$$(a_1+b_1)+(a_2+b_2)=(a_1+a_2)+(b_1+b_2)=1+1=2\neq 1$$

となり，$\mathbf{a}+\mathbf{b}\notin W$ だから W は $\mathbb{R}^2$ の部分ベクトル空間ではない．

問題 8.5　次の集合は $\mathbb{R}^2$ の部分ベクトル空間となるか．

(1) $W=\left\{(x,y)\in\mathbb{R}^2 \mid x-y=0\right\}$

(2) $W=\left\{(x,y)\in\mathbb{R}^2 \mid y=x^2\right\}$

問題 8.6　$m\times n$ 実行列 A を係数行列とする連立 1 次方程式 $A\mathbf{x}=\mathbf{b}$ の解全体の集合を S とするとき，次の (1) と (2) を示せ．

(1) $\mathbf{b}=\mathbf{0}$ ならば（斉次ならば）S は $\mathbb{R}^n$ の部分ベクトル空間となる．

(2) $\mathbf{b}\neq\mathbf{0}$ ならば（非斉次ならば），S は $\mathbb{R}^n$ の部分ベクトル空間とならない．

〔2〕部分空間の次元

部分空間もベクトル空間であるから，2.3 節〔1〕で述べたように次元を定義することができる．確認すれば部分ベクトル空間 W の次元が k であるとは，k 個のベクトルの組 $\{\mathbf{a}_1,\mathbf{a}_2,\cdots,\mathbf{a}_k\}$ で W の基底となっているものが存在することである．つまり

(1) $\mathbf{a}_1,\mathbf{a}_2,\cdots,\mathbf{a}_k\in W$ であって，$\mathbf{a}_1,\mathbf{a}_2,\cdots,\mathbf{a}_k$ は 1 次独立である

(2) W の任意ベクトル $\mathbf{x}$ は，係数 $\alpha_1,\alpha_2,\cdots,\alpha_k\in K$ を選ぶことにより，$\mathbf{x}=\alpha_1\mathbf{a}_1+\alpha_2\mathbf{a}_2+\cdots+\alpha_k\mathbf{a}_k$ のように表される

また，自明な部分ベクトル空間 $\mathbf{O}$ の次元は 0 であると定める．

実数空間 $\mathbb{R}^n$ においては，ベクトル $\mathbf{a}_1,\mathbf{a}_2,\cdots,\mathbf{a}_k$ が 1 次独立であるかどうかの判定について，次の定理が成り立つ．これ以降では行列による線形変換も扱うので，$\mathbb{R}^n$ の要素を列ベクトルとみなす．

❖ 定理 8.2 ❖

$\mathbb{R}^n$ の k 個のベクトル $\mathbf{a}_1, \mathbf{a}_2, \cdots, \mathbf{a}_k$ が 1 次独立であるための必要十分条件は，これらのベクトルを列ベクトルとする行列 $A = (\mathbf{a}_1, \mathbf{a}_2, \cdots, \mathbf{a}_k)$ の階数が k となることである．

準備として，補助定理を二つ示す．

❖ 補助定理 8.1 ❖

$\mathbb{R}^n$ のベクトル $\mathbf{b}$ が $\mathbf{a}_1, \mathbf{a}_2, \cdots, \mathbf{a}_k$ の線形結合で表されていれば，$\mathbf{a}_1, \mathbf{a}_2, \cdots, \mathbf{a}_k$, $\mathbf{b}$ は 1 次従属である．

【証明】 $\mathbf{b} = \alpha_1 \mathbf{a}_1 + \alpha_2 \mathbf{a}_2 + \cdots + \alpha_k \mathbf{a}_k$ とすると，

$$\alpha_1 \mathbf{a}_1 + \alpha_2 \mathbf{a}_2 + \cdots + \alpha_k \mathbf{a}_k + (-1)\mathbf{b} = \mathbf{0}$$

これは $\mathbf{a}_1, \mathbf{a}_2, \cdots, \mathbf{a}_k$, $\mathbf{b}$ が 1 次従属であることを示す． ∎

❖ 補助定理 8.2 ❖

n 次正方行列 A が正則ならば，$\mathbb{R}^n$ のベクトル $\mathbf{a}_1, \mathbf{a}_2, \cdots, \mathbf{a}_k$ が 1 次独立であることと，$A\mathbf{a}_1, A\mathbf{a}_2, \cdots, A\mathbf{a}_k$ が 1 次独立であることとは同値である．

【証明】 A が正則で逆行列 A^{-1} をもつから，$A\mathbf{b} = \mathbf{0}$ となるのは $\mathbf{b} = \mathbf{0}$ のときに限る．また，行列の積の線形性より

$$A(\alpha_1 \mathbf{a}_1 + \alpha_2 \mathbf{a}_2 + \cdots + \alpha_k \mathbf{a}_k) = \alpha_1 (A\mathbf{a}_1) + \alpha_2 (A\mathbf{a}_2) + \cdots + \alpha_k (A\mathbf{a}_k)$$

$\mathbf{a}_1, \mathbf{a}_2, \cdots, \mathbf{a}_k$ が 1 次独立ならば，$\alpha_1 (A\mathbf{a}_1) + \alpha_2 (A\mathbf{a}_2) + \cdots + \alpha_k (A\mathbf{a}_k) = \mathbf{0}$ とすると $A(\alpha_1 \mathbf{a}_1 + \alpha_2 \mathbf{a}_2 + \cdots + \alpha_k \mathbf{a}_k) = \mathbf{0}$ つまり $\alpha_1 \mathbf{a}_1 + \alpha_2 \mathbf{a}_2 + \cdots + \alpha_k \mathbf{a}_k = \mathbf{0}$ となり，$\alpha_1 = \alpha_2 = \cdots = \alpha_k = 0$ となる．したがって $A\mathbf{a}_1, A\mathbf{a}_2, \cdots, A\mathbf{a}_k$ は 1 次独立である．逆も同様に成り立つ． ∎

【定理 8.2 の証明】

$$\mathbf{a}_1 = \begin{pmatrix} a_{11} \\ \vdots \\ a_{n1} \end{pmatrix}, \cdots, \mathbf{a}_k = \begin{pmatrix} a_{1k} \\ \vdots \\ a_{nk} \end{pmatrix}, \quad A = \begin{pmatrix} a_{11} & \cdots & a_{1k} \\ \vdots & & \vdots \\ a_{n1} & \cdots & a_{nk} \end{pmatrix}$$

とし，rank$A = r$ とする．A に行に関する基本変形を何回か施し，必要に応じて列の入れ替えをすると

$$A \to \begin{pmatrix} E_r & * \\ O & O \end{pmatrix}$$

ここで，E_r は r 次の単位行列である．何回かの行に関する基本変形に対応する何個かの基本行列の積を P とし，列の入れ替えに対応する $\{1, 2, \cdots, k\}$ の順列を φ で表せば，

$$A \to PA = P\,(\mathbf{a}_1 \ \cdots \ \mathbf{a}_k) = (P\mathbf{a}_1 \ \cdots \ P\mathbf{a}_k)$$
$$\to (P\mathbf{a}_{\varphi(1)} \ \cdots \ P\mathbf{a}_{\varphi(k)}) = \begin{pmatrix} E_r & * \\ O & O \end{pmatrix}$$

rank$A = k$ ならば，

$$P\mathbf{a}_{\varphi(1)} = \begin{pmatrix} 1 \\ 0 \\ \vdots \\ \vdots \\ 0 \end{pmatrix}, \cdots, P\mathbf{a}_{\varphi(k)} = \begin{pmatrix} 0 \\ \vdots \\ 1 \\ \vdots \\ 0 \end{pmatrix} \ (k\,\text{行目})$$

だから $\{P\mathbf{a}_{\varphi(1)}, \cdots, P\mathbf{a}_{\varphi(k)}\}$ は 1 次独立である．したがって，補助定理 8.2 により $\{\mathbf{a}_{\varphi(1)}, \cdots, \mathbf{a}_{\varphi(k)}\}$ も 1 次独立であり，それを並べ替えた $\{\mathbf{a}_1, \cdots, \mathbf{a}_k\}$ は 1 次独立である．逆に，rank$A = r < k$ と仮定すると，

$$P\mathbf{a}_{\varphi(1)} = \begin{pmatrix} 1 \\ 0 \\ \vdots \\ \vdots \\ 0 \end{pmatrix}, \cdots, P\mathbf{a}_{\varphi(r)} = \begin{pmatrix} 0 \\ \vdots \\ 1 \\ \vdots \\ 0 \end{pmatrix} \ (r\,\text{行目}),$$

$$P\mathbf{a}_{\varphi(r+1)} = \begin{pmatrix} * \\ \vdots \\ * \\ 0 \\ \vdots \\ 0 \end{pmatrix}, \cdots, P\mathbf{a}_{\varphi(k)} = \begin{pmatrix} * \\ \vdots \\ * \\ 0 \\ \vdots \\ 0 \end{pmatrix} \begin{matrix} (r\,\text{行目}) \\ (r+1\,\text{行目}) \end{matrix}$$

したがって $P\mathbf{a}_{\varphi(r+1)}, \cdots, P\mathbf{a}_{\varphi(k)}$ は $P\mathbf{a}_{\varphi(1)}, \cdots, P\mathbf{a}_{\varphi(r)}$ の線形結合で表され，補助定理 8.1 により $P\mathbf{a}_{\varphi(1)}, \cdots, P\mathbf{a}_{\varphi(k)}$ は 1 次従属となり，さらに補助定理 8.2 により $\mathbf{a}_{\varphi(1)}, \cdots, \mathbf{a}_{\varphi(k)}$ は，つまり $\mathbf{a}_1, \cdots, \mathbf{a}_k$ は 1 次従属となる．対偶をとれば，$\mathbf{a}_1, \cdots, \mathbf{a}_k$ が 1 次独立ならば $\mathrm{rank} A = k$ となる． ∎

ここで，2.1 節〔1〕と 4.4 節で触れた「右手系」という用語について正確に述べておこう．$\mathbb{R}^3$ の三つのベクトル $\mathbf{a}, \mathbf{b}, \mathbf{c}$ が 1 次独立ならば，定理 8.2 により $\mathbf{a}, \mathbf{b}, \mathbf{c}$ を列ベクトルとする 3 次正方行列 $A = (\mathbf{a}\,\mathbf{b}\,\mathbf{c})$ の階数は 3 であり，第 7 章の章末問題 1 により $|A| \neq 0$ となるから，$|A| > 0$ または $|A| < 0$ である．$|A| > 0$ のとき $\{\mathbf{a}, \mathbf{b}, \mathbf{c}\}$ は**右手系**であるといい，$|A| < 0$ のとき $\{\mathbf{a}, \mathbf{b}, \mathbf{c}\}$ は**左手系**であるという[2]．

$\mathbb{R}^3$ の二つのベクトル $\mathbf{a} = (a_1, a_2, a_3)$，$\mathbf{b} = (b_1, b_2, b_3)$ が 1 次独立であるとする．$\mathbf{a}, \mathbf{b}$ の外積 $\mathbf{a} \times \mathbf{b}$ の成分は，定義により $(a_2 b_3 - a_3 b_2, a_3 b_1 - a_1 b_3, a_1 b_2 - a_2 b_1)$ であるから，$\mathbf{a}, \mathbf{b}, \mathbf{a} \times \mathbf{b}$ を列ベクトルとする 3 次行列式は

$$|\mathbf{a}\ \mathbf{b}\ \mathbf{a} \times \mathbf{b}| = (a_2 b_3 - a_3 b_2)^2 + (a_3 b_1 - a_1 b_3)^2 + (a_1 b_2 - a_2 b_1)^2$$

もし右辺の項がすべて 0 ならば，$\dfrac{a_1}{b_1} = \dfrac{a_2}{b_2} = \dfrac{a_3}{b_3}$ （ただし，分母に 0 となるものがあれば，その分子も 0）となり，$\mathbf{a}, \mathbf{b}$ が 1 次独立であることに反する．したがって $|\mathbf{a}\ \mathbf{b}\ \mathbf{a} \times \mathbf{b}| > 0$ となり，$\{\mathbf{a}, \mathbf{b}, \mathbf{a} \times \mathbf{b}\}$ は右手系となる．

♣ 定理 8.3 ♣

V を $\mathbb{R}^n$ の部分ベクトル空間とするとき，

(1) V の次元は n 以下である

(2) $\mathbf{a}_1, \cdots, \mathbf{a}_r$ が V に含まれる 1 次独立なベクトルならば，V の有限個のベクトル $\mathbf{a}_{r+1}, \cdots, \mathbf{a}_{r+s}$ を付け加えて $\{\mathbf{a}_1, \cdots, \mathbf{a}_r, \mathbf{a}_{r+1}, \cdots, \mathbf{a}_{r+s}\}$ が V の基底になるようにできる

(3) $V \neq \mathbf{O}$ ならば，V に基底が存在する

---

[2] これと 2.1 節〔1〕で述べた右手の親指・人差し指・中指との自然な関係を説明するためには，連続的変形（ホモトピー）の概念が必要である．

【証明】

(1) $V = \mathbf{O}$ なら $\dim V = 0$ で明らか．$V \neq \mathbf{O}$ なら，$\dim V = k$ とし，$\{\mathbf{a}_1, \cdots, \mathbf{a}_k\}$ を V の基底とする．定理 8.2 より，$\mathbf{a}_1, \cdots, \mathbf{a}_k$ を列ベクトルとする行列 $A = (\mathbf{a}_1, \cdots, \mathbf{a}_k)$ の階数は k である．各 $\mathbf{a}_j$ は n 次元列ベクトルだから A は $n \times k$ 行列であり，その階数は n を超えない．したがって，$\dim V = k \leqq n$．

(2) V のすべての要素が $\mathbf{a}_1, \cdots, \mathbf{a}_r$ の線形結合で表されれば，$\{\mathbf{a}_1, \cdots, \mathbf{a}_r\}$ が V の基底となる．

V の要素で $\mathbf{a}_1, \cdots, \mathbf{a}_r$ の線形結合で表されないものがあれば，その一つを $\mathbf{a}_{r+1}$ とおくと，$\mathbf{a}_1, \cdots, \mathbf{a}_r, \mathbf{a}_{r+1}$ は 1 次独立である．なぜなら，$\alpha_1 \mathbf{a}_1 + \cdots + \alpha_r \mathbf{a}_r + \alpha_{r+1} \mathbf{a}_{r+1} = \mathbf{0}$ と仮定すれば，$\mathbf{a}_{r+1}$ が $\mathbf{a}_1, \cdots, \mathbf{a}_r$ の線形結合で表されないことから $\alpha_{r+1} = 0$，したがって $\mathbf{a}_1, \cdots, \mathbf{a}_r$ の 1 次独立性より $\alpha_1 = \cdots = \alpha_r = 0$ となるからである．V のすべての要素が $\mathbf{a}_1, \cdots, \mathbf{a}_r, \mathbf{a}_{r+1}$ の線形結合で表されれば，$\{\mathbf{a}_1, \cdots, \mathbf{a}_r, \mathbf{a}_{r+1}\}$ が V の基底となり，$\dim V = r + 1$ である．V の要素で $\mathbf{a}_1, \cdots, \mathbf{a}_r, \mathbf{a}_{r+1}$ の線形結合で表されないものがあればそれを $\mathbf{a}_{r+2}$ とし，この操作を繰り返す．

(1) から $\dim V \leqq n$ だからこの操作は有限回で終わり，$\dim V - r = s$ とおくと $\{\mathbf{a}_1, \cdots, \mathbf{a}_r, \mathbf{a}_{r+1}, \cdots, \mathbf{a}_{r+s}\}$ が V の基底となる．

(3) $V \neq \mathbf{O}$ ならば $\mathbf{0}$ でない V の要素が存在するから，それを $\mathbf{a}_1$ として (2) を適用すればよい． ∎

〔3〕線形写像の像・核

8.1 節〔3〕で述べた平面の線形変換に関する「像」を，次のように一般化する．$m \times n$ 行列 A の定める線形写像 $f : \mathbb{R}^n \to \mathbb{R}^m$ に対して，$\mathbb{R}^n$ のベクトル $\mathbf{x}$ を f で移したベクトル $f(\mathbf{x}) \in \mathbb{R}^m$ の全体の集合を，f による $\mathbb{R}^n$ の**像**（image）と呼び，$\mathrm{Im}\, f$ で表す．

$$\mathrm{Im}\, f = \{\, f(\mathbf{x}) \in \mathbb{R}^m \mid \mathbf{x} \in \mathbb{R}^n \,\} \subset \mathbb{R}^m \tag{8.18}$$

また，$\mathbb{R}^n$ の要素で f によって $\mathbb{R}^m$ の零ベクトル $\mathbf{0}$ に移されるようなものの全体の集合を，f の**核**（kernel）と呼び，$\mathrm{Ker}\, f$ で表す．

$$\mathrm{Ker}\, f = \{\, \mathbf{x} \in \mathbb{R}^n \mid f(\mathbf{x}) = \mathbf{0} \in \mathbb{R}^m \,\} \subset \mathbb{R}^n \tag{8.19}$$

$\operatorname{Im} f$ は $\mathbb{R}^m$ の部分ベクトル空間であり，$\operatorname{Ker} f$ は $\mathbb{R}^n$ の部分ベクトル空間である（章末問題 1）．

❖ **定理 8.4** ❖

$m \times n$ 実行列 A の定める線形写像を $f : \mathbb{R}^n \to \mathbb{R}^m$ とすると，

(1) $\dim (\operatorname{Im} f) + \dim (\operatorname{Ker} f) = n$
(2) $\dim (\operatorname{Im} f) = \operatorname{rank} (A)$

【証明】

(1) $\operatorname{Ker} f = \mathbf{O}$ ならば，$\dim(\operatorname{Ker} f) = 0$ であり，斉次連立 1 次方程式 $A\mathbf{x} = \mathbf{0}$ は自明な解のみをもつから，定理 7.4（p.125）により，$|A| \neq 0$ で A は正則である．したがって補助定理 8.2 により，$\mathbb{R}^n$ の基本ベクトル $\mathbf{e}_1, \cdots, \mathbf{e}_n$ に対して，$f(\mathbf{e}_1), \cdots, f(\mathbf{e}_n)$ は 1 次独立である．また，$\operatorname{Im} f$ の任意の要素 $\mathbf{y}$ は $\mathbf{y} = f(\mathbf{x})$，$\mathbf{x} = x_1 \mathbf{e}_1 + \cdots + x_n \mathbf{e}_n$ の形で書けるから，

$$\mathbf{y} = f(x_1 \mathbf{e}_1 + \cdots + x_n \mathbf{e}_n) = x_1 f(\mathbf{e}_1) + \cdots + x_n f(\mathbf{e}_n)$$

となる．つまり，$\{f(\mathbf{e}_1), \cdots, f(\mathbf{e}_n)\}$ は $\operatorname{Im} f$ の基底であり，$\dim(\operatorname{Im} f) = n$ となるから，$\dim (\operatorname{Im} f) + \dim (\operatorname{Ker} f) = n + 0 = n$ が示された．

$\operatorname{Ker} f \neq \mathbf{O}$ ならば，$\dim(\operatorname{Ker} f) = k > 0$ として $\{\mathbf{a}_1, \cdots, \mathbf{a}_k\}$ を $\operatorname{Ker} f$ の基底とする．定理 8.3 により，$n - k$ 個のベクトル $\mathbf{a}_{k+1}, \cdots, \mathbf{a}_n$ を付け加えて $\{\mathbf{a}_1, \cdots, \mathbf{a}_n\}$ が $\mathbb{R}^n$ の基底であるようにすることができる．

このとき，$\mathbb{R}^m$ のベクトル $f(\mathbf{a}_{k+1}), \cdots, f(\mathbf{a}_n)$ は 1 次独立である．なぜなら，もし

$$\alpha_{k+1} f(\mathbf{a}_{k+1}) + \cdots + \alpha_k f(\mathbf{a}_n) = \mathbf{0}$$

であるとすると $f(\alpha_{k+1} \mathbf{a}_{k+1} + \cdots + \alpha_n \mathbf{a}_n) = \mathbf{0}$ だから，$\alpha_{k+1} \mathbf{a}_{k+1} + \cdots + \alpha_n \mathbf{a}_n$ は $\operatorname{Ker} f$ に入るから $\operatorname{Ker} f$ の基底の線形結合で表され

$$\alpha_{k+1} \mathbf{a}_{k+1} + \cdots + \alpha_n \mathbf{a}_n = \alpha_1 \mathbf{a}_1 + \cdots + \alpha_k \mathbf{a}_k$$

つまり

$$-\alpha_1 \mathbf{a}_1 - \cdots - \alpha_k \mathbf{a}_k + \alpha_{k+1} \mathbf{a}_{k+1} + \cdots + \alpha_n \mathbf{a}_n = \mathbf{0}$$

となる.$\mathbf{a}_1,\cdots,\mathbf{a}_n$ の 1 次独立性より,係数はすべて 0 となり,特に $\alpha_{k+1} = \cdots = \alpha_n = 0$ となるから,$f(\mathbf{a}_{k+1}),\cdots,f(\mathbf{a}_n)$ は 1 次独立である.
また,$\mathrm{Im}\, f$ の任意の要素 $\mathbf{y}$ は

$$\begin{aligned}\mathbf{y} &= f(x_1\mathbf{a}_1 + \cdots + x_n\mathbf{a}_n) \\ &= x_1 f(\mathbf{a}_1) + \cdots + x_k f(\mathbf{a}_k) + x_{k+1} f(\mathbf{a}_{k+1}) + \cdots + x_n f(\mathbf{a}_n) \\ &= x_{k+1} f(\mathbf{a}_{k+1}) + \cdots + x_n f(\mathbf{a}_n)\end{aligned}$$

の形で書けるから,$\{f(\mathbf{a}_{k+1}),\cdots,f(\mathbf{a}_n)\}$ は $\mathrm{Im}\, f$ の基底である.
したがって $\dim(\mathrm{Im}\, f) = n - k$ となり,(1) が示された.

(2) A の列ベクトルを $\mathbf{a}_1,\cdots,\mathbf{a}_n \in \mathbb{R}^m$ とすると,A は $(\mathbf{a}_1 \cdots \mathbf{a}_n)$ と分割表示される.$\mathrm{rank}(A) = r$ とすると,定理 8.2 の証明と同じように,いくつかの m 次基本行列の積 P と n 個の自然数 $\{1, 2, \cdots, n\}$ の順列 φ をとって

$$A \to PA = (P\mathbf{a}_1, \cdots, P\mathbf{a}_n) \to (P\mathbf{a}_{\varphi(1)}, \cdots, P\mathbf{a}_{\varphi(n)}) = \begin{pmatrix} E_r & * \\ O & O \end{pmatrix}$$

と表すことができる.したがって,$P\mathbf{a}_{\varphi(1)}, \cdots, P\mathbf{a}_{\varphi(r)}$ は $\mathbb{R}^m$ の中で 1 次独立であり,$P\mathbf{a}_{\varphi(r+1)}, \cdots, P\mathbf{a}_{\varphi(n)}$ は $P\mathbf{a}_{\varphi(1)}, \cdots, P\mathbf{a}_{\varphi(r)}$ の線形結合で表現される.

P は正則行列だから,補助定理 8.2 により $\mathbf{a}_{\varphi(1)}, \cdots, \mathbf{a}_{\varphi(r)}$ も $\mathbb{R}^m$ の中で 1 次独立である.また逆行列 A^{-1} による対応を考えれば容易に確かめられるように,$\mathbf{a}_{\varphi(r+1)}, \cdots, \mathbf{a}_{\varphi(n)}$ は $\mathbf{a}_{\varphi(1)}, \cdots, \mathbf{a}_{\varphi(r)}$ の線形結合で表現される.

一方,$\mathbb{R}^n$ の基本ベクトルを $\mathbf{e}_1, \cdots, \mathbf{e}_n$ とすると,各 $i = 1, \cdots, n$ に対し

$$f(\mathbf{e}_i) = A\mathbf{e}_i = \begin{pmatrix} a_{11} & \cdots & a_{1n} \\ \vdots & & \vdots \\ & & \\ \vdots & & \vdots \\ a_{m1} & \cdots & a_{mn} \end{pmatrix} \begin{pmatrix} 0 \\ \vdots \\ 1 \\ \vdots \\ 0 \end{pmatrix} = \begin{pmatrix} a_{1i} \\ \vdots \\ a_{ii} \\ \vdots \\ a_{mi} \end{pmatrix} = \mathbf{a}_i$$

である.

$\mathbb{R}^n$ の任意のベクトルは $\mathbf{e}_1, \cdots, \mathbf{e}_n$ の線形結合で表される.したがって $\mathbb{R}^n$ の f による像 $\mathrm{Im}\, f$ の任意のベクトルは $f(\mathbf{e}_1), \cdots, f(\mathbf{e}_n)$ の線形結合,つまり $\mathbf{a}_1, \cdots, \mathbf{a}_n$ の線形結合で表されるのだが,上に述べたことによりそのう

ちの r 個のベクトル $\mathbf{a}_{\varphi(1)}, \cdots, \mathbf{a}_{\varphi(r)}$ の 1 次結合で表される．この r 個のベクトルは 1 次独立であったから，$\{\mathbf{a}_{\varphi(1)}, \cdots, \mathbf{a}_{\varphi(r)}\}$ は $\mathrm{Im}\, f$ の基底となっている．したがって，$\dim(\mathrm{Im}\, f) = r = \mathrm{rank}(A)$ が示された． ∎

系 8.1 $m \times n$ 実行列 A の階数を r とするとき，A を係数行列とする斉次連立 1 次方程式

$$A\mathbf{x} = \mathbf{0}$$

の解空間の次元は $n - r$ である．

証明は章末問題 2 とする．

例題 8.5 行列 $A = \begin{pmatrix} 1 & 2 & 3 & 1 \\ 2 & 3 & 1 & 1 \\ 1 & 1 & -2 & 0 \end{pmatrix}$ の定める線形写像 $f : \mathbb{R}^4 \to \mathbb{R}^3$ の核 $\mathrm{Ker}\, f$ と像 $\mathrm{Im}\, f$ の次元とそれぞれ一組の基底を求めよ．

解答 $\mathrm{Ker}\, f$ は斉次連立 1 次方程式 $A\mathbf{x} = \mathbf{0}$ の解空間だから，この方程式を掃き出し法で解くと，

$$\begin{pmatrix} 1 & 2 & 3 & 1 & 0 \\ 2 & 3 & 1 & 1 & 0 \\ 1 & 1 & -2 & 0 & 0 \end{pmatrix} \to \begin{pmatrix} 1 & 0 & -7 & -1 & 0 \\ 0 & 1 & 5 & 1 & 0 \\ 0 & 0 & 0 & 0 & 0 \end{pmatrix}$$

したがって $\mathrm{rank}\, A = 2$ で，自由度 2 の解をもつ．未知数を $x_1, \cdots, x_4$ として方程式に直すと

$$\begin{cases} x_1 - 7x_3 - x_4 = 0 \\ x_2 + 5x_3 + x_4 = 0 \end{cases}$$

$x_3 = a,\ x_4 = b$ とおくと，

$$\begin{pmatrix} x_1 \\ x_2 \\ x_3 \\ x_4 \end{pmatrix} = a \begin{pmatrix} 7 \\ -5 \\ 1 \\ 0 \end{pmatrix} + b \begin{pmatrix} 1 \\ -1 \\ 0 \\ 1 \end{pmatrix} \qquad (a,\ b \text{ は任意定数})$$

右辺を $a\mathbf{a}+b\mathbf{b}$ とおけば，$\mathbf{a}$, $\mathbf{b}$ は 1 次独立で，斉次方程式の解つまり $\mathrm{Ker}\, f$ の要素は $\mathbf{a}$, $\mathbf{b}$ の線形結合で表される．したがって，

$$\{\mathbf{a},\mathbf{b}\} = \left\{ \begin{pmatrix} 7 \\ -5 \\ 1 \\ 0 \end{pmatrix}, \begin{pmatrix} 1 \\ -1 \\ 0 \\ 1 \end{pmatrix} \right\}$$

は $\mathrm{Ker}\, f$ の基底で，$\dim(\mathrm{Ker}\, f)=2$ である．

また，定理 8.4 から $\dim(\mathrm{Im}\, f)=2$ であり，行列 A の列ベクトルは $\mathbb{R}^4$ の基本ベクトル $\mathbf{e}_1$, $\mathbf{e}_2$, $\mathbf{e}_3$, $\mathbf{e}_4$ の f による像であることに注意すれば，A の列ベクトルのうちで 1 次独立なもの二つ，たとえば第 1 列と第 2 列の組 $\{\mathbf{a},\mathbf{b}\} = \left\{ \begin{pmatrix} 1 \\ 2 \\ 1 \end{pmatrix}, \begin{pmatrix} 2 \\ 3 \\ 1 \end{pmatrix} \right\}$
が $\mathrm{Im}\, f$ の基底となる．

問題 8.7　次の行列の定める線形写像の核と像の次元，およびそれぞれの基底を一組求めよ．

(1) $\begin{pmatrix} 1 & -1 & 2 \\ 2 & 1 & 1 \\ 4 & -1 & 5 \end{pmatrix}$　(2) $\begin{pmatrix} 1 & -1 & 0 & 2 \\ 1 & 2 & 3 & -1 \\ 1 & 1 & 2 & 0 \end{pmatrix}$

章末問題

1　$m \times n$ 実行列 A の定める線形写像 $f:\mathbb{R}^n \to \mathbb{R}^m$ に対して，f の像 $\mathrm{Im}\, f$ は $\mathbb{R}^m$ の部分ベクトル空間であり，f の核 $\mathrm{Ker}\, f$ は $\mathbb{R}^n$ の部分ベクトル空間であることを示せ（8.4 節 [3]）．

2　$m \times n$ 実行列 A の階数を r とするとき，A を係数行列とする斉次連立 1 次方程式 $A\mathbf{x}=\mathbf{0}$ の解空間の次元は $n-r$ であることを示せ（系 8.1）．

$\boxed{3}$ 実行列 A の定める線形写像 $f: \mathbb{R}^n \to \mathbb{R}^m$ に対し，次の (a)，(b)，(c) は同値であることを示せ．

(a) f は 1 対 1 の写像である（つまり，$\mathbf{a} \neq \mathbf{b}$ ならば $f(\mathbf{a}) \neq f(\mathbf{b})$）

(b) $\dim(\mathrm{Ker}\, f) = 0$

(c) $\mathrm{rank}(A) = n$

$\boxed{4}$ 実行列 A の定める線形写像 $f: \mathbb{R}^n \to \mathbb{R}^m$ に対し，次の (a)，(b)，(c) は同値であることを示せ．

(a) f は上への写像である（つまり，$\mathbb{R}^m$ の任意の要素 $\mathbf{y}$ に対して，$f(\mathbf{x}) = \mathbf{y}$ となるような $\mathbb{R}^n$ の要素 $\mathbf{x}$ が存在する）

(b) $\dim(\mathrm{Im}\, f) = m$

(c) $\mathrm{rank}(A) = m$

$\boxed{5}$ 実正方行列 A の定める線形変換 $f: \mathbb{R}^n \to \mathbb{R}^n$ に対し，次の (a) と (b) は同値であることを示せ．

(a) f は 1 対 1 の写像である

(b) f は上への写像である

$\boxed{6}$ V を $\mathbb{R}$ 上のベクトル空間とする．

(1) $\{\mathbf{e}_1, \cdots, \mathbf{e}_n\}$ が V の基底ならば，V の要素 $\mathbf{v} = a_1 \mathbf{e}_1 + \cdots + a_n \mathbf{e}_n$ に $\mathbb{R}^n$ の要素 $\mathbf{x} = (a_1, \cdots, a_n)$ を対応させる写像 $\varphi: V \to \mathbb{R}^n$ は，1 対 1 かつ上への写像であり，φ, φ^{-1} はともに線形写像であることを示せ．

(2) $\{\mathbf{e}_1, \cdots, \mathbf{e}_n\}$ と $\{\mathbf{f}_1, \cdots, \mathbf{f}_m\}$ を V の二組の基底とすると，$m = n$ となることを示せ．

☞ 2.3 節〔1〕を参照．V が $\mathbb{C}$ 上のベクトル空間である場合も，$\mathbb{R}^n$ を $\mathbb{C}^n$ で置き換えることにより，同様のことが示される．

第9章

群・環・体

　第8章までの行列の成分は実数または複素数で，行列の計算は $\mathbb{R}$ や $\mathbb{C}$ での四則演算に基づいていた．この章では，有限体と呼ばれる四則演算のできる有限集合を考え，その要素を成分とする行列の演算を紹介する．これは情報系の数学の重要な項目の一つであり，暗号理論や符号理論に応用される．

　キーワード　群，環，体，合同式，有限群，有限体，有限体上の行列演算．

9.1　群・環・体

　実数全体の集合 $\mathbb{R}$ や複素数全体の集合 $\mathbb{C}$ での四則は，加法とその逆演算である減法という一組の演算と，乗法とその逆演算である除法というもう一組の演算との組み合わせである．この節では，まず一組の演算の定義された集合として群を定義し，さらに第2の演算の定義された集合として環を定義し，最後に，その第2の演算が逆演算をもつ場合として体を定義する．それぞれ例を挙げながら話を進めるが，群・環・体という概念をあらためて導入する必然性は，次節以降で次第に明らかになるであろう．

[1] 群

集合 G の任意の要素 a, b に対し，$a\cdot b$ と表される G の要素が一意的に定まり，次の条件を満たすとき，G は演算 $\cdot$ に関して**群**（group）であるという．

(i) G の任意の要素 a, b, c に対し，$(a\cdot b)\cdot c = a\cdot (b\cdot c)$
(ii) G に特別な要素 e があって，G の任意の要素 a に対して $a\cdot e = a$, $e\cdot a = a$
(iii) G の任意の要素 a に対して，a に応じて定まる G の要素 b が存在して，
  $a\cdot b = b\cdot a = e$

(i) を**結合律**，(ii) の e を G の**単位元**という．(iii) の b を a の**逆元**といい，a^{-1} で表す．特に，任意の $a,b \in G$ に対して $a\cdot b = b\cdot a$ となっているとき，G は**可換群**であるといい，可換群でない群を**非可換群**という．群 G において演算が何であるかが明瞭である場合には，$a\cdot b$ を単に ab と表す．可換群においては演算を $+$ で表すこともあり，そのときは G を**加群**という．

いくつか例を挙げよう．

例1 整数全体の集合 $\mathbb{Z}$ は，加法 $+$ に関する可換群である．単位元は 0, m の逆元は $-m$. しかし，$\mathbb{Z}$ は乗法 $\times$ に関して群ではない．乗法に関する単位元は 1 であり，2 の逆元 n は $2\times n = 1$ となる整数であるが，そのような n は存在しないからである．

例2 有理数全体の集合 $\mathbb{Q}$ は，加法 $+$ に関する可換群である．0 以外の有理数全体の集合 $\mathbb{Q}^*$ は，乗法 $\times$ に関する可換群である．正の有理数全体の集合 $\mathbb{Q}_+$ は，乗法に関する可換群であるが，負の有理数全体の集合 $\mathbb{Q}_-$ は，乗法に関する群ではない．

例3 実数全体の集合 $\mathbb{R}$ は，加法 $+$ に関する可換群である．0 以外の実数全体の集合 $\mathbb{R}^*$ は，乗法 $\times$ に関する可換群である．正の実数全体の集合 $\mathbb{R}_+$ は，乗法に関する可換群であるが，負の実数全体の集合 $\mathbb{R}_-$ は，乗法に関する群ではない．

例4 複素数全体の集合 $\mathbb{C}$ は，加法 $+$ に関する可換群である．0 以外の複素数全体の集合 $\mathbb{C}^*$ は，乗法 $\times$ に関する可換群である．

例5 実数を成分とする正則な n 次正方行列全体の集合 $GL(n,\mathbb{R})$ は，行列の積に関して群をなす．単位元は単位行列，逆元は逆行列である．$GL(n,\mathbb{R})$ は，非可換群である．同様に，複素数を成分とする正則な n 次正方行列全体の集合 $GL(n,\mathbb{C})$ は，行列の積に関する非可換群である．

例6 2.3 節〔1〕で述べた $\mathbb{R}$ または $\mathbb{C}$ 上のベクトル空間は，ベクトルの和に関する可換群である．したがって，2.3 節〔2〕の例 1 から例 7 はすべて，ベクトルの和に関して可換群である．

例7 4.1 節〔1〕で述べた n 次置換群 S_n は（p.63），置換の積に関して群をなす．単位元は恒等置換 1_N であり，置換 φ の逆元は逆置換 φ^{-1} である．

〔2〕環

集合 A の任意の要素 a, b に対し，$a+b$ で表される A の要素と $a\cdot b$ で表される A の要素が一意的に定まり，次の条件を満たすとき，A は演算 $+$ と $\cdot$ に関して**環** (ring) であるという．

(i) A は $+$ に関して可換群である．$+$ の単位元を 0 で表す
(ii) A の任意の要素 a, b, c に対し，$(a\cdot b)\cdot c = a\cdot(b\cdot c)$（結合律）
(iii) A の任意の要素 a, b, c に対して，$(a+b)\cdot c = a\cdot c + b\cdot c$, $a\cdot(b+c) = a\cdot b + a\cdot c$ が成り立つ（分配律）

$a+b$ を a と b の**和**，$a\cdot b$ を a と b の**積**という．$a\cdot b$ を単に ab で表すこともある．A の任意の要素 a, b に対して常に $a\cdot b = b\cdot a$ であるとき，A は**可換環**であるという．

例8 整数全体の集合 $\mathbb{Z}$, 有理数全体の集合 $\mathbb{Q}$, 実数全体の集合 $\mathbb{R}$, 複素数全体の集合 $\mathbb{C}$ は，いずれも通常の加法 $+$ と乗法 $\times$ に関する可換環である．特に $\mathbb{Z}$ を**整数環**という．

例9 $m\times n$ 実行列全体の集合 $M(m,n,\mathbb{R})$ は，2.3 節〔2〕例 4 により $\mathbb{R}$ 上のベクトル空間であり，特に行列の和に関して可換群である．$m=n$ の場合には，行列の和と積に関して環となる．$M(n,n,\mathbb{R})$ は非可換環である．同様に，n 次複

素正方行列全体の集合 $M(n,n,\mathbb{C})$ も非可換環である．

◉◉◉ **例10** ◉◉◉　2.3節〔2〕例5の，実数を係数とする x の多項式全体の集合 $\mathbb{R}[x]$ は，通常の多項式の和と積に関して可換環である．同様に，例6の，区間 I 上の実数値関数全体の集合 $\mathcal{F}(I)$，実数値連続関数全体の集合 $\mathcal{C}(I)$，実数値微分可能関数全体の集合 $\mathcal{D}(I)$ はいずれも通常の関数の和と積に関して可換環である．

◉◉◉ **例11** ◉◉◉　2.3節〔2〕例7の，定数係数2階線形斉次常微分方程式

$$y'' - 2y' - 3y = 0$$

の実数値関数の解全体の集合は，通常の関数の和と積に関して環とはならない．

例題 9.1　上の例11の解全体の集合は環とはならないことを示せ．

解答　解全体の集合を S とする．2.3節に述べたように（p.50，式 (2.36)），この定数係数線形斉次微分方程式の一般解は

$$y = C_1 e^{-x} + C_2 e^{3x}$$

であるが，基本解の積 $e^{-x} \times e^{3x} = e^{2x}$ を微分方程式の左辺に代入すると

$$(e^{2x})'' - 2(e^{2x})' - 3(e^{2x}) = -3e^{2x} < 0$$

だから，$e^{-x} \times e^{3x} \notin S$ となり，S は環ではない．

〔3〕体

集合 K の任意の要素 a, b に対し，$a+b$ で表される K の要素と $a \cdot b$ で表される K の要素が一意的に定まり，次の条件を満たすとき，K は演算 $+$ と $\cdot$ に関して**体** (field, Körper（ドイツ語）) であるという．

(i) K は $+$ に関して可換群である．$+$ の単位元を 0 で表す
(ii) $K - \{0\}$ は $\cdot$ に関して可換群である
(iii) 任意の $a, b, c \in K$ に対して，$(a+b) \cdot c = a \cdot c + b \cdot c$ が成り立つ

◉◉◉ **例12** ◉◉◉　有理数全体の集合 $\mathbb{Q}$，実数全体の集合 $\mathbb{R}$，複素数全体の集合 $\mathbb{C}$ は，いずれも通常の加法 $+$ と乗法 $\times$ に関する体であり，それぞれ**有理数体**，**実数体**，

複素数体と呼ばれる．整数全体の集合 $\mathbb{Z}$ は通常の加法 + と乗法 × に関して体ではない．

●●● **例13** ●●●　例 8 の，実数を成分とする n 次正方行列全体の集合 $M(n,n,\mathbb{R})$，複素数を成分とする n 次正方行列全体の集合 $M(n,n,\mathbb{C})$ は，$n \geq 2$ の場合にはいずれも体ではない（問題 9.1）．

●●● **例14** ●●●　例 9 の，実数を係数とする x の多項式全体の集合 $\mathbb{R}[x]$，区間 I 上の実数値関数全体の集合 $\mathcal{F}(I)$，実数値連続関数全体の集合 $\mathcal{C}(I)$，実数値微分可能関数全体の集合 $\mathcal{D}(I)$ はいずれも通常の関数の和と積に関して体ではない（章末問題 2）．

問題 9.1　例 13 の $M(n,n,\mathbb{R})$，$M(n,n,\mathbb{C})$ は，$n \geq 2$ ならば体ではないことを示せ．

9.2　有限群 $\mathbb{Z}_n$

前節で挙げた群・環・体の例は，いずれも無限集合であった．この節以降では有限集合の群や体，つまり**有限群**や有限体を扱う．章の初めにも述べたように有限体上の行列演算は情報系の数学の重要な手法である．この節では，合同式と剰余類を説明し，それを用いて有限群を紹介する．

〔1〕合同式

整数 a, b と自然数 n に対し，$a-b$ が n の倍数のとき，つまり

$$a - b = kn, \quad k \in \mathbb{Z} \tag{9.1}$$

となっているとき，a と b は n **を法として合同である**といい，

$$a \equiv b \pmod{n} \tag{9.2}$$

と表す．式 (9.2) は，「a イコール b モジュロ (modulo) n」と読めばよい．a と b が n を法として合同でないとき

$$a \not\equiv b \pmod{n} \tag{9.3}$$

と表す．式 (9.2)，式 (9.3) のような式を**合同式**という．たとえば

$$8 \equiv 2 \pmod{3}, \quad 3 \equiv 15 \pmod{6}, \quad 4 \equiv -21 \pmod{5}$$
$$2 \not\equiv 7 \pmod{4}, \quad -32 \not\equiv 3 \pmod{9}, \quad 0 \not\equiv 31 \pmod{8}$$

簡単に示されるように，合同式は次の性質をもっている（問題 9.2）．

❖ **補題 9.1** ❖ （合同式の性質）

(i) $a \equiv a \pmod{n}$　（反射律）
(ii) $a \equiv b \pmod{n}$ ならば $b \equiv a \pmod{n}$　（対称律）
(iii) $a \equiv b \pmod{n}$ かつ $b \equiv c \pmod{n}$ ならば $a \equiv c \pmod{n}$　（推移律）

---

〔2〕剰余類

以下においては，自然数 n を任意にとって，それを固定して考える．各整数 k に対し，次のように集合 $C(k)$ を定義する．

$$C(k) = \{ a \in \mathbb{Z} \mid a \equiv k \pmod{n} \} \tag{9.4}$$

$C(k)$ を k の属する**剰余類**という．たとえば $n = 7$ ならば

$$\begin{aligned}
C(2) &= \{ a \in \mathbb{Z} \mid a \equiv 2 \pmod{7} \} \\
&= \{ \cdots, -19, -12, -5, 2, 9, 16, 23, \cdots \} \\
C(-8) &= \{ a \in \mathbb{Z} \mid a \equiv -8 \pmod{7} \} \\
&= \{ \cdots, -22, -15, -8, -1, 6, 13, 20, \cdots \}
\end{aligned}$$

❖ **補題 9.2** ❖ （剰余類の性質）

任意の整数 h, k に対して，$C(h) = C(k)$ または $C(h) \cap C(k) = \phi$ のどちらか一方が成り立つ．

一般に集合について $A = B$ を示すには，$A \subset B$ と $B \subset A$ を示せばよい（図 9-1）．また，$A \subset B$ を示すには，$a \in A$ ならば $a \in B$ であることを示せばよい（図 9-2）．

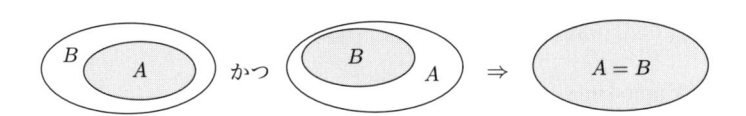

図 9-1 集合の一致

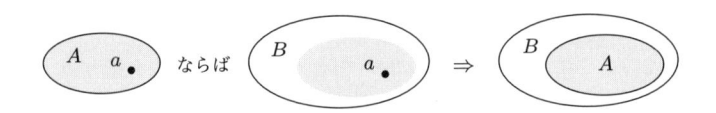

図 9-2 集合の包含関係

【補題 9.2 の証明】 $C(h) \cap C(k) \neq \phi$ ならば，$C(h) = C(k)$ であることを示す．$C(h) \cap C(k) \neq \phi$ と仮定すると，$a \in C(h) \cap C(k)$ となるような a が存在する（図 9-3）．$a \in C(h)$ だから $C(h)$ の定義から

$$a \equiv h \,(\bmod n)$$

であるが，合同式の対称律より

$$h \equiv a \,(\bmod n) \tag{9.5}$$

また $a \in C(k)$ でもあるから $C(k)$ の定義から

$$a \equiv k \,(\bmod n) \tag{9.6}$$

ここで $C(h)$ の任意の要素 x をとると（図 9-3 左図），$C(h)$ の定義から

$$x \equiv h \,(\bmod n) \tag{9.7}$$

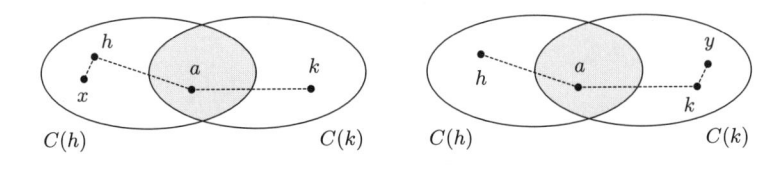

図 9-3 剰余類

式 (9.7)，式 (9.5)，式 (9.6) の順に合同式の推移律を用いれば

$$x \equiv k \pmod{n} \quad \therefore \quad x \in C(k)$$

したがって

$$C(h) \subset C(k) \tag{9.8}$$

図 9-3 右図のように，任意の $y \in C(k)$ をとって同様の議論を繰り返すと

$$C(k) \subset C(h) \tag{9.9}$$

式 (9.8)，式 (9.9) より $C(k) = C(h)$ となり，証明された． ∎

補題 9.2 から直ちにわかるように，$h \equiv k \pmod{n}$ ならば $C(h) = C(k)$ であり，逆に $C(h) = C(k)$ ならば $h \equiv k \pmod{n}$ である．したがって，任意の整数 h に対し $C(h) = C(h \pm n) = C(h \pm 2n) = C(h \pm 3n) = \cdots$ となり，整数全体の集合 $\mathbb{Z}$ は互いに共通要素をもたない n 個のグループ $C(0), C(1), C(2), \cdots, C(n-1)$ に分割されることがわかる．このグループの集合を $\mathbb{Z}_n$ で表す．

$$\mathbb{Z}_n = \{\, C(0), C(1), C(2), \cdots, C(n-1) \,\} \tag{9.10}$$

$\mathbb{Z}$ から $\mathbb{Z}_n$ を構成するこの方法は，次のように考えれば直感的に捉えやすいであろう．数直線に整数の点をマークしておき（図9-4 左上），それを原点でこの数直線に接する円周に巻きつけていく（図9-4 右上）．図では $n = 7$ であると仮定し，円周は一周が 7 となるようなサイズとしておく．数直線を無限回巻きつけると，数直線上にあった整数点はすべて円周上に等間隔に並んだ 7 個の点のどれかに重ねられる．たとえば 1 の行き先には無限個の点，$\cdots, -13, -6, 1, 8, 15, \cdots$ が重ねられ，それはちょうど $\mathbb{Z}_7$ における $C(1)$ の整数がすべて重ねられているので，円周上のこの点を $C(1)$ とみなせる．したがって，円周上の 7 個の点の集合を $\mathbb{Z}_7$ と同一視できるのである．

$n = 7$ の場合を具体的に書き下せば，次のようになる．

$$\mathbb{Z}_7 = \{\, C(0), C(1), C(2), C(3), C(4), C(5), C(6) \,\}$$

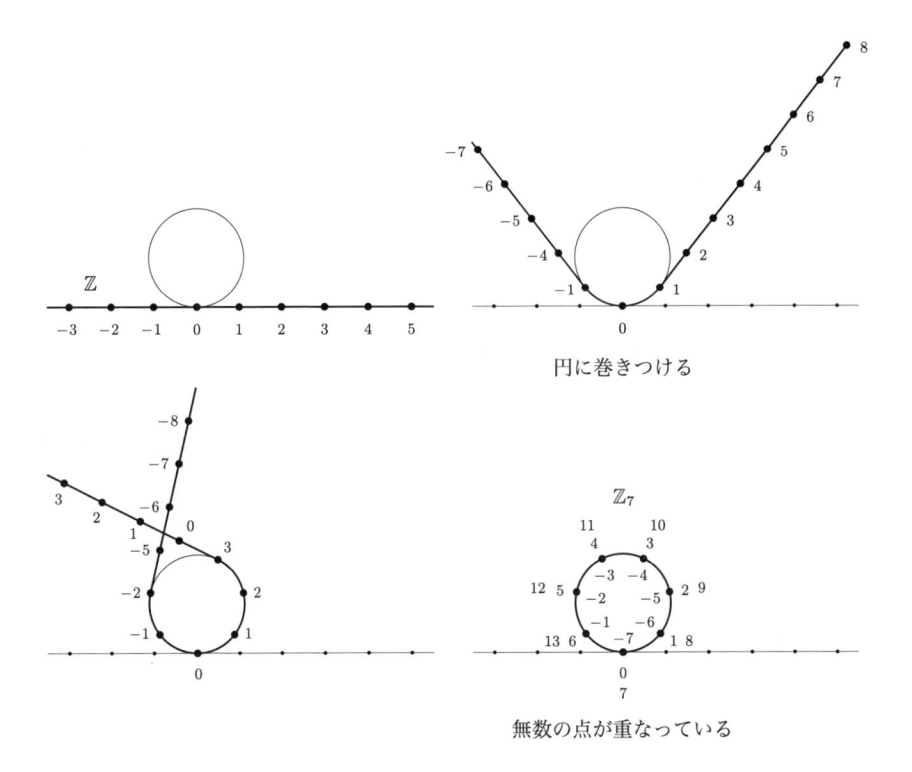

9.2 有限群 $\mathbb{Z}_n$ 165

円に巻きつける

無数の点が重なっている

図 9-4 $\mathbb{Z}$ から $\mathbb{Z}_7$ へ

$$C(0) = \{\cdots, -14, -7, 0, 7, 14, 21, \cdots\}$$
$$C(1) = \{\cdots, -13, -6, 1, 8, 15, 22, \cdots\}$$
$$C(2) = \{\cdots, -12, -5, 2, 9, 16, 23, \cdots\}$$
$$C(3) = \{\cdots, -11, -4, 3, 10, 17, 24, \cdots\}$$
$$C(4) = \{\cdots, -10, -3, 4, 11, 18, 25, \cdots\}$$
$$C(5) = \{\cdots, -9, -2, 5, 12, 19, 26, \cdots\}$$
$$C(6) = \{\cdots, -8, -1, 6, 13, 20, 27, \cdots\}$$

もちろん，$C(0) = C(7) = C(14) = \cdots$ 等であり，上では $C(0), \cdots, C(6)$ で代表させているのである．

[3] 群 $\mathbb{Z}_n$

ここでは $\mathbb{Z}_n$ が有限群の例となっていることを示す．剰余類の集合として定義された $\mathbb{Z}_n$ に加法を定義したいのだが，まず次のことに注意する．

$$a \equiv x \pmod{n},\ b \equiv y \pmod{n} \implies a+b \equiv x+y \pmod{n} \tag{9.11}$$

つまり，a と x，b と y がそれぞれ同じ剰余類に属すれば，$a+b$ と $x+y$ も同じ剰余類に属する（図9-5を参照，証明は問題9.5）．

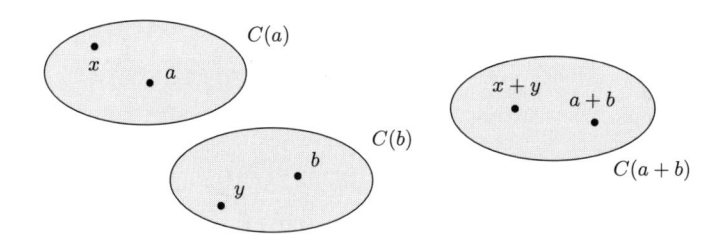

図 9-5 剰余類と和

式 (9.11) から，$C(a) = C(x)$ かつ $C(b) = C(y)$ ならば $C(a+b) = C(x+y)$ である．したがって，$C(a)$ と $C(b)$ の「和」を $C(a+b)$ と定めると，それぞれの剰余類を表すときの代表元 a, b のとり方によらず確定する．これを通常の加法を表す記号の「$+$」と区別する意味で「$\dotplus$」と表すことにしよう．

$$C(a) \dotplus C(b) = C(a+b) \tag{9.12}$$

このようにして，$\mathbb{Z}_n$ の任意の二つの要素に対して，加法 $\dotplus$ を施すことができる．この演算 $\dotplus$ は次の性質をもっている．

❖ **補題 9.3** ❖　　($\mathbb{Z}_n$ の加法 $\dotplus$ の性質)

任意の $a, b, c \in \mathbb{Z}$ に対し，

(i) $C(a) \dotplus (C(b) \dotplus C(c)) = (C(a) \dotplus C(b)) \dotplus C(c)$
(ii) $C(a) \dotplus C(0) = C(0) \dotplus C(a) = C(a)$
(iii) $C(a) \dotplus C(n-a) = C(0),\ C(n-a) \dotplus C(a) = C(0)$
(iv) $C(a) \dotplus C(b) = C(b) \dotplus C(a)$

【証明】　(i) については，
$$左辺 = C(a) \dotplus C(b+c) = C(a+(b+c))$$
$$右辺 = C(a+b) \dotplus C(c) = C((a+b)+c)$$
$\mathbb{Z}$ での通常の加法については結合律が成り立って $a+(b+c) = (a+b)+c$ だから，左辺と右辺は等しく (i) が成り立つ．(ii), (iii), (iv) も同様にして示される．■

補題 9.3 は，$\mathbb{Z}_n$ が演算 $\dotplus$ に関して可換群であることを示している．この元の単位元は $C(0)$ であり，$C(a)$ の逆元は $C(n-a)$ である．$C(a)$ と $C(b)$ の差 $C(a) \dotplus C(-b)$ を $C(a) \dotminus C(b)$ で表す．次の節で $\mathbb{Z}_n$ の要素の簡潔な表し方を説明する．

問題 9.2　補題 9.1 を示せ．

問題 9.3　次の各場合について，$a \equiv b \pmod{n}$ であるかどうかを調べよ．
(a) $n = 5$, $(a,b) = (15, -5), (7, 38), (-25, 41)$
(b) $n = 8$, $(a,b) = (12, 32), (-7, 33), (35, 141)$

問題 9.4　本節〔3〕の $\mathbb{Z}_7$ の例のように，$\mathbb{Z}_{11}$ の要素を具体的に列挙せよ．

問題 9.5　式 (9.11) を示せ．

問題 9.6　群 $\mathbb{Z}_6$ において，$C(1) \dotplus C(4)$, $C(-8) \dotplus C(31)$ を計算せよ．また，$C(15)$ の逆元を求めよ．

9.3　有限体 $\mathbb{Z}_p$

〔1〕$\mathbb{Z}_n$ での積

$\mathbb{Z}$ の積と剰余類の関係についても，和に関する式 (9.11) の場合とほぼ同様にして，次の関係が成り立つことが示される．

$$a \equiv x \pmod{n},\ b \equiv y \pmod{n} \Rightarrow a \times b \equiv x \times y \pmod{n} \tag{9.13}$$

したがって，式 (9.12) と同様に

$$C(a) \dot\times C(b) = C(a \times b) \tag{9.14}$$

によって剰余類 $C(a)$ と剰余類 $C(b)$ の「積」を定義することができる．また補題 9.3 (i)，(ii)，(iv) に対応する性質として，「積」に関しても次の補題が成り立つ（問題 9.7）．

♣ 補題 9.4 ♣　（$\mathbb{Z}_n$ の乗法 $\dot\times$ の性質）

任意の $a, b, c \in \mathbb{Z}$ に対し

(i) $C(a)\dot\times(C(b)\dot\times C(c)) = (C(a)\dot\times C(b))\dot\times C(c)$　　（結合律）

(ii) $C(a)\dot\times C(1) = C(1)\dot\times C(a) = C(a)$　　（$C(1)$ が単位元）

(iii) $C(a)\dot\times C(b) = C(b)\dot\times C(a)$　　（可換性）

(iv) $C(a)\dot\times (C(b)\dot+C(c)) = C(a)\dot\times C(b)\dot+C(a)\dot\times C(c)$　　（分配律）

補題 9.4 は，剰余類の集合 $\mathbb{Z}_n$ が和 $\dot+$ と積 $\dot\times$ に関して環となることを示している．

[2] $\mathbb{Z}_n$ での積の逆元

ここまでは和 $\dot+$ に関する議論とほぼ同じなのだが，$\mathbb{Z}_n$ における積 $\dot\times$ に関する逆元は注意を要する．積に関する単位元は，補題 9.4 (ii) で見たように $C(1)$ である．したがって，剰余類 $C(a)$ の**逆数**つまり積に関する逆元は $C(a)\dot\times C(b) = C(1)$ となるような $C(b)$ である．

具体的に考えてみよう．$\mathbb{Z}_5$ においては，$C(2)$ については

$$C(2)\dot\times C(0) = C(0),\ \ C(2)\dot\times C(1) = C(2),\ \ C(2)\dot\times C(2) = C(4)$$
$$C(2)\dot\times C(3) = C(1),\ \ C(2)\dot\times C(4) = C(3)$$

であるから，$C(2)$ の逆元は $C(3)$ である．同様にして，$C(1), C(3), C(4)$ の逆元はそれぞれ $C(1), C(2), C(4)$ である．また，任意の $C(a)$ に対して $C(0)\dot\times C(a) = C(0)$ となるから，$C(0)$ は逆元をもたない．このように，$\mathbb{Z}_5$ においては，加法の単位元 $C(0)$ 以外の要素に対してすべて逆元が存在する．

これに対して，$\mathbb{Z}_6$ において $C(2)$ について同様のことを試みると

$$C(2)\dot{\times}C(0) = C(0), \quad C(2)\dot{\times}C(1) = C(2), \quad C(2)\dot{\times}C(2) = C(4)$$
$$C(2)\dot{\times}C(3) = C(0), \quad C(2)\dot{\times}C(4) = C(2), \quad C(2)\dot{\times}C(5) = C(4)$$

となり，$C(2)$ の逆元は存在しない．他の要素についても同様に調べると，$C(0)$，$C(3)$，$C(4)$ は逆元をもたず，$C(1)$ の逆元は $C(1)$，$C(5)$ の逆元は $C(5)$ であることがわかる．

ここに現れた $\mathbb{Z}_5$ と $\mathbb{Z}_6$ の違いは，5 が素数であるのに対して，$6 = 2 \times 3$ が素数ではないことに由来する．詳しくは，整数に関して成り立つ次の補題に由来する．

❖ 補題 9.5 ❖

整数 a, b ($ab \neq 0$) の最大公約数を d とすると
$$xa + yb = d \tag{9.15}$$
を満たすような整数 x, y が存在する．

この補題の証明と，a, b が与えられたときに式 (9.15) を満たす x, y を具体的に求める方法は，いわゆるユークリッドの互除法を用いて示される．

前述の例に話を戻すと，$\mathbb{Z}_5$ においては，5 の倍数ではないような任意の整数 a に対し，$b = 5$ とすれば a と 5 の最大公約数は 1 だから，式 (9.15) を満たす整数 x, y をとると $xa = 1 - 5y$ となり，合同式で表せば

$$xa \equiv 1 \pmod{5}$$

したがって

$$C(x)\dot{\times}C(a) = C(1)$$

となり，$C(a)$ の逆元は $C(x)$ である．このことは直ちに一般化され，p を素数とするとき，$\mathbb{Z}_p$ において p の倍数でないような整数 a に対し，$C(a)$ は必ず積 $\dot{\times}$ に関する逆元をもつ．つまり，$\mathbb{Z}_p$ においては，和に関する単位元 $C(0) = C(k \times p)$（ただし $k \in \mathbb{Z}$）以外の要素は積に関する逆元をもち，したがって $\mathbb{Z}_p$ は体となる．

これに対し，たとえば $\mathbb{Z}_6$ において $C(2)$ に対しては，$2 \times 3 = 6$ だから

$$C(2) \dot{\times} C(3) = C(6) = C(0)$$

もし $C(2)$ が逆元をもつと仮定すればそれを $C(b)$ で表し，上の式の両辺に $C(b)$ をかけて

$$C(b) \dot{\times} (C(2) \dot{\times} C(3)) = C(b) \dot{\times} C(0)$$

$C(b) \dot{\times} C(2) = C(1)$ だから

$$C(3) = C(0)$$

これより $3 \equiv 0 \pmod{6}$ となり，矛盾が起きる．したがって，$C(2)$ は逆元をもたない．このことも直ちに一般化できて，a と n が公約数 $d\ (1 < d \leqq n)$ をもてば，$\mathbb{Z}_n$ の中で $C(a)$ は積に関する逆元をもたない．二つの整数が ± 1 以外に公約数をもたないとき，この 2 数は互いに素である，という．

以上を定理にまとめておく．

❖ 定理 9.1 ❖

$\mathbb{Z}_n$ は式 (9.12) で定義される和と式 (9.14) で定義される積に関して環である．$\mathbb{Z}_n$ が体となるための必要十分条件は，n が素数となることである．

[3] 簡潔な表現

以上に述べたように，p が素数ならば $\mathbb{Z}_p$ は p 個の要素からなる有限体である．ここまでは $\mathbb{Z}_p$ を構成する上での議論を明確にするため，$\mathbb{Z}_p$ をクラス $C(a)$ の集合とし二つの演算を $\dot{+}$, $\dot{\times}$ で表したのだが，これ以降は表記を簡単にして計算をしやすくするため，$C(a)$, $\dot{+}$, $\dot{\times}$ をそれぞれ a, $+$, $\times$ で表すことにする．言い換えれば，あらためて集合 $\mathbb{Z}_p$ を

$$\mathbb{Z}_p = \{0, 1, 2, \cdots, p-1\} \tag{9.16}$$

で定め，$\mathbb{Z}_p$ の要素 i と j の和と積を

$$i + j = k\ ;\quad k \equiv i + j \pmod{p},\ 0 \leqq k < p \tag{9.17}$$

$$i \times j = \ell\ ;\quad \ell \equiv i \times j \pmod{p},\ 0 \leqq \ell < p \tag{9.18}$$

によって定めると，$\mathbb{Z}_p$ は体となるのである．同じ記号で表してはいるが，式 (9.17)，式 (9.18) の $+$, $\times$ は $\mathbb{Z}$ における通常の $+$, $\times$ とは異なることに注意せよ．

例題 9.2

(1) 環 $\mathbb{Z}_8$ で次の計算をせよ： $4+5$, $2-7$, 3×6, 4×2
(2) 体 $\mathbb{Z}_7$ で次の計算をせよ： $6+5$, $2-5$, 3×6, 4×2, $3\div 5$

解答

(1) $4+5 = 9 = 1+8 \equiv 1 \pmod{8}$, $2-7 = -5 = 3-8 \equiv 3 \pmod{8}$, $3\times 6 = 18 = 2+2\times 8 \equiv 2 \pmod{8}$, $4\times 2 = 8 = 0+8\times 1 \equiv 0 \pmod{8}$, したがって，答えは順に 1, 3, 2, 0.

(2) $6+5 = 11 = 4+7 \equiv 4 \pmod{7}$, $2-5 = -3 = 4-7 \equiv 4 \pmod{7}$, $3\times 6 = 18 = 4+2\times 7 \equiv 4 \pmod{7}$, $4\times 2 = 8 = 1+7 \equiv 1 \pmod{7}$. $3\div 5$ については，まず $\mathbb{Z}_7$ での 5 の逆数 5^{-1} を求める．それには，5 に 0 以外の $\mathbb{Z}_7$ の要素 1, 2, 3, 4, 5, 6 を順次かけて $\equiv 1 \pmod 7$ となるものを探せばよい．$5\times 1 = 5 \equiv 5 \pmod 7$, $5\times 2 = 10 = 3+7 \equiv 3 \pmod 7$, $5\times 3 = 15 = 1+2\times 7 \equiv 1 \pmod 7$. $\therefore 5^{-1} = 3$. $\therefore 3\div 5 = 3\times 5^{-1} = 3\times 3 = 9 = 2+7 \equiv 2 \pmod 7$. したがって答えは順に，$4$, 4, 4, 1, 2.

問題 9.7 補題 9.4 を示せ．

問題 9.8

(1) 環 $\mathbb{Z}_6$ で次の計算をせよ： $4+2$, $3-5$, 2×3, 4×3
(2) 体 $\mathbb{Z}_5$ で次の計算をせよ： $2+3$, $3-4$, 3×2, 2×4, $4\div 3$

9.4 有限体上の行列の演算

〔1〕体 K 上の行列の演算

この節では，有限体 $\mathbb{Z}_p$ の要素を成分とする行列の演算を考えたいのだが，まず一般の体 K の要素を成分とする行列について，行列の和，スカラー倍，積，正方行列の行列式，逆行列の計算，連立 1 次方程式の解法など，第 8 章までに述べたことが，平面や空間の図形への応用の部分は除いて，そのまま成り立つことに注意する．なぜなら，これらの計算に登場するのは四則演算だから，行列の成分が $\mathbb{R}$ や $\mathbb{C}$ の要素でなくても，適当な体の要素であれば十分だからである．とはいっても，一般の体についてはまだ不慣れであろうから，冗長を承知で繰り返しておこう．

以下では体 K を一つ任意にとり，それを固定して話を進める．$m \times n$ 行列の一般形は

$$A = (a_{ij}) = \begin{pmatrix} a_{11} & \cdots & a_{1n} \\ \vdots & & \vdots \\ a_{m1} & \cdots & a_{mn} \end{pmatrix}, \ a_{ij} \in K \tag{9.19}$$

と表される．$B = (b_{ij})$ も $m \times n$ 行列であるとすれば，A と B の和は

$$\begin{aligned} A + B &= \begin{pmatrix} a_{11} & \cdots & a_{1n} \\ \vdots & & \vdots \\ a_{m1} & \cdots & a_{mn} \end{pmatrix} + \begin{pmatrix} b_{11} & \cdots & b_{1n} \\ \vdots & & \vdots \\ b_{m1} & \cdots & b_{mn} \end{pmatrix} \\ &= \begin{pmatrix} a_{11}+b_{11} & \cdots & a_{1n}+b_{1n} \\ \vdots & & \vdots \\ a_{m1}+b_{m1} & \cdots & a_{mn}+b_{mn} \end{pmatrix} \end{aligned} \tag{9.20}$$

で定義される．ここでは，スカラーとは K の要素を指す．スカラー λ に対して，行列 A の λ 倍は

$$\lambda A = \lambda \begin{pmatrix} a_{11} & \cdots & a_{1n} \\ \vdots & & \vdots \\ a_{m1} & \cdots & a_{mn} \end{pmatrix} = \begin{pmatrix} \lambda a_{11} & \cdots & \lambda a_{1n} \\ \vdots & & \vdots \\ \lambda a_{m1} & \cdots & \lambda a_{mn} \end{pmatrix} \tag{9.21}$$

で定義される．A の列の数と B の行の数が等しければ，たとえば $A = (a_{ij})$ が $m \times n$ 行列で $B = (b_{ij})$ が $n \times \ell$ 行列でならば，A と B の積が次のように定義さ

れる.

$$AB = \begin{pmatrix} a_{11} & \cdots & a_{1n} \\ \vdots & & \vdots \\ a_{m1} & \cdots & a_{mn} \end{pmatrix} \begin{pmatrix} b_{11} & \cdots & b_{1\ell} \\ \vdots & & \vdots \\ b_{n1} & \cdots & b_{n\ell} \end{pmatrix}$$
$$= \begin{pmatrix} a_{11}b_{11} + \cdots + a_{1n}b_{n1} & \cdots & a_{11}b_{1\ell} + \cdots + a_{1n}b_{n\ell} \\ & \vdots & \\ a_{m1}b_{11} + \cdots + a_{mn}b_{n1} & \cdots & a_{m1}b_{1\ell} + \cdots + a_{mn}b_{n\ell} \end{pmatrix} \quad (9.22)$$

K が体だから，$A+B$, λA, AB の成分はすべて K の要素である点に注意せよ. 特に単位行列

$$E = \begin{pmatrix} 1 & 0 & 0 & \cdots & 0 \\ 0 & 1 & 0 & \cdots & 0 \\ 0 & 0 & 1 & \cdots & 0 \\ \vdots & \vdots & & \ddots & \vdots \\ 0 & 0 & \cdots & 0 & 1 \end{pmatrix} \quad (9.23)$$

は，どの行列 A に右からかけても左からかけても，サイズがマッチして積 AE, EA が定義できていれば，その行列 A を変えない. つまり

$$AE = A, \quad EA = A \quad (9.24)$$

である．ここで，E の成分1は整数としての1ではなく，体 K における積に関する単位元であり，0 も K における和に関する単位元であることに注意せよ.

A が n 次正方行列ならば，

$$|A| = \begin{vmatrix} a_{11} & \cdots & a_{1n} \\ \vdots & & \vdots \\ a_{n1} & \cdots & a_{nn} \end{vmatrix} = \sum_{\varphi \in S_n} \operatorname{sgn} \varphi \, a_{1\varphi(1)} \cdots a_{n\varphi(n)} \quad (9.25)$$

によって A の行列式 $|A|$ が定義される．ただし，S_n は n 次置換群（n 個の自然数 $\{1,2,\cdots,n\}$ の置換全体の集合）で φ は整数 $\{1,2,\cdots,n\}$ の置換，$\operatorname{sgn} \varphi$ は φ の符号である．$\operatorname{sgn} \varphi$ は 1 または -1 であるが，この 1 または -1 も整数としての 1 または -1 ではなく，体 K の積に関する単位元 1 と，和に関する 1 の逆元 -1 である．$|A|$ の値（計算結果）は K の要素である.

$|A| \neq 0$ ならば A は逆行列 A^{-1} をもち

$$A^{-1} = |A|^{-1} {}^t\begin{pmatrix} A_{11} & \cdots & A_{1n} \\ \vdots & & \vdots \\ A_{n1} & \cdots & A_{nn} \end{pmatrix} \tag{9.26}$$

となる．ただし，$|A|^{-1}$ は K の要素 $|A|$ の K における積に関する逆元，A_{ij} は A の (i,j) 余因子

$$A_{ij} = (-1)^{i+j} D_{ij}$$

で，D_{ij} は A の (i,j) 小行列式，つまり A の i 行 j 列を取り除いてできる $(n-1)$ 次の行列式であり，${}^tB$ は B の転置行列を表す．逆行列は

$$A^{-1}A = AA^{-1} = E$$

を満たす．

〔2〕体 K 上のベクトル空間

2.3 節で K を $\mathbb{R}$ または $\mathbb{C}$ として，K 上のベクトル空間を定義した．2.3 節で述べた事柄は，K を一般の体であると仮定してもそのまま成り立つ．特に K の要素を成分とする $1 \times n$ 行列全体の集合

$$K^n = \{(a_1, \cdots, a_n) \,|\, a_1, \cdots, a_n \in K\} \tag{9.27}$$

は和

$$(a_1, \cdots, a_n) + (b_1, \cdots, b_n) = (a_1 + b_1, \cdots, a_n + a_n)$$

とスカラー倍（K の要素をかける）

$$\lambda(a_1, \cdots, a_n) = (\lambda a_1, \cdots, \lambda a_n)$$

に関して，K 上の n 次元ベクトル空間となる．

V と W が K 上のベクトル空間のとき，V から W への写像

$$f : V \longrightarrow W$$

が式 (8.2) と同じ次の条件を満たすとき，f を **線形写像** という．

$$\mathbf{a}, \mathbf{b} \in V, \lambda \in K \implies f(\mathbf{a}+\mathbf{b}) = f(\mathbf{a}) + f(\mathbf{b}), \quad f(\lambda \mathbf{a}) = \lambda f(\mathbf{a}) \tag{9.28}$$

特に，$A = (a_{ij})$ が K の要素を成分とする $m \times n$ 行列のとき

$$(x_1, \cdots, x_n) \mapsto {}^t\!\left(\begin{pmatrix} a_{11} & \cdots & a_{1n} \\ \vdots & & \vdots \\ a_{m1} & \cdots & a_{mn} \end{pmatrix} \begin{pmatrix} x_1 \\ \vdots \\ x_n \end{pmatrix} \right) \tag{9.29}$$

で定まる K^n から K^m への写像は線形写像である．

[3] $\mathbb{Z}_p$ での行列の演算

上の [1], [2] で述べたことを，有限体 $\mathbb{Z}_p$ (p は素数) 上で具体的に計算してみよう．今までの議論から，$\mathbb{Z}_p$ 上の行列の計算をするとき，次の点に注意して行えばよいことがわかる．

(1) 行列の和，スカラー倍，積，行列式を計算するときには，$\mathbb{R}$ 上の行列と同様に計算し，$0, 1, \cdots, n-1$ 以外の数 a が登場したら，a を

$$a' \equiv a \pmod{n}, \quad 0 \leqq a' \leqq n-1$$

となる a' で置き換える．

(2) 逆行列は式 (9.26) で計算する．ただし，$|A|^{-1}$ は，$\mathbb{Z}_p$ の要素 $|A|$ の，$\mathbb{Z}_p$ における積に関する逆元である．

具体例を示そう．

$$3 \begin{pmatrix} 1 & 2 \\ 3 & 4 \end{pmatrix}, \quad \begin{pmatrix} 1 & 2 \\ 3 & 4 \end{pmatrix} + \begin{pmatrix} 4 & 1 \\ 0 & 3 \end{pmatrix}, \quad \begin{pmatrix} 1 & 2 \\ 3 & 4 \end{pmatrix} \begin{pmatrix} 4 & 1 \\ 0 & 3 \end{pmatrix} \tag{9.30}$$

は，$\mathbb{R}$ で考えればそれぞれ

$$\begin{pmatrix} 3 & 6 \\ 9 & 12 \end{pmatrix}, \quad \begin{pmatrix} 5 & 3 \\ 3 & 7 \end{pmatrix}, \quad \begin{pmatrix} 4 & 7 \\ 12 & 15 \end{pmatrix} \tag{9.31}$$

であるが，$\mathbb{Z}_5$ で計算すれば

$$\begin{pmatrix} 3 & 1 \\ 4 & 2 \end{pmatrix}, \quad \begin{pmatrix} 0 & 3 \\ 3 & 2 \end{pmatrix}, \quad \begin{pmatrix} 4 & 2 \\ 2 & 0 \end{pmatrix} \tag{9.32}$$

となる．行列式に関しても，$\mathbb{R}$ では

$$\begin{vmatrix} 2 & 2 & 4 \\ 3 & 4 & 3 \\ 3 & 1 & 4 \end{vmatrix} = -16 \tag{9.33}$$

であるが，行列式は成分の加減と積で計算されるから，式 (9.11)，式 (9.12) に注意して計算結果の -16 を $\mathbb{Z}_p$ の要素で表せばよい．$-16 = 4 \,(\bmod 5)$ だから，$\mathbb{Z}_5$ での行列式の値は

$$\begin{vmatrix} 2 & 2 & 4 \\ 3 & 4 & 3 \\ 3 & 1 & 4 \end{vmatrix} = 4 \tag{9.34}$$

となる．逆行列についても，2次正方行列の場合の例を挙げれば

$$A = \begin{pmatrix} a & b \\ c & d \end{pmatrix}, \ a,b,c,d \in \mathbb{Z}_p$$

に対して $\mathbb{Z}_p$ で $ad - bc \neq 0$ ならば，つまり $ad - bc \not\equiv 0 \,(\bmod p)$ ならば，$\mathbb{Z}_p$ での $ad - bc$ の逆数 $(ad - bc)^{-1}$ を用いて

$$A^{-1} = (ad - bc)^{-1} \begin{pmatrix} d & -b \\ -c & a \end{pmatrix} \tag{9.35}$$

とし，右辺を $\mathbb{Z}_p$ で計算すればよい．たとえば $\mathbb{Z}_5$ において

$$\begin{pmatrix} 2 & 3 \\ 2 & 4 \end{pmatrix}^{-1} = (2 \times 4 - 3 \times 2)^{-1} \begin{pmatrix} 4 & -3 \\ -2 & 2 \end{pmatrix} = 2^{-1} \times \begin{pmatrix} 4 & 2 \\ 3 & 2 \end{pmatrix}$$

$$= 3 \times \begin{pmatrix} 4 & 2 \\ 3 & 2 \end{pmatrix} = \begin{pmatrix} 12 & 6 \\ 9 & 6 \end{pmatrix} = \begin{pmatrix} 2 & 1 \\ 4 & 1 \end{pmatrix}$$

例題 9.3 $\mathbb{Z}_{13}$ において次の行列の計算をせよ．

(1) $7 \times \begin{pmatrix} 9 & 2 & 5 \\ 3 & 12 & 4 \\ 5 & 7 & 1 \end{pmatrix}$ (2) $\begin{pmatrix} 5 & 7 & 2 \\ 2 & 3 & 6 \\ 9 & 5 & 2 \end{pmatrix} - \begin{pmatrix} 1 & 0 & 5 \\ 5 & 2 & 7 \\ 4 & 2 & 8 \end{pmatrix}$

(3) $\begin{pmatrix} 2 & 5 \\ 5 & 11 \end{pmatrix} \begin{pmatrix} 3 & 1 & 7 \\ 2 & 5 & 12 \end{pmatrix}$ (4) $\begin{vmatrix} 1 & 3 & 5 \\ 2 & 7 & 10 \\ 9 & 1 & 7 \end{vmatrix}$ (5) $\begin{pmatrix} 1 & 1 & 0 \\ 1 & 0 & 1 \\ 0 & 1 & 1 \end{pmatrix}^{-1}$

解答

(1) $\begin{pmatrix} 11 & 1 & 9 \\ 8 & 6 & 2 \\ 9 & 10 & 7 \end{pmatrix}$ (2) $\begin{pmatrix} 4 & 7 & 10 \\ 10 & 1 & 12 \\ 5 & 3 & 7 \end{pmatrix}$ (3) $\begin{pmatrix} 3 & 1 & 9 \\ 11 & 8 & 11 \end{pmatrix}$

(4) $\begin{vmatrix} 1 & 3 & 5 \\ 2 & 7 & 10 \\ 9 & 1 & 7 \end{vmatrix} = -38 = 1$

(5) 余因子からなる行列の転置行列は

$$\begin{pmatrix} -1 & -1 & 1 \\ -1 & 1 & -1 \\ 1 & -1 & -1 \end{pmatrix} = \begin{pmatrix} 12 & 12 & 1 \\ 12 & 1 & 12 \\ 1 & 12 & 12 \end{pmatrix}$$

行列式は $-2 = 11$,行列式の逆数は $11^{-1} = 6$,したがって逆行列は

$$6 \times \begin{pmatrix} 12 & 12 & 1 \\ 12 & 1 & 12 \\ 1 & 12 & 12 \end{pmatrix} = \begin{pmatrix} 72 & 72 & 6 \\ 72 & 6 & 72 \\ 6 & 72 & 72 \end{pmatrix} = \begin{pmatrix} 7 & 7 & 6 \\ 7 & 6 & 7 \\ 6 & 7 & 7 \end{pmatrix}$$

問題 9.9　$\mathbb{Z}_7$ において次の行列の計算をせよ.

(1) $5 \times \begin{pmatrix} 4 & 1 & 5 \\ 3 & 2 & 4 \\ 5 & 1 & 6 \end{pmatrix}$ (2) $\begin{pmatrix} 3 & 5 & 2 \\ 2 & 1 & 4 \\ 5 & 1 & 2 \end{pmatrix} - \begin{pmatrix} 1 & 2 & 3 \\ 2 & 4 & 1 \\ 5 & 3 & 2 \end{pmatrix}$

(3) $\begin{pmatrix} 2 & 1 \\ 3 & 4 \end{pmatrix} \begin{pmatrix} 3 & 1 & 2 \\ 2 & 3 & 6 \end{pmatrix}$ (4) $\begin{vmatrix} 2 & 1 & 0 \\ 3 & 2 & 6 \\ 4 & 1 & 3 \end{vmatrix}$ (5) $\begin{pmatrix} 2 & 1 \\ 3 & 4 \end{pmatrix}^{-1}$

章末問題

1 $\mathbb{Z}_2$ において次の計算をせよ．

(1) $(1,1,0,0,1) + (0,1,0,1,0)$ (2) $(1,0,1,0,0) - (0,1,1,0,1)$

(3) $\begin{pmatrix} 1 & 1 \\ 1 & 0 \end{pmatrix} + \begin{pmatrix} 1 & 0 \\ 1 & 1 \end{pmatrix}$ (4) $\begin{pmatrix} 0 & 1 & 1 \\ 1 & 1 & 0 \end{pmatrix} - \begin{pmatrix} 1 & 1 & 0 \\ 0 & 0 & 1 \end{pmatrix}$

(5) $\begin{pmatrix} 1 & 1 \\ 1 & 0 \end{pmatrix} \begin{pmatrix} 0 & 1 & 1 & 0 \\ 1 & 1 & 0 & 0 \end{pmatrix}$ (6) $\begin{pmatrix} 0 & 1 \\ 1 & 1 \end{pmatrix} \begin{pmatrix} 1 & 1 & 0 & 1 & 1 & 0 \\ 0 & 0 & 1 & 1 & 0 & 1 \end{pmatrix}$

(7) $\begin{pmatrix} 0 & 1 & 0 \\ 1 & 0 & 0 \\ 1 & 1 & 1 \end{pmatrix} \begin{pmatrix} 1 & 0 & 1 \\ 1 & 1 & 0 \\ 0 & 1 & 0 \end{pmatrix}$ (8) $\begin{vmatrix} 1 & 1 & 0 \\ 1 & 0 & 1 \\ 0 & 1 & 1 \end{vmatrix}$ (9) $\begin{pmatrix} 1 & 1 & 1 \\ 1 & 0 & 1 \\ 1 & 1 & 0 \end{pmatrix}^{-1}$

2 実数を係数とする x の多項式全体の集合 $\mathbb{R}[x]$，区間 I 上の実数値関数全体の集合 $\mathcal{F}(I)$，I 上の実数値連続関数全体の集合 $\mathcal{C}(I)$，I 上の実数値微分可能関数全体の集合 $\mathcal{D}(I)$ はいずれも通常の関数の和と積に関して体とはならないことを示せ（9.1 節〔3〕例 14 (p.161)）．

3 $\mathbb{R}^n$ の線形変換のうち 1 対 1 写像であるものの全体を $\mathcal{L}(\mathbb{R}^n)$ で表すとき，$\mathcal{L}(\mathbb{R}^n)$ は写像の合成に関して群をなすことを示せ（$\mathbb{R}^n$ の線形変換群）．

4 $\mathbb{R}^n$ の直交変換の全体を $\mathcal{O}(\mathbb{R}^n)$ で表すとき，$\mathcal{O}(\mathbb{R}^n)$ は写像の合成に関して群をなすことを示せ（$\mathbb{R}^n$ の直交変換群）．

5 平面において原点を中心とする角 θ の回転を ρ_θ で表し，ρ_θ の逆変換を $\rho_\theta{}^{-1}$ で表す．ρ_θ を写像として n 回合成したものを $\rho_\theta{}^n$，$\rho_\theta{}^{-1}$ を写像として n 回合成したものを $\rho_\theta{}^{-n}$，$\rho_0 = id$ を $\rho_\theta{}^0$ で表す．

(1) θ を定数とするとき，ρ_θ の累乗の集合 $\mathcal{R}_\theta = \{\rho_\theta{}^n \mid n \in \mathbb{Z}\}$ は写像の合成に関して群をなすことを示せ．

(2) $\dfrac{\theta}{\pi}$ が有理数ならば $\mathcal{R}_\theta$ は有限群であることを示せ．

(3) $\dfrac{\theta}{\pi}$ が無理数ならば $\mathcal{R}_\theta$ は有限群でないことを示せ．

第10章

固有値

2次の実正方行列 A の定める平面から平面への線形変換によって，ベクトル $\mathbf{x} \neq \mathbf{0}$ が同じ方向に移されて $\lambda \mathbf{x}$ の形に表されるとき，λ を A の固有値，$\mathbf{x}$ を固有ベクトルという．固有値・固有ベクトルは一般の体 K 上のベクトル空間の線形変換について定義されるのだが，この本では $\mathbb{R}^n$ に限定して考える．この章では，連立1次方程式の理論を用いて，与えられた行列の固有値・固有ベクトルを求める方法と行列の対角化を紹介し，第11章では固有値・固有ベクトルの図形や物理現象への応用を紹介する．

キーワード 固有値，固有ベクトル，固有多項式，固有方程式，固有値の重複度，固有ベクトルの自由度，実対称行列の対角化，シュミットの直交化．

10.1 固有値・固有ベクトルの定義

〔1〕予備的考察

固有値・固有ベクトルは重要な概念であるが，初めはなかなか理解しづらいので，2次の正方行列についての例を中心に話を進める．簡単にいえば，行列の定める線形変換を相似変換に分解したとき，その分解の方向を示すのが固有ベクトルであり，その方向の相似比が固有値となる．

●●● 例 1 ●●●

行列 $A = \begin{pmatrix} 2 & 0 \\ 0 & 2 \end{pmatrix}$ の定める平面の線形変換は，前の章で見たように相似比 2 の相似変換である．たとえば，点 $(1,0)$ は点 $(2,0)$ に移され，点 $(0,1)$ は点 $(0,2)$ に移される．単位円は原点を中心とし半径 2 の円に移される．この場合すべての点 $P(a,b)$ に対し，その位置ベクトル $\mathbf{p} = \begin{pmatrix} a \\ b \end{pmatrix}$ は

$$A\mathbf{p} = 2\mathbf{p}$$

を満たす（図 10-1）．図 10-1 は，左図のベクトル・同心円・放射状直線が線形変換によって右図のように移されることを示す（以下の図 10-2，10-3，10-4，10-7，10-11，10-13 も同様）．

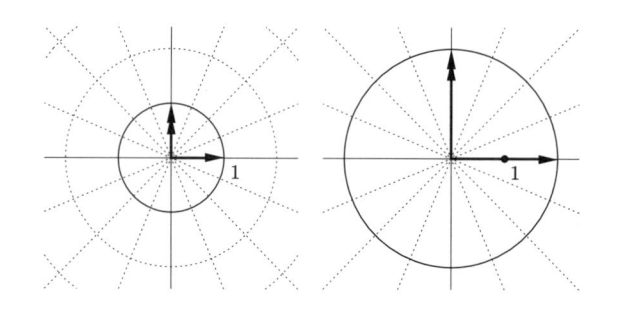

図 10-1　相似比 2 の相似変換

●●● 例 2 ●●●

行列 $A = \begin{pmatrix} -\frac{3}{2} & 0 \\ 0 & -\frac{3}{2} \end{pmatrix}$ の定める線形変換は相似比 $-\frac{3}{2}$ の相似変換で，任意の点を原点に関して反対側に $\frac{3}{2}$ 倍の長さに移す．この場合はすべての点 $\mathbf{p}$ に関して

$$A\mathbf{p} = -\frac{3}{2}\mathbf{p}$$

が成り立つ（図 10-2）．

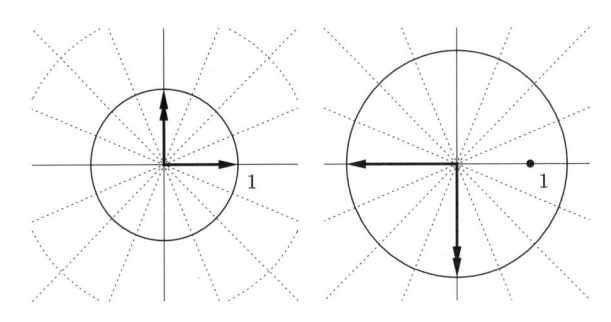

図 10-2　相似比 $-\dfrac{3}{2}$ の相似変換

例3　零行列 $A = \begin{pmatrix} 0 & 0 \\ 0 & 0 \end{pmatrix}$ の定める線形変換は，すべての点を原点に移す．つまり，平面全体が原点に潰される．この場合はすべての点に関して

$$A\mathbf{p} = 0 \cdot \mathbf{p}$$

が成り立つ（図 10-3）．

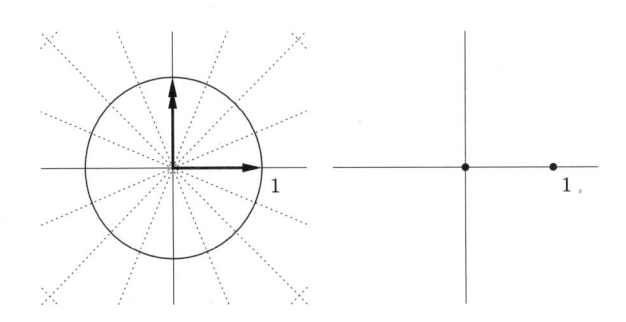

図 10-3　零行列は平面全体を原点に移す

例4　行列 $A = \begin{pmatrix} 2 & 0 \\ 0 & -1 \end{pmatrix}$ の定める線形変換は，

$$\begin{pmatrix} 2 & 0 \\ 0 & -1 \end{pmatrix} \begin{pmatrix} a \\ b \end{pmatrix} = \begin{pmatrix} 2a \\ -b \end{pmatrix}$$

であるから，x 座標は 2 倍に，y 座標は (-1) 倍になる．

したがって x 軸方向と y 軸方向の単位ベクトル $\mathbf{i} = \begin{pmatrix} 1 \\ 0 \end{pmatrix}$, $\mathbf{j} = \begin{pmatrix} 0 \\ 1 \end{pmatrix}$ について

$$\begin{cases} A\mathbf{i} = 2\mathbf{i} \\ A\mathbf{j} = -\mathbf{j} \end{cases}$$

が成り立つ．線形変換の線形性から任意の定数 k に対し

$$\begin{cases} A(k\mathbf{i}) = k(A\mathbf{i}) = k(2\mathbf{i}) = 2(k\mathbf{i}) \\ A(k\mathbf{j}) = k(A\mathbf{j}) = k(-\mathbf{j}) = -(k\mathbf{j}) \end{cases}$$

つまり，行列 A の定める線形変換は，x 軸上では相似比 2 の相似変換，y 軸上では相似比 -1 の相似変換となっている（図 10-4）．

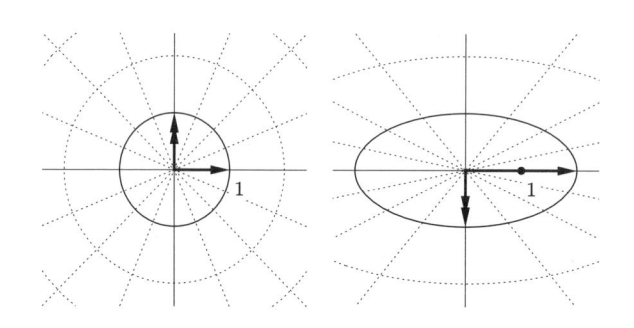

図 10-4 x 軸方向に 2 倍，y 軸方向に (-1) 倍に移す

〔2〕固有値・固有ベクトルの定義

以上の例を念頭におき，行列の固有値・固有ベクトルを次のように定義する．実数を成分とする n 次正方行列 A に対し，$\mathbb{R}^n$ のベクトル $\mathbf{p}$ とスカラー $\lambda \in \mathbb{R}$ があって

$$A\mathbf{p} = \lambda\mathbf{p} \quad (\mathbf{p} \neq \mathbf{0}) \tag{10.1}$$

を満たすとき，λ を A の**固有値**（eigen value），$\mathbf{p}$ を λ に対応する A の**固有ベクトル**（eigen vector）という．$\mathbf{p} = \mathbf{0}$（零ベクトル）の場合には，式 (10.1) は両辺とも $\mathbf{0}$ となって特別の意味をもたないので，$\mathbf{p} \neq \mathbf{0}$ の条件をつけておく．

上に挙げた例でいえば，例 1 では 2 が固有値で，零ベクトルでないベクトルはすべて 2 に対応した固有ベクトルである．例 2 では $-\dfrac{3}{2}$ が固有値で，零ベクトルでないベクトルはすべて $-\dfrac{3}{2}$ に対応した固有ベクトルである．例 3 では 0 が固有値で，零ベクトルでないベクトルはすべて 0 に対応した固有ベクトルである．定義から，固有ベクトルは零ベクトルでないが，固有値は 0 になりうることに注意せよ．

例 4 では少し状況が変わって，固有値は二つある．まず，2 が固有値で $\mathbf{i}$ は 2 に対応した固有ベクトルであり，$\mathbf{i}$ の定数 ($\neq 0$) 倍はすべて 2 に対応した固有ベクトルである．また，-1 も固有値で $\mathbf{j}$ は -1 に対応した固有ベクトルであり，$\mathbf{j}$ の定数 ($\neq 0$) 倍はすべて -1 に対応した固有ベクトルである．

線形変換の線形性から容易に示されるように（問題 10.1），次の定理が成り立つ．

❖ **定理 10.1** ❖

(1) $\mathbf{p}$ が固有値 λ に対応する A の固有ベクトルならば，任意の定数 $k \neq 0$ に対し $k\mathbf{p}$ も λ に対応する A の固有ベクトルである

(2) $\mathbf{p}$ と $\mathbf{q}$ が同一の固有値 λ に対応する A の固有ベクトルならば，任意の定数 h, k ($(h,k) \neq (0,0)$) に対し $h\mathbf{p}+k\mathbf{q}$ も λ に対応する A の固有ベクトルである

λ が行列 A の固有値であるとき，λ に対応する A の固有ベクトル全体の集合に零ベクトルを付け加えた集合を，λ の **固有空間** という．定理 10.1 から，直ちに次の系が導かれる．

系 10.1 λ が n 次実正方行列 A の固有値ならば，λ の固有空間は $\mathbb{R}^n$ の部分ベクトル空間である．

例 1 では平面全体が固有値 1 の固有空間，例 2 では平面全体が固有値 $-\dfrac{3}{2}$ の固有空間，例 3 では平面全体が固有値 0 の固有空間である．

例 4 では，x 軸が固有値 2 の固有空間であり，y 軸が固有値 -1 の固有空間であ

る．x 軸，y 軸以外の点の位置ベクトルはこの行列の固有ベクトルになり得ないことは，後に述べる固有ベクトルを求める計算からわかるのだが，直感的には次のような（コンピュータ上の）実験で理解できるであろう．

〔3〕固有値のグラフ

例 4 の行列 A の定める線形変換によってベクトル $\mathbf{p}$ がベクトル $\mathbf{q} = A\mathbf{p}$ に移されたとすると，$\mathbf{p}$ を位置ベクトルとする点 P が図 10-4 左図の単位円周上を一周するとき $\mathbf{q}$ を位置ベクトルとする点 Q は右図の楕円上を一周する．図 10-5 左図はこの二つの位置ベクトル $\mathbf{p}$, $\mathbf{q}$ を同一の平面に描いたものである．$\mathbf{p}$ の回転角を t としたときの $\mathbf{q}$ の回転角を $\varphi(t)$ とし，$s = \varphi(t)$ のグラフを右図に実線で描いてある．また，$\mathbf{p}$ の回転角 $s = t$ のグラフを，π の間隔で上下に移動した直線を点線で描いてある（以下の図 10-6，10-8，10-9，10-10，10-12 も同様）．

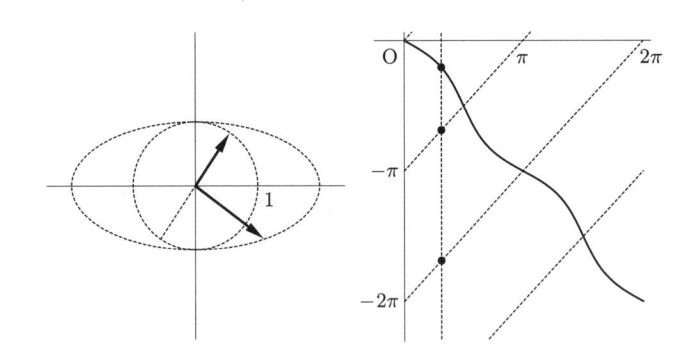

図 10-5　$\mathbf{p}$ と $A\mathbf{p}$ の回転角の比較

実線の曲線と点線の直線が交差する点が，$\mathbf{p}$ と $\mathbf{q}$ が同一直線上に並ぶ状態，つまり，$\mathbf{p}$ が A の固有ベクトルになる状態を表す．例 4 では $s = \varphi(t)$ は減少関数で，固有値に対応する角度 t の値が 4 個（$t = 0$, $\pi/2$, π, $3\pi/2$）あり，固有空間でいえば 2 直線（x 軸と y 軸）あることがグラフから読み取れる．この状態は，ウェブ上の資料でアニメーションとして見ることができる．

問題 10.1　定理 10.1 を証明せよ．

10.2　固有値・固有ベクトルの求め方

〔1〕予備的な例

　上で挙げた例では，固有ベクトルが見つけやすい簡単な行列であったが，もう少し複雑な例を挙げよう．

●●● 例5 ●●●　行列 $A = \begin{pmatrix} 1 & 2 \\ 3 & 1 \end{pmatrix}$ の固有値・固有ベクトルは，行列の形から直ちにわかるわけではない．図 10-6 右図に示すように実線の曲線が 4 本の点線の斜めの直線と 4 回交わることが読み取れる．交点の t 座標を $t = t_0$ とすれば $t = t_0$ と $t = t_0 + \pi$ は同じ固有空間（直線）を表すから，固有ベクトルが二つの方向にあることがわかる．

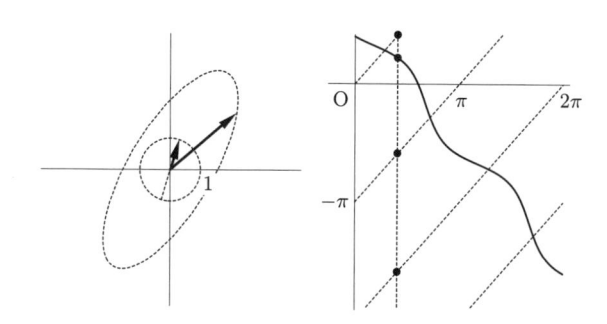

図 10-6　固有ベクトルが二つあることが読み取れる

　この例の固有ベクトルと固有値を具体的に求めるには，計算が必要である．λ が A の固有値で，それに対する固有ベクトルが $\mathbf{p} = \begin{pmatrix} x \\ y \end{pmatrix}$ であるとしよう．つまり

$$\begin{pmatrix} 1 & 2 \\ 3 & 1 \end{pmatrix} \begin{pmatrix} x \\ y \end{pmatrix} = \lambda \begin{pmatrix} x \\ y \end{pmatrix}, \quad \begin{pmatrix} x \\ y \end{pmatrix} \neq \mathbf{0}$$

右辺は単位行列 E の λ 倍を列ベクトル $\mathbf{p}$ にかけたものに等しいから

$$\begin{pmatrix} 1 & 2 \\ 3 & 1 \end{pmatrix} \begin{pmatrix} x \\ y \end{pmatrix} = \lambda \begin{pmatrix} 1 & 0 \\ 0 & 1 \end{pmatrix} \begin{pmatrix} x \\ y \end{pmatrix}, \quad \begin{pmatrix} x \\ y \end{pmatrix} \neq \mathbf{0}$$

右辺を左辺に移行して，行列の積の分配法則を用いれば

$$\begin{pmatrix} 1-\lambda & 2 \\ 3 & 1-\lambda \end{pmatrix} \begin{pmatrix} x \\ y \end{pmatrix} = \mathbf{0}, \quad \begin{pmatrix} x \\ y \end{pmatrix} \neq \mathbf{0}$$

つまり

$$(A - \lambda E)\mathbf{p} = \mathbf{0}, \quad \mathbf{p} \neq \mathbf{0} \tag{10.2}$$

となる．ベクトルを用いずに表現すれば，λ, x, y は

$$\begin{cases} (1-\lambda)x + 2y = 0 \\ 3x + (1-\lambda)y = 0 \end{cases} \tag{10.3}$$

を満たし，かつ $(x,y) \neq (0,0)$ である．言い換えれば，式 (10.3) を x, y に関する連立 1 次方程式と見たとき，この斉次方程式が非自明な解をもっていることにほかならない．非自明な解をもつ条件は，定理 7.5 (p.127) によれば係数行列式が 0 となることだから，

$$|A - \lambda E| = 0 \tag{10.4}$$

である．今の場合，具体的に書けば

$$\begin{vmatrix} 1-\lambda & 2 \\ 3 & 1-\lambda \end{vmatrix} = \lambda^2 - 2\lambda - 5 = 0$$

したがって，この λ に関する 2 次方程式を解いて，固有値

$$\lambda = 1 \pm \sqrt{6}$$

が得られる．このとき式 (10.2) は非自明な解をもち，それが λ に対応した固有ベクトルとなる．つまり，行列 A の固有値は式 (10.4) を λ の方程式として解けば得られる．

さらに，固有値 $\lambda = 1 \pm \sqrt{6}$ に対応する固有ベクトルを具体的に求めよう．まず，$\lambda = 1 + \sqrt{6}$ を式 (10.3) に代入すれば，二つの式は実質的に一つの式

$$3x - \sqrt{6}y = 0$$

となる．$y = \alpha$ とおけば $x = \dfrac{\sqrt{2}}{\sqrt{3}}\alpha$ となり，ベクトルで表示すれば

$$\begin{pmatrix} x \\ y \end{pmatrix} = \alpha \begin{pmatrix} \dfrac{\sqrt{2}}{\sqrt{3}} \\ 1 \end{pmatrix} \quad (\alpha \text{ は任意の定数} \neq 0)$$

となる．ここで $\dfrac{\alpha}{\sqrt{3}}$ をあらためて α とおけば

$$\begin{pmatrix} x \\ y \end{pmatrix} = \alpha \begin{pmatrix} \sqrt{2} \\ \sqrt{3} \end{pmatrix} \quad (\alpha \text{ は任意の定数} \neq 0)$$

と表される．よって，$\begin{pmatrix} \sqrt{2} \\ \sqrt{3} \end{pmatrix}$ を $\lambda = 1 + \sqrt{6}$ に対応した固有ベクトルの代表としてとることができる．長さ 1 の固有ベクトルを代表にしたければこのベクトルをその長さで割って，$\begin{pmatrix} \dfrac{\sqrt{2}}{\sqrt{5}} \\ \dfrac{\sqrt{3}}{\sqrt{5}} \end{pmatrix}$ とすればよい．

次に，$\lambda = 1 - \sqrt{6}$ についても同様に計算して，固有ベクトル $\begin{pmatrix} -\sqrt{2} \\ \sqrt{3} \end{pmatrix}$ が得られる．単位ベクトルに直せば，$\begin{pmatrix} -\dfrac{\sqrt{2}}{\sqrt{5}} \\ \dfrac{\sqrt{3}}{\sqrt{5}} \end{pmatrix}$ となる．図 10-7 は，長さ 1 の固有ベクトル二つおよび単位円（左図）とそれらの像（右図）を示す．

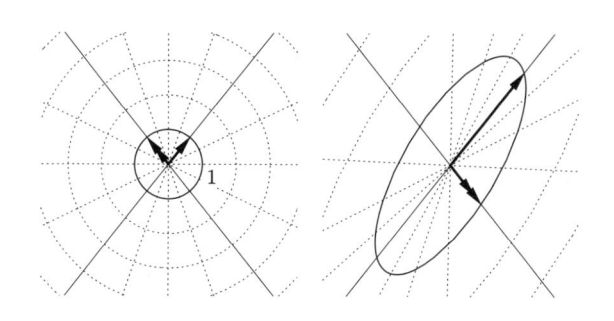

図 10-7　計算で求められた固有ベクトルとその像

[2] 固有値・固有ベクトルの求め方

例 5 で述べた固有値と固有ベクトルの求め方は，そのまま一般の場合に成り立つ．定理の形にまとめると

> **♣ 定理 10.2 ♣**
>
> (1) 正方行列 A の固有値は，λ に関する次の方程式の解として得られる．
>
> $$|A - \lambda E| = 0 \tag{10.5}$$
>
> (2) 固有ベクトル $\mathbf{p}$ は，上で求めた λ の値を斉次連立 1 次方程式
>
> $$(A - \lambda E)\mathbf{p} = \mathbf{0} \tag{10.6}$$
>
> に代入したときの，非自明な解として得られる．

方程式 (10.5) を，行列 A の**固有方程式**という．A が n 次正方行列ならば，式 (10.5) の左辺は λ の n 次多項式となる．これを A の**固有多項式**という．

2 次の正方行列 $A = \begin{pmatrix} a & b \\ c & d \end{pmatrix}$ については，固有方程式は

$$\lambda^2 - (a+d)\lambda + ad - bc = 0 \tag{10.7}$$

であり，固有値はこの 2 次方程式の実数解である．固有ベクトルはその実数解を式 (10.6) に代入した斉次連立 1 次方程式

$$\begin{cases} (a-\lambda)x + by = 0 \\ cx + (d-\lambda)y = 0 \end{cases} \tag{10.8}$$

の非自明な解となる．

♦♦♦ 例 6 ♦♦♦ 式 (8.10) (p.139) の回転の行列で，$\theta = \pi/6$ とした行列

$$A = \begin{pmatrix} \sqrt{3}/2 & -1/2 \\ 1/2 & \sqrt{3}/2 \end{pmatrix} \tag{10.9}$$

の固有値を考えてみよう．図 10-8 左図に示すように，単位ベクトル $\mathbf{p}$ の像 $\mathbf{q} = A\mathbf{p}$ も単位ベクトルで，$\mathbf{p}$ と $\mathbf{q}$ の間の角は $\pi/6$ で一定であり，$\mathbf{p}$ と $\mathbf{q}$ が同一直線上に

並ぶことはない．つまり，右図に示す **q** の回転角を示す実線は 4 本の点線の斜めの直線に平行な直線となり，これらが交わることはない．したがって，固有値・固有ベクトルは存在しない．

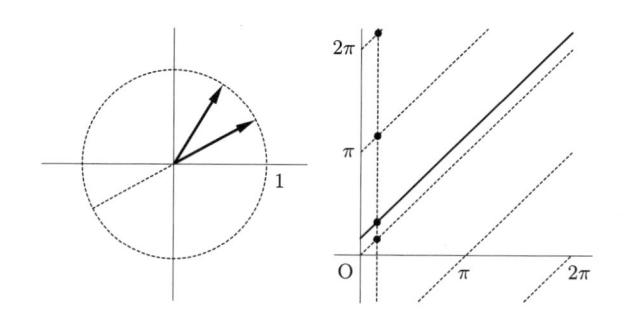

図 10-8 回転の変換：回転角の差は一定

この状態を固有方程式の側から見れば，行列 (10.9) に対する固有方程式 (10.7) は

$$\lambda^2 - \sqrt{3}\lambda + 1 = 0 \tag{10.10}$$

となる．この 2 次方程式の判別式は

$$D = (-\sqrt{3})^2 - 4 \cdot 1 = -1$$

となり，固有方程式は実数解をもたないのである．

◆◆◆ 例7 ◆◆◆ 例 6 は回転の行列であるから，図形的な意味を考えると固有ベクトルをもたないことは明らかであるが，ここで固有ベクトルをもたないような別の例を挙げよう．行列 $A = \dfrac{1}{10}\begin{pmatrix} 17 & -9 \\ 3 & 7 \end{pmatrix}$ は回転の行列ではないが，固有値のグラフは図 10-9 のようになる．

p が単位円周上を動くとき，**q** = A**p** は楕円上を動き，**q** の回転角は **p** の回転角（およびそれに $\pm\pi$ を加えたもの）に接近することもあるが，一致することはない．この行列の固有方程式の解は

$$\dfrac{12 - \sqrt{2}\,i}{10}, \quad \dfrac{12 + \sqrt{2}\,i}{10}$$

のように複素解となり，（$\mathbb{R}$ の範囲で考えたときの）固有値は存在しない．

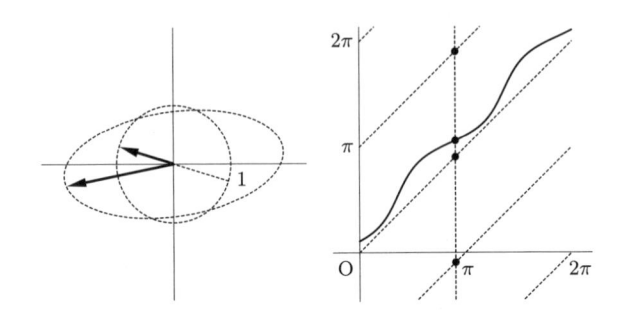

図 10-9　右図の実線の曲線は点線の直線と交わらない

[3] 参考：複素数の固有値・固有ベクトル

以上で述べた議論は，一般の体 K の要素を成分とする行列について K^n の線形変換に関して成り立つのだが，この本では触れない．ただ，実行列も複素行列の特別な場合だから，その観点からの注意を述べておこう．

複素数を成分とする n 次正方行列 A に対して

$$A\mathbf{p} = \lambda\mathbf{p} \quad (\mathbf{p} \in \mathbb{C}^n,\ \mathbf{p} \neq \mathbf{0},\ \lambda \in \mathbb{C})$$

となっているとき，λ を A の固有値，$\mathbf{p}$ を λ に対応した A の固有ベクトルという．固有値は固有方程式

$$|A - \lambda E| = 0$$

の解として，複素数の範囲で求められる．求められた固有値を固有ベクトルに関する方程式 (10.6)

$$(A - \lambda E)\mathbf{p} = \mathbf{0}$$

に代入して $\mathbf{p}$ について解けば，固有ベクトルが $\mathbb{C}^n$ の要素として求められる．

前述の例 6 については，行列 $A = \begin{pmatrix} \sqrt{3}/2 & -1/2 \\ 1/2 & \sqrt{3}/2 \end{pmatrix}$ を複素行列とみなして固有方程式 (10.10) を複素数の範囲で解けば，複素数の固有値

$$\lambda = \frac{\sqrt{3} \pm i}{2}$$

が得られる．まず $\lambda = \dfrac{\sqrt{3}+i}{2}$ を固有ベクトルに関する方程式に代入して非自明な解を求めると

$$\begin{pmatrix} x \\ y \end{pmatrix} = \alpha \begin{pmatrix} i \\ 1 \end{pmatrix} \quad (\alpha \text{ は任意の定数} \neq 0)$$

が得られる．同様に $\lambda = \dfrac{\sqrt{3}-i}{2}$ より，固有ベクトル

$$\begin{pmatrix} x \\ y \end{pmatrix} = \beta \begin{pmatrix} -i \\ 1 \end{pmatrix} \quad (\beta \text{ は任意の定数} \neq 0)$$

が得られる．

したがって，同じ行列でも，どの範囲で固有値・固有ベクトル考えているかによって，状況は異なるのである．

問題 10.2　固有値・固有ベクトルを求めよ．

(1) $\begin{pmatrix} 1 & -3 \\ -3 & 1 \end{pmatrix}$　(2) $\begin{pmatrix} 1 & -2 \\ -2 & 3 \end{pmatrix}$　(3) $\begin{pmatrix} 2 & -1 \\ 2 & 4 \end{pmatrix}$

(4) $\begin{pmatrix} -1 & 1 & 0 \\ -3 & 2 & 1 \\ -3 & 1 & 2 \end{pmatrix}$

10.3　固有値の重複度

今まで述べたように，正方行列 A が与えられたとき，定理 10.2 の固有方程式 (10.5) を解いて固有値 λ を求め，その値を式 (10.6) に代入した斉次連立 1 次方程式を解けば固有ベクトル $\mathbf{x}$ を求めることができる．しかし，実際問題として固有値・固有ベクトルをわかりにくくしているのは，前節で見たように A が実数を成分とする行列であっても固有方程式の解が実数とは限らない，ということばかりではなく，固有方程式の解としての λ の解の重複度と，それを代入した斉次連立 1 次方程式の解の自由度の関係が絡み合っていることである．一般に，a が λ

の n 次方程式 $f(\lambda) = 0$ の解であって，$f(\lambda)$ を 1 次式の積に因数分解したときに因数 $(\lambda - a)$ が $(\lambda - a)^k$ の形で含まれているとき，a は**重複度 k の解**であるという．ここでは A が 2 次の実正方行列の場合に，固有方程式の解の重複度と固有ベクトルの解の自由度の関係を考察しておく．

〔1〕固有値の重複度と固有ベクトルの自由度が等しい場合

A の固有方程式 (10.7) は，実係数の 2 次方程式となるから，異なる二つの実数解をもつか，実数解を重複してもつか，異なる二つの複素数解をもつかのいずれかである．複素数解をもつ場合は，$\mathbb{R}^2$ の線形変換の固有値としては除外される．実数解の場合には，求められた固有値を式 (10.8) に代入した斉次連立 1 次方程式の解の自由度は 1 または 2 である．

例 1 から例 3 までの行列は $\begin{pmatrix} k & 0 \\ 0 & k \end{pmatrix}$ の形をしていて，その固有方程式は

$$(\lambda - k)^2 = 0$$

であるから，$\lambda = k$ が重複度 2 の解である．固有ベクトルの方程式は

$$\begin{cases} 0x + 0y = 0 \\ 0x + 0y = 0 \end{cases}$$

となり，x, y は任意の値をとりうるから，解の自由度は 2 で，すべてのベクトルが固有値 k に対応する固有ベクトルとなる．これらの例では，固有値 k の固有方程式での重複度と，対応する固有ベクトルの斉次連立 1 次方程式での解の自由度とはともに 2 である．

例 4 と例 5 では，図 10-4 と図 10-7 からも読み取れるように，固有値は二つあって，対応する固有ベクトルもそれぞれ異なる方向の直線上にある．これらの例ではどの固有値 $\lambda = k$ についても，固有方程式での重複度と，対応する固有ベクトルの斉次連立 1 次方程式での解の自由度とはともに 1 である．

例 6 と例 7 では，（$\mathbb{R}^2$ の線形変換としては）固有値も固有ベクトルも存在しない．

〔2〕固有値の重複度と固有ベクトルの自由度が異なる場合

固有値は重複して1個であるが，つまり，固有方程式での解の重複度は2であるが，固有ベクトルの斉次連立1次方程式の解としての自由度が1となる例を二つ挙げよう．

●●● 例8 ●●● 行列 $\begin{pmatrix} 2 & 1 \\ 0 & 2 \end{pmatrix}$ の固有方程式は

$$(\lambda - 2)^2 = 0$$

であり，$\lambda = 2$ は重複度2の固有値である．固有ベクトルの方程式は

$$\begin{cases} 0x + y = 0 \\ 0x + 0y = 0 \end{cases}$$

となり，$y = 0$ で x は任意の値をとりうる．$x = \alpha$ とおけば，

$$\begin{pmatrix} x \\ y \end{pmatrix} = \begin{pmatrix} \alpha \\ 0 \end{pmatrix} = \alpha \begin{pmatrix} 1 \\ 0 \end{pmatrix}$$

となり，固有ベクトルの自由度は1である．図 10-10 右図の実線の曲線は，回転角が $0, \pi$ のときだけ点線の直線と共有点をもち，x 軸方向のベクトルが固有ベクトルとなる．

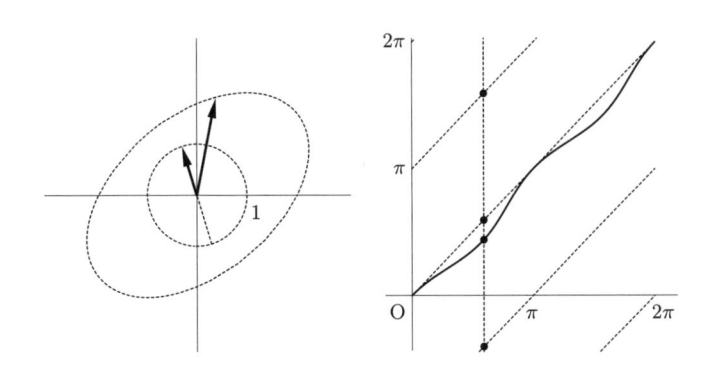

図 10-10 右図の実線の曲線は点線の直線と $t = 0, \pi$ で接する

図 10-11 に見るように，単位円周は潰れないで楕円に移されるのだが，x 軸方向以外のベクトルは自分自身とは別な方向に移される．

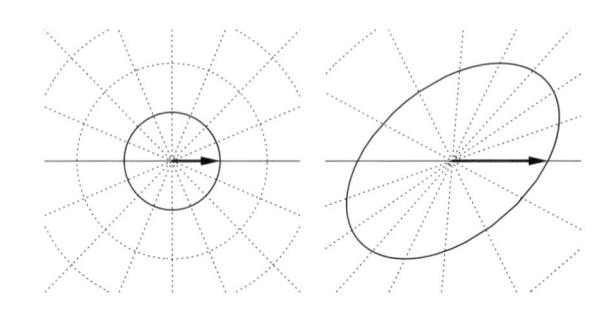

図 10-11　固有ベクトルは 1 方向のみ

●●● 例9 ●●●　行列 $\begin{pmatrix} 0 & 1 \\ 0 & 0 \end{pmatrix}$ の固有方程式は

$$\lambda^2 = 0$$

であり，$\lambda = 0$ が重複度 2 の固有値である（図 10-12）．固有ベクトルの方程式は

$$\begin{cases} 0x + y = 0 \\ 0x + 0y = 0 \end{cases}$$

となり，上の例と同様に $y = 0$ で x は任意の値をとりうるから，固有ベクトルの自由度は 1 で，$\begin{pmatrix} 1 \\ 0 \end{pmatrix}$ の方向だけとなる．

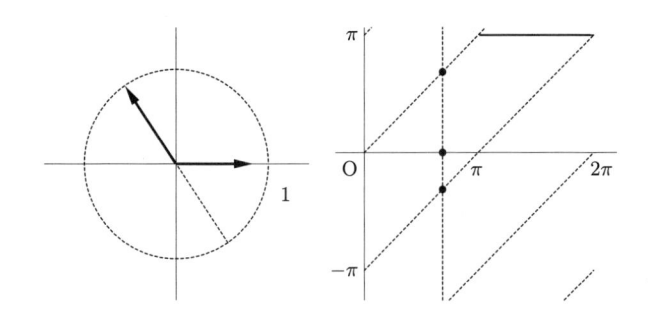

図 10-12　$t = 0, \pi$ のみで $A\mathbf{p} = \mathbf{q}$ は $\mathbf{0}$ になる

平面の点はすべて x 軸上に移され，したがって x 軸上にないベクトルは自分自身とは別な方向に移される．x 軸上のベクトルはすべて原点に移され，固有値 0 に対応した固有ベクトルとなる（図 10-13）．

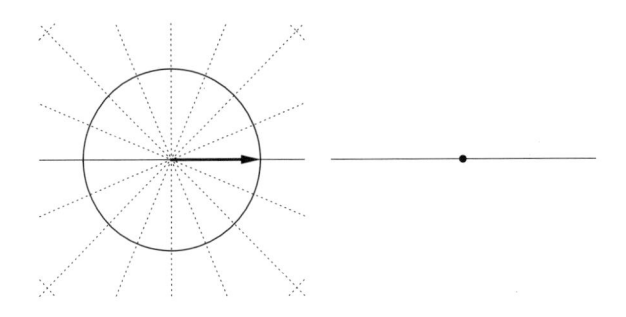

図 10-13 平面全体が x 軸に移され，x 軸は原点に移される

問題 10.3 次の行列の固有値・固有ベクトルを複素数の範囲で求めよ（注意：固有ベクトルの表現は 1 通りに限らない）．

(1) $\begin{pmatrix} 1 & 3 \\ 0 & 1 \end{pmatrix}$ (2) $\begin{pmatrix} 0 & 0 \\ 4 & 0 \end{pmatrix}$ (3) $\begin{pmatrix} 0 & 0 & 1 \\ 0 & 1 & 0 \\ 1 & 0 & 0 \end{pmatrix}$

(4) $\begin{pmatrix} 0 & 0 & -1 \\ 0 & 1 & 0 \\ 1 & 0 & 0 \end{pmatrix}$ (5) $\begin{pmatrix} 0 & 0 & 1 \\ 0 & 1 & 1 \\ 1 & 0 & 0 \end{pmatrix}$

10.4 実対称行列の対角化

ここでは，固有ベクトルを用いて正方行列を標準化することを考える．これは次の章で述べる 2 次曲線・2 次曲面の分類などに応用される．

〔1〕定理

実数を成分とする対称行列を，簡単に**実対称行列**という．ここの目的は実対称行列の固有値と固有ベクトルについての定理 10.7 を示すことであるが，段階を追っていくつか定理に分けて示そう．証明は簡単のため 2 次について述べるが，これらの定理自体は n 次実対称行列について一般に成り立つ．

❧ 定理 10.3 ❧
実対称行列の固有値はすべて実数である．

【証明】 A を 2 次の実対称行列とする．
$$A = \begin{pmatrix} a & b \\ b & d \end{pmatrix}, \quad a, b, d \in \mathbb{R} \tag{10.11}$$

A の固有方程式 (10.7) は
$$\lambda^2 - (a+d)\lambda + ad - b^2 = 0 \tag{10.12}$$

となり，2 次方程式としての判別式は
$$D = (a+d)^2 - 4(ad - b^2) = (a-d)^2 + 4b^2 \geqq 0 \tag{10.13}$$

であるから，A の固有値は実数である． ■

❧ 定理 10.4 ❧
λ, μ が実対称行列 A の異なる固有値であれば，λ に対応する固有ベクトルと μ に対応する固有ベクトルは互いに垂直である．

【証明】 行列 A が式 (10.11) の形で与えられているとし，$\mathbf{p} = \begin{pmatrix} p_1 \\ p_2 \end{pmatrix}, \mathbf{q} = \begin{pmatrix} q_1 \\ q_2 \end{pmatrix}$ をそれぞれ λ, μ に対応する A の固有ベクトルとする．つまり
$$A\mathbf{p} = \lambda\mathbf{p} \ (\mathbf{p} \neq \mathbf{0}), \quad A\mathbf{q} = \mu\mathbf{q} \ (\mathbf{q} \neq \mathbf{0})$$

このとき，内積 $\cdot$ に関して
$$A\mathbf{p} \cdot \mathbf{q} = \begin{pmatrix} a & b \\ b & d \end{pmatrix}\begin{pmatrix} p_1 \\ p_2 \end{pmatrix} \cdot \begin{pmatrix} q_1 \\ q_2 \end{pmatrix} = ap_1q_1 + b(p_2q_1 + p_1q_2) + dp_2q_2$$
$$\mathbf{p} \cdot A\mathbf{q} = \begin{pmatrix} p_1 \\ p_2 \end{pmatrix} \cdot \begin{pmatrix} a & b \\ b & d \end{pmatrix}\begin{pmatrix} q_1 \\ q_2 \end{pmatrix} = ap_1q_1 + b(p_2q_1 + p_1q_2) + dp_2q_2$$

したがって
$$A\mathbf{p} \cdot \mathbf{q} = \mathbf{p} \cdot A\mathbf{q}$$

一方,

$$A\mathbf{p} \cdot \mathbf{q} = (\lambda \mathbf{p}) \cdot \mathbf{q} = \lambda(\mathbf{p} \cdot \mathbf{q})$$
$$\mathbf{p} \cdot A\mathbf{q} = \mathbf{p} \cdot (\mu \mathbf{q}) = \mu(\mathbf{p} \cdot \mathbf{q})$$

ゆえに

$$\lambda(\mathbf{p} \cdot \mathbf{q}) = \mu(\mathbf{p} \cdot \mathbf{q}) \qquad \therefore \quad (\lambda - \mu)(\mathbf{p} \cdot \mathbf{q}) = 0$$

$\lambda \neq \mu$ より $\mathbf{p} \cdot \mathbf{q} = 0$. よって, $\mathbf{p}$ と $\mathbf{q}$ は垂直である. ∎

❖ 定理 10.5 ❖
実対称行列 A に対し, $P^{-1}AP$ が対角行列となるような直交行列 P が存在する.

【証明】 まず初めに, 固有値が式 (10.12) の重複解となっている場合には

$$D = (a-d)^2 + 4b^2 = 0$$

したがって, $a = d$, $b = 0$ だから,

$$A = \begin{pmatrix} a & 0 \\ 0 & a \end{pmatrix}$$

となり, A は初めから対角行列であるから, 直交行列 P としては単位行列 E をとればよい.

次に, 固有値 λ, μ が式 (10.12) の異なる二つの実数解となっている場合には, λ, μ に対応する固有ベクトルをそれぞれ $\mathbf{p} = \begin{pmatrix} p_1 \\ p_2 \end{pmatrix}$, $\mathbf{q} = \begin{pmatrix} q_1 \\ q_2 \end{pmatrix}$ とする. 固有ベクトルは零ベクトルではないから, 必要ならばその長さで割って, $\mathbf{p}$, $\mathbf{q}$ は単位ベクトルであるとしてよい. このとき, 定理 10.4 から $\mathbf{p}$ と $\mathbf{q}$ は互いに垂直である. ここで, $\mathbf{p}$, $\mathbf{q}$ を列ベクトルとする 2 次の正方行列を

$$P = (\mathbf{p} \, \mathbf{q}) = \begin{pmatrix} p_1 & q_1 \\ p_2 & q_2 \end{pmatrix}$$

とおくと, 8.3 節 [3] に述べたように, P は直交行列である. このとき, 分割表示された行列の積に関する定理 3.2 (p.59) に注意して計算すれば

$$^tPAP = {}^tPA(\mathbf{p}\,\mathbf{q}) = {}^tP(A\mathbf{p}\,A\mathbf{q}) = \begin{pmatrix} {}^t\mathbf{p} \\ {}^t\mathbf{q} \end{pmatrix}(\lambda\mathbf{p}\,\mu\mathbf{q})$$

一般に，列ベクトル $\mathbf{a}$, $\mathbf{b}$ に関して ${}^t\mathbf{a}\mathbf{b} = \mathbf{a}\cdot\mathbf{b}$ だから

$$
{}^tPAP = \begin{pmatrix} \lambda\,{}^t\mathbf{p}\mathbf{p} & \mu\,{}^t\mathbf{p}\mathbf{q} \\ \lambda\,{}^t\mathbf{q}\mathbf{p} & \mu\,{}^t\mathbf{q}\mathbf{q} \end{pmatrix} = \begin{pmatrix} \lambda\mathbf{p}\cdot\mathbf{p} & \mu\mathbf{p}\cdot\mathbf{q} \\ \lambda\mathbf{q}\cdot\mathbf{p} & \mu\mathbf{q}\cdot\mathbf{q} \end{pmatrix} = \begin{pmatrix} \lambda & 0 \\ 0 & \mu \end{pmatrix}
$$

したがって A は対角行列である． ∎

❖ **定理 10.6** ❖

λ が実対称行列 A の固有値であるとき，固有方程式

$\quad |A - \lambda E| = 0$

の解としての λ の重複度と，この λ を代入した固有ベクトルの斉次連立 1 次方程式

$\quad (A - \lambda E)\mathbf{x} = \mathbf{0}$

の解の自由度は等しい．

【証明】 λ の重複度が 2 の場合は，定理 10.5 の証明の前段から $A = \begin{pmatrix} a & 0 \\ 0 & a \end{pmatrix}$ となり，10.3 節〔1〕に述べたように固有ベクトルの方程式の解の自由度は 2 である．

次に，λ の重複度が 1 である場合を考える．行列 A が式 (10.11) の形であるとして，固有ベクトルの方程式にこの λ を代入すれば

$$
\begin{cases} (a-\lambda)x + by = 0 \\ bx + (d-\lambda)y = 0 \end{cases} \tag{10.14}
$$

この方程式は非自明な解（λ に対応する固有ベクトル）をもつから，係数行列

$\quad B = \begin{pmatrix} a-\lambda & b \\ b & d-\lambda \end{pmatrix}$

の階数は 2 ではない．もし $b \neq 0$ なら B の階数は 1 である．もし $b = 0$ なら $d \neq a$ である．なぜなら $b = 0$, $d = a$ ならば初めの場合に帰着し，λ の重複度が 2 になるからである．したがって，$(a-\lambda)$ と $(d-\lambda)$ のうち少なくとも一方は 0 でない．ゆえに，B の階数は 1 である．

いずれにしても定理 7.4 (p.125) により，固有ベクトルに関する方程式 (10.8) の解の自由度は 1 である． ∎

以上をまとめて述べると，次の定理となる．

♣ 定理 10.7 ♣

A が実対称行列であれば，A の固有値はすべて実数であり，長さ 1 の固有ベクトルを列ベクトルとする直交行列 P をとって，${}^tPAP$ が対角行列となるようにできる．このとき，対角成分には A の固有値が対応する順序で並ぶ．

【証明】　固有方程式が重複解 λ をもつ場合には，固有ベクトルとして $\mathbf{p} = \begin{pmatrix} 1 \\ 0 \end{pmatrix}$ と $\mathbf{q} = \begin{pmatrix} 0 \\ 1 \end{pmatrix}$ をとり

$$P = \begin{pmatrix} \mathbf{p} & \mathbf{q} \end{pmatrix} = \begin{pmatrix} 1 & 0 \\ 0 & 1 \end{pmatrix} = E$$

とおけば

$$ {}^tPAP = \begin{pmatrix} \lambda & 0 \\ 0 & \lambda \end{pmatrix}$$

固有方程式が異なる解 $\lambda,\ \mu$ をもつ場合には，$\lambda,\ \mu$ に対応する長さ 1 の固有ベクトル $\mathbf{p},\ \mathbf{q}$ をとり，上と同様に P を定めれば次の形となる．

$$ {}^tPAP = \begin{pmatrix} \lambda & 0 \\ 0 & \mu \end{pmatrix}$$
∎

〔2〕例

以上の議論を踏まえて，実対称行列の対角化の例を二つ挙げる．

例題 10.1　行列 $A = \begin{pmatrix} 1 & 3 \\ 3 & 1 \end{pmatrix}$ を対角化せよ．

解答　固有方程式は

$$\begin{vmatrix} 1-\lambda & 3 \\ 3 & 1-\lambda \end{vmatrix} = \lambda^2 - 2\lambda - 8 = (\lambda+2)(\lambda-4) = 0$$

よって $\lambda = -2,\ 4$ となる．

$\lambda = -2$ のとき，固有ベクトルの方程式は

$$\begin{pmatrix} 3 & 3 \\ 3 & 3 \end{pmatrix} \begin{pmatrix} x \\ y \end{pmatrix} = \begin{pmatrix} 0 \\ 0 \end{pmatrix}$$

であり，固有ベクトル $\begin{pmatrix} -1 \\ 1 \end{pmatrix}$ を得る．これをその長さで割って長さ 1 の固有ベクトル $\begin{pmatrix} -1/\sqrt{2} \\ 1/\sqrt{2} \end{pmatrix}$ が得られる．

同様に，$\lambda = 4$ より長さ 1 の固有ベクトル $\begin{pmatrix} 1/\sqrt{2} \\ 1/\sqrt{2} \end{pmatrix}$ が得られる．この二つの固有ベクトルを列ベクトルとする直交行列は

$$P = \frac{1}{\sqrt{2}} \begin{pmatrix} -1 & 1 \\ 1 & 1 \end{pmatrix}$$

このとき

$${}^t P A P = \begin{pmatrix} -2 & 0 \\ 0 & 4 \end{pmatrix}$$

前項の冒頭（p.195）にも述べたように，定理 10.3 から定理 10.7 の命題は一般の次数の実対称行列について成り立つ．定理 10.7 を用いて 3 次の実対称行列の対角化の例を挙げよう．

例題 10.2 行列 $A = \begin{pmatrix} 0 & -1 & 1 \\ -1 & 0 & 1 \\ 1 & 1 & 0 \end{pmatrix}$ を対角化せよ．

解答 A の固有方程式は

$$0 = \begin{vmatrix} -\lambda & -1 & 1 \\ -1 & -\lambda & 1 \\ 1 & 1 & -\lambda \end{vmatrix} = -\lambda^3 + 3\lambda - 2 = -(\lambda - 1)^2(\lambda + 2)$$

$\therefore \lambda = 1 \,(2\,\text{重解}), \ \lambda = -2$

まず，$\lambda = 1$ の場合には，固有ベクトルを求める式は

$$\begin{pmatrix} -1 & -1 & 1 \\ -1 & -1 & 1 \\ 1 & 1 & -1 \end{pmatrix} \begin{pmatrix} x \\ y \\ z \end{pmatrix} = \begin{pmatrix} 0 \\ 0 \\ 0 \end{pmatrix}$$

これより
$$x+y-z=0$$
$z=\alpha$, $y=\beta$ とおくと $x=\alpha-\beta$ で
$$\begin{pmatrix} x \\ y \\ z \end{pmatrix} = \begin{pmatrix} \alpha-\beta \\ \beta \\ \alpha \end{pmatrix} = \alpha \begin{pmatrix} 1 \\ 0 \\ 1 \end{pmatrix} + \beta \begin{pmatrix} -1 \\ 1 \\ 0 \end{pmatrix}$$

したがって，対応する固有ベクトルとして $\mathbf{a}_1 = \begin{pmatrix} 1 \\ 0 \\ 1 \end{pmatrix}$, $\mathbf{a}_2 = \begin{pmatrix} -1 \\ 1 \\ 0 \end{pmatrix}$ をとることができる．

次に，$\lambda = -2$ の場合には，固有ベクトルを求める式は
$$\begin{pmatrix} 2 & -1 & 1 \\ -1 & 2 & 1 \\ 1 & 1 & 2 \end{pmatrix} \begin{pmatrix} x \\ y \\ z \end{pmatrix} = \begin{pmatrix} 0 \\ 0 \\ 0 \end{pmatrix}$$

これより
$$\begin{cases} 2x - y + z = 0 \\ -x + 2y + z = 0 \end{cases}$$
$z = \gamma$ とおくと $x = y = -\gamma$ で
$$\begin{pmatrix} x \\ y \\ z \end{pmatrix} = \begin{pmatrix} -\gamma \\ -\gamma \\ \gamma \end{pmatrix} = \gamma \begin{pmatrix} -1 \\ -1 \\ 1 \end{pmatrix}$$

したがって，対応する固有ベクトルとして $\mathbf{a}_3 = \begin{pmatrix} -1 \\ -1 \\ 1 \end{pmatrix}$ をとることができる．

A は実対称行列であるから，定理 10.4 により，二つの異なる固有値 1, -2 に対応する固有ベクトルは垂直で，$\mathbf{a}_3 \perp \mathbf{a}_1$ $\mathbf{a}_3 \perp \mathbf{a}_2$ となる．$\mathbf{a}_1 \perp \mathbf{a}_2$ とは限らないので，$\mathbf{a}_1$, $\mathbf{a}_2$ を変形して互いに垂直で長さ 1 となるようにする．まず，
$$\mathbf{b}_1 = \frac{\mathbf{a}_1}{|\mathbf{a}_1|} = \frac{1}{\sqrt{2}} \begin{pmatrix} 1 \\ 0 \\ 1 \end{pmatrix}$$

とおくと，$\mathbf{b}_1$ は $\mathbf{a}_1$ 方向の単位ベクトルとなる．次に

$$\mathbf{b}'_2 = \mathbf{a}_2 - (\mathbf{a}_2 \cdot \mathbf{b}_1)\mathbf{b}_1 = \frac{1}{2}\begin{pmatrix} -1 \\ 2 \\ 1 \end{pmatrix}$$

とおくと，$\mathbf{b}'_2 \perp \mathbf{b}_1$，$\mathbf{b}'_2 \perp \mathbf{a}_3$ である．さらに，

$$\mathbf{b}_2 = \frac{\mathbf{b}'_2}{|\mathbf{b}'_2|} = \frac{1}{\sqrt{6}}\begin{pmatrix} -1 \\ 2 \\ 1 \end{pmatrix}, \quad \mathbf{b}_3 = \frac{\mathbf{a}_3}{|\mathbf{a}_3|} = \frac{1}{\sqrt{3}}\begin{pmatrix} -1 \\ -1 \\ 1 \end{pmatrix}$$

とおけば，$\{\mathbf{b}_1, \mathbf{b}_2, \mathbf{b}_3\}$ は正規直交系，つまり互いに垂直で長さ 1 のベクトルの組となる．したがって $\mathbf{b}_1$，$\mathbf{b}_2$，$\mathbf{b}_3$ を列ベクトルとする 3 次の正方行列を P とおくと，8.3 節〔3〕に述べたように P は直交行列となる．このとき

$$P = \begin{pmatrix} \frac{1}{\sqrt{2}} & \frac{-1}{\sqrt{6}} & \frac{-1}{\sqrt{3}} \\ 0 & \frac{2}{\sqrt{6}} & \frac{-1}{\sqrt{3}} \\ \frac{1}{\sqrt{2}} & \frac{1}{\sqrt{6}} & \frac{1}{\sqrt{3}} \end{pmatrix}, \quad {}^tPAP = \begin{pmatrix} 1 & 0 & 0 \\ 0 & 1 & 0 \\ 0 & 0 & -2 \end{pmatrix}$$

となり，A は対角化された．

　行列 A が 3 次の実対称行列の場合，固有方程式は 3 次方程式だから，固有値は重複度をこめて 3 個あり，それらは定理 10.3 からすべて実数である．例題 10.2 では，重複度 2 の固有値を一つと重複度 1 の固有値を一つもっていた．その他の場合については例題は挙げないが，次のようにすればよい．

　重複度 3 の固有値 λ を一つもっている場合には，定理 10.6 から λ に対応する固有ベクトルの自由度は 3 だから，すべてのベクトルが λ に対応する固有ベクトルとなる．つまり，A は相似拡大（縮小）に対応する行列で初めから対角行列でなければならない．

　A が重複度 1 の固有値を三つもつ場合には，対応する固有ベクトルは互いに垂直だから，それらを単位ベクトルに直せば，求める直交行列が得られる．

　4 次以上の場合も，基本的には考え方は同じである．

〔3〕参考：シュミットの直交化

例題 10.2 の解の途中に登場した，三つのベクトルから正規直交系を作る方法は，いわゆるシュミットの直交化の特別の場合である．簡単に紹介しておこう．

$\{\mathbf{a}_1, \mathbf{a}_2, \cdots, \mathbf{a}_n\}$ が $\mathbb{R}^n$ の基底であるとする．このとき，$\{\mathbf{b}_1, \mathbf{b}_2, \cdots, \mathbf{b}_n\}$ を帰納的に

$$\mathbf{b}_1 = \mathbf{a}_1, \quad \mathbf{b}_k = \mathbf{a}_k - \sum_{i=1}^{k-1} \frac{\mathbf{a}_k \cdot \mathbf{b}_i}{\mathbf{b}_i \cdot \mathbf{b}_i} \mathbf{b}_i \quad (k = 2, 3, \cdots, n) \tag{10.15}$$

で定めると，

$$\left\{ \frac{\mathbf{b}_1}{|\mathbf{b}_1|}, \frac{\mathbf{b}_2}{|\mathbf{b}_2|}, \cdots, \frac{\mathbf{b}_n}{|\mathbf{b}_n|} \right\} \tag{10.16}$$

は $\mathbb{R}^n$ の正規直交基底となる．この操作を**シュミット**（Schmidt）**の直交化**という．

問題 10.4　次の実対称行列を対角化せよ．

(1) $\begin{pmatrix} 4 & 1 \\ 1 & 4 \end{pmatrix}$　(2) $\begin{pmatrix} 3 & 1 \\ 1 & 3 \end{pmatrix}$　(3) $\begin{pmatrix} 2 & -2 \\ -2 & 5 \end{pmatrix}$

(4) $\begin{pmatrix} 1 & -3 \\ -3 & 1 \end{pmatrix}$　(5) $\begin{pmatrix} 0 & 1 & 1 \\ 1 & 0 & 1 \\ 1 & 1 & 0 \end{pmatrix}$　(6) $\begin{pmatrix} 1 & 3 & 2 \\ 3 & 1 & 2 \\ 2 & 2 & -3 \end{pmatrix}$

章末問題

1 次の行列を対角化せよ．

(1) $\begin{pmatrix} 0 & 1 \\ 1 & 0 \end{pmatrix}$ (2) $\begin{pmatrix} 1 & -1 & 0 \\ -1 & 2 & -1 \\ 0 & -1 & 1 \end{pmatrix}$ (3) $\begin{pmatrix} 1 & 1 & -1 \\ 1 & 1 & 1 \\ -1 & 1 & 1 \end{pmatrix}$

2 定理 10.4 を n 次実対称行列 $A = (a_{ij})$ について証明せよ．

☞ $n = 2$ の場合の証明をほぼそのまま一般の n について書き直せばよい．

3 2 次の実正方行列 A の固有値が a, b $(a \neq b)$ であるとき，A の定める xy 平面の線形変換 f は，x 軸方向へ a 倍，y 軸方向へ b 倍に拡大（あるいは縮小）する写像 φ と原点のまわりの回転 ρ の合成で，$f = \rho^{-1} \circ \varphi \circ \rho$ の形で表されることを示せ．

4 $\mathbf{a} = \begin{pmatrix} -2 \\ 1 \\ 1 \end{pmatrix}$, $\mathbf{b} = \begin{pmatrix} 0 \\ -1 \\ 1 \end{pmatrix}$, $\mathbf{c} = \begin{pmatrix} 1 \\ 1 \\ 1 \end{pmatrix}$ とするとき，以下の問に答えよ．

(1) $\mathbf{a}$, $\mathbf{b}$, $\mathbf{c}$ は互いに垂直であることを示せ．
(2) $\dfrac{\mathbf{a}}{|\mathbf{a}|}$, $\dfrac{\mathbf{b}}{|\mathbf{b}|}$, $\dfrac{\mathbf{c}}{|\mathbf{c}|}$ を列ベクトルとする直交行列 P を求めよ．
(3) $\mathbf{a}$, $\mathbf{b}$, $\mathbf{c}$ がそれぞれ固有値 -1, 1, 2 に対応する固有ベクトルであるような 3 次正方行列 A を求めよ．

5 $\mathbf{a}_1, \mathbf{a}_2, \cdots, \mathbf{a}_n$ が $\mathbb{R}^n$ の基底ならば，シュミットの直交化の過程の式 (10.15) で得られる $\mathbf{b}_1, \mathbf{b}_2, \cdots, \mathbf{b}_n$ は，いずれも $\mathbf{0}$ でなく，互いに垂直であることを示せ．

6 $\left\{ \begin{pmatrix} 1 \\ 1 \\ 0 \end{pmatrix}, \begin{pmatrix} 1 \\ 0 \\ 1 \end{pmatrix}, \begin{pmatrix} 0 \\ 1 \\ 1 \end{pmatrix} \right\}$ をシュミットの方法で直交化せよ．

第 11 章

固有値の応用

 固有値・固有ベクトルはさまざまな形で応用されるのだが，この章でその一端を紹介しよう．第 10 章で見たように，実対称行列は固有ベクトルを用いて対角化される．この対角化を用いれば 2 次式を標準化することができ，さらに 2 次式の表す曲線や曲面を分類することができる．また，固有ベクトルを用いると，ある種の連立微分方程式を解くことができ，その応用として連成振動（いくつかのバネを連結したときの振動）を解析することができる．

 キーワード 2 次形式，2 次形式の標準化，座標変換，2 次曲線・2 次曲面の標準化，連立微分方程式，連成振動．

11.1 2 次形式の標準化

〔1〕2 次形式

 x, y を変数とするとき，x, y の 2 次同次式（2 次斉次式），つまり 2 次の項のみをもち 1 次や 0 次の項（定数項）をもたない 2 次式

$$Q = ax^2 + 2bxy + cy^2, \quad a, b, c \in \mathbb{R} \tag{11.1}$$

を x, y の **2 次形式**という．xy の項の係数を b としないで $2b$ としてあるのは，議論を進める中で分数の係数が繰り返し出てくるのを避けるためである．係数 $a, b,$

c は実数であるとしておく．2次形式の図形的な意味合いは，2次曲線の標準化として後述することとし，当面は式の上でのみ議論を進める．

式 (11.1) の 2 次形式 Q に対し，行列 A と列ベクトル $\mathbf{x}$ を

$$A = \begin{pmatrix} a & b \\ b & c \end{pmatrix}, \quad \mathbf{x} = \begin{pmatrix} x \\ y \end{pmatrix} \tag{11.2}$$

で定めると，Q は行列の積を用いて

$$Q = \begin{pmatrix} x & y \end{pmatrix} \begin{pmatrix} a & b \\ b & c \end{pmatrix} \begin{pmatrix} x \\ y \end{pmatrix} = {}^t\mathbf{x} A \mathbf{x} \tag{11.3}$$

と表すことができる．この 2 次の対称行列 A を **2 次形式 Q の行列**という．2 次形式の行列が対角行列 $\begin{pmatrix} a & 0 \\ 0 & c \end{pmatrix}$ であるときには，

$$Q = ax^2 + cy^2 \tag{11.4}$$

となる．このような式を **2 次形式の標準形**という．

一般に，n 個の変数 $x_1, \cdots, x_n$ の 2 次形式は次の形で定義される．

$$Q = \sum_{i=1}^{n} a_{ii}(x_i)^2 + 2\sum_{i<j} a_{ij} x_i x_j \tag{11.5}$$

ただし，$\sum_{i<j}$ は 1 から n までの番号 i, j で $i < j$ となるようなものについての和をとることを表す．また，2 次形式 Q の行列を，$i > j$ となる番号に対しては $a_{ij} = a_{ji}$ とおいて得られる対称行列

$$A = (a_{ij}) = \begin{pmatrix} a_{11} & \cdots & a_{1n} \\ \vdots & & \vdots \\ a_{n1} & \cdots & a_{nn} \end{pmatrix} \tag{11.6}$$

であると定義し，$\mathbf{x} = \begin{pmatrix} x_1 \\ \vdots \\ x_n \end{pmatrix}$ とおけば

$$Q = {}^t\mathbf{x} A \mathbf{x} \tag{11.7}$$

と表される．以下では主に $n = 2$ で説明するが，一般の n でも考え方は同様である．

例題 11.1　2次形式 $Q = 2x^2 - 6xy + 3y^2$ を行列の積で表せ．

解答　$Q = 2x^2 + 2 \times (-3)xy + 3y^2 = \begin{pmatrix} x & y \end{pmatrix} \begin{pmatrix} 2 & -3 \\ -3 & 3 \end{pmatrix} \begin{pmatrix} x \\ y \end{pmatrix}$

〔2〕2次形式の標準化

変数 x, y と直交行列 $P = \begin{pmatrix} a & b \\ c & d \end{pmatrix}$ に対し，関係式

$$\begin{pmatrix} x \\ y \end{pmatrix} = P \begin{pmatrix} \bar{x} \\ \bar{y} \end{pmatrix} \tag{11.8}$$

つまり

$$\begin{cases} x = a\bar{x} + b\bar{y} \\ y = c\bar{x} + d\bar{y} \end{cases}$$

を満たすように新しい変数 $\bar{x}, \bar{y}$ を定めることを，x, y から $\bar{x}, \bar{y}$ への**変数の直交変換**という．式 (11.8) の両辺に左から P^{-1} をかければ

$$\begin{pmatrix} \bar{x} \\ \bar{y} \end{pmatrix} = P^{-1} \begin{pmatrix} x \\ y \end{pmatrix} \tag{11.9}$$

と表すことができることに注意せよ．

2次形式 $Q = ax^2 + 2bxy + cy^2$ に対し，直交行列 P をうまい具合に選び，P による直交変換で x, y を新しい変数 $\bar{x}, \bar{y}$ に変換し

$$Q = \bar{a}\bar{x}^2 + \bar{c}\bar{y}^2$$

のように，Q を $\bar{x}, \bar{y}$ について標準形に置き換えることを，**2次形式の標準化**という．

❖ **定理 11.1** ❖

実対称行列 A によって定まる2次形式 $Q = {}^t\mathbf{x}A\mathbf{x}$ に対し，定理 10.7 (p.199) で述べたように A の単位固有ベクトルからなる直交行列 P をとれば，P による直交変換 $\mathbf{x} = P\bar{\mathbf{x}}$ によって Q は標準化される．

【証明】 $n=2$ として述べるが，一般の場合も同様である．A の固有値を λ, μ とし，対応する長さ 1 の固有ベクトルをそれぞれ $\mathbf{p} = \begin{pmatrix} p_{11} \\ p_{21} \end{pmatrix}$, $\mathbf{q} = \begin{pmatrix} p_{12} \\ p_{22} \end{pmatrix}$ とすれば，定理 10.7 により

$$P = (\mathbf{p}\ \mathbf{q}) = \begin{pmatrix} p_{11} & p_{12} \\ p_{21} & p_{22} \end{pmatrix} \implies {}^tPAP = \begin{pmatrix} \lambda & 0 \\ 0 & \mu \end{pmatrix}$$

$\bar{\mathbf{x}} = P^{-1}\mathbf{x}$ および ${}^tP = P^{-1}$ であり，また一般に ${}^t(AB) = {}^tB\,{}^tA$ であることに注意して計算すれば

$$Q = {}^t\mathbf{x}A\mathbf{x} = {}^t\mathbf{x}(PP^{-1})A(PP^{-1})\mathbf{x} = ({}^t\mathbf{x}P)({}^tPAP)(P^{-1}\mathbf{x})$$
$$= {}^t({}^tP\mathbf{x})({}^tPAP)(P^{-1}\mathbf{x}) = {}^t\bar{\mathbf{x}}({}^tPAP)\bar{\mathbf{x}}$$
$$= \begin{pmatrix} \bar{x} & \bar{y} \end{pmatrix} \begin{pmatrix} \lambda & 0 \\ 0 & \mu \end{pmatrix} \begin{pmatrix} \bar{x} \\ \bar{y} \end{pmatrix} = \lambda\bar{x}^2 + \mu\bar{y}^2$$

となり，標準化された． ∎

例題 11.2 2 次形式 $Q = x^2 + 6xy + y^2$ を標準化せよ．

解答 この 2 次形式の行列は

$$A = \begin{pmatrix} 1 & 3 \\ 3 & 1 \end{pmatrix}$$

である．例題 10.1（p.199）により，A は直交行列

$$P = \frac{1}{\sqrt{2}} \begin{pmatrix} -1 & 1 \\ 1 & 1 \end{pmatrix}$$

によって

$${}^tPAP = \begin{pmatrix} -2 & 0 \\ 0 & 4 \end{pmatrix}$$

のように対角化される．したがって

$$\begin{pmatrix} x \\ y \end{pmatrix} = \mathbf{x} = P\bar{\mathbf{x}} = \frac{1}{\sqrt{2}} \begin{pmatrix} -1 & 1 \\ 1 & 1 \end{pmatrix} \begin{pmatrix} \bar{x} \\ \bar{y} \end{pmatrix}$$

つまり

$$\begin{cases} x = \dfrac{1}{\sqrt{2}}(-\bar{x} + \bar{y}) \\ y = \dfrac{1}{\sqrt{2}}(\ \bar{x} + \bar{y}) \end{cases}$$

とおけば，Q は次のように標準化される．
$$Q = -2\bar{x}^2 + 4\bar{y}^2$$

〔3〕座標変換

上では x, y から $\bar{x}$, $\bar{y}$ への変数の直交変換 $\mathbf{x} = P\bar{\mathbf{x}}$ を単に式の上で捉えたが，座標平面上で考えると x 軸 y 軸を $\bar{x}$ 軸 $\bar{y}$ 軸に移動する座標変換となる．

図 11-1 に示すように，平面上に xy 座標をとり，x 軸 y 軸方向の単位ベクトルをそれぞれ

$$\mathbf{i} = \begin{pmatrix} 1 \\ 0 \end{pmatrix}, \quad \mathbf{j} = \begin{pmatrix} 0 \\ 1 \end{pmatrix}$$

とし，$\mathbf{i}$, $\mathbf{j}$ を直交行列

$$P = \begin{pmatrix} a & b \\ c & d \end{pmatrix}, \quad a^2 + c^2 = b^2 + d^2 = 1, \quad ab + cd = 0$$

の定める線形変換で移したベクトルを

$$\bar{\mathbf{i}} = P\mathbf{i}, \quad \bar{\mathbf{j}} = P\mathbf{j}$$

とおくと

$$\begin{aligned}
\bar{\mathbf{i}} &= \begin{pmatrix} a & b \\ c & d \end{pmatrix} \begin{pmatrix} 1 \\ 0 \end{pmatrix} = \begin{pmatrix} a \\ c \end{pmatrix} = a\mathbf{i} + c\mathbf{j} \\
\bar{\mathbf{j}} &= \begin{pmatrix} a & b \\ c & d \end{pmatrix} \begin{pmatrix} 0 \\ 1 \end{pmatrix} = \begin{pmatrix} b \\ d \end{pmatrix} = b\mathbf{i} + d\mathbf{j}
\end{aligned} \tag{11.10}$$

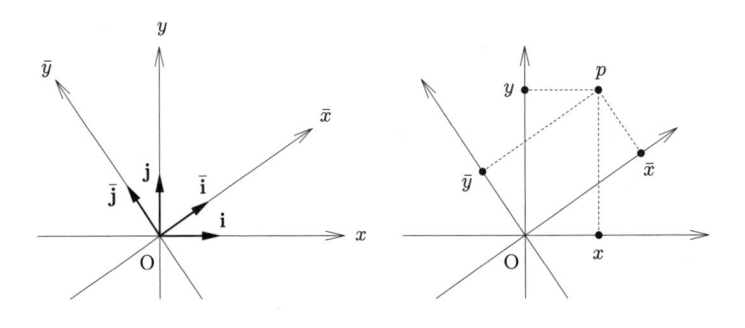

図 11-1　座標の直交変換 $(x, y) \to (\bar{x}, \bar{y})$

となる．$\bar{x}$軸 $\bar{y}$ 軸をそれぞれ $\bar{\mathbf{i}}, \bar{\mathbf{j}}$ 方向にとって，$\bar{x}\bar{y}$ 座標系を定める（図 11-1 左図）．

図 11-1 右図のように，平面上の点 p をとり，二つの座標系に関する座標を (x,y)，$(\bar{x},\bar{y})$ とすると，p の位置ベクトル $\mathbf{p}$ は

$$\mathbf{p} = x\mathbf{i} + y\mathbf{j}, \quad \mathbf{p} = \bar{x}\bar{\mathbf{i}} + \bar{y}\bar{\mathbf{j}}$$

と表される．第 2 式に式 (11.10) を代入して第 1 式と比較すると

$$x\mathbf{i} + y\mathbf{j} = (a\bar{x} + b\bar{y})\mathbf{i} + (c\bar{x} + d\bar{y})\mathbf{j}$$

したがって

$$\begin{cases} x = a\bar{x} + b\bar{y} \\ y = c\bar{x} + d\bar{y} \end{cases}$$

行列で表現すれば

$$\begin{pmatrix} x \\ y \end{pmatrix} = \begin{pmatrix} a & b \\ c & d \end{pmatrix} \begin{pmatrix} \bar{x} \\ \bar{y} \end{pmatrix}$$

つまり

$$\mathbf{x} = P\bar{\mathbf{x}}$$

となる．まとめると

❖ 定理 11.2 ❖

直交座標系 xy の x 軸 y 軸に，直交行列 P による線形変換を施して得られる座標系を，$\bar{x}\bar{y}$ 座標系とする．任意の点 p の xy 座標と $\bar{x}\bar{y}$ 座標それぞれ (x,y) と $(\bar{x},\bar{y})$ とすれば，次の関係が成り立つ．

$$\begin{pmatrix} x \\ y \end{pmatrix} = \begin{pmatrix} a & b \\ c & d \end{pmatrix} \begin{pmatrix} \bar{x} \\ \bar{y} \end{pmatrix} \tag{11.11}$$

8.1 節〔3〕の座標系を固定して線形変換を与える式 (8.7)（p.134）と，座標系を変換する式 (11.11) の相違に注意すること．

また，図 11-2 に示すように，座標軸を平行移動することによって得られる座標変換を，**座標の平行移動**という．

詳しくいえば，原点 O を x 軸方向に a，y 軸方向に b 平行移動した点を $\bar{\text{O}}$ とし，$\bar{\text{O}}$ を新しい原点として $\mathbf{i}$ 方向 $\mathbf{j}$ 方向にそれぞれ $\bar{x}$ 軸 $\bar{y}$ 軸をとる（図 11-2 左図）．

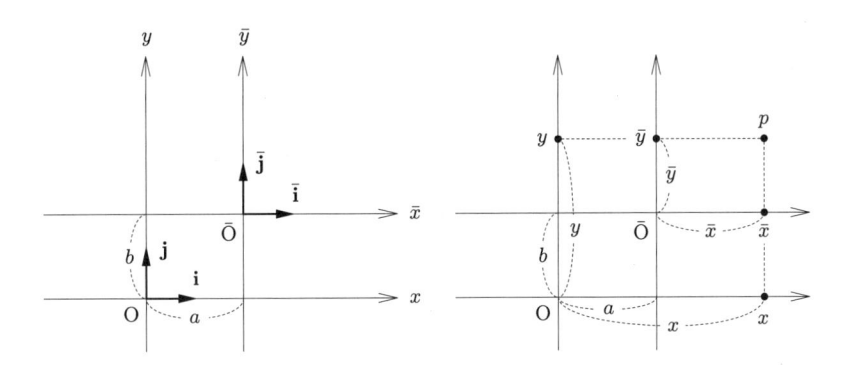

図 11-2　座標の平行移動

このとき，平面上の点 p は 2 通りの座標で $p(x,y)$, $p(\bar{x},\bar{y})$ のように表される（図 11-2 右図）．この平行移動により，座標は次のように変換される

$$\begin{cases} x = \bar{x} + a \\ y = \bar{y} + b \end{cases}$$

ベクトルで表せば

$$\begin{pmatrix} x \\ y \end{pmatrix} = \begin{pmatrix} \bar{x} \\ \bar{y} \end{pmatrix} + \begin{pmatrix} a \\ b \end{pmatrix} \tag{11.12}$$

今後は，原点の移動が起こりうる場合には，座標系を表すときに原点もこめて，O-xy 座標，$\bar{\text{O}}$-$\bar{x}\bar{y}$ 座標，などと表記することとする．

問題 11.1

(1) 次の 2 次形式を行列の積で表せ．

　　(a) $x^2 + 4xy + 3y^2$　　(b) $5x^2 + 3xy + y^2$

(2) 次の 2 次形式を標準化せよ．

　　(a) $3x^2 + 2xy + 3y^2$　　(b) $2x^2 - 4xy + 5y^2$

11.2　2次曲線の分類

[1] いくつかの例

xy 平面において，xy の2次方程式

$$ax^2 + 2bxy + cy^2 + px + qy + r = 0 \tag{11.13}$$

の表す図形を**2次曲線**という．ただし，a, b, c のうちの少なくとも一つは 0 でないとする．この図形の形を調べるため，座標の直交変換と平行移動を行ってこの2次方程式を標準化することを考える．

まずいくつかパターンに分けて例を挙げよう．

●●● 例1 ●●●　方程式

$$5x^2 - 6xy + 5y^2 + 10\sqrt{2}x - 22\sqrt{2}y + 42 = 0 \tag{11.14}$$

の表す曲線を考える．2次形式 $5x^2 - 6xy + 5y^2$ の行列 $\begin{pmatrix} 5 & -3 \\ -3 & 5 \end{pmatrix}$ の固有値は $2, 8$，固有ベクトルは $\begin{pmatrix} 1 \\ 1 \end{pmatrix}, \begin{pmatrix} -1 \\ 1 \end{pmatrix}$ であり，長さ 1 の固有ベクトルを列ベクトルとする直交行列は $P = \dfrac{1}{\sqrt{2}} \begin{pmatrix} 1 & -1 \\ 1 & 1 \end{pmatrix}$ となる．直交変換 $\mathbf{x} = P\bar{\mathbf{x}}$ を施して，つまり

$$x = \frac{1}{\sqrt{2}}(\bar{x} - \bar{y}), \quad y = \frac{1}{\sqrt{2}}(\bar{x} + \bar{y})$$

とおき，上の式に代入して整頓すると，

$$2\bar{x}^2 + 8\bar{y}^2 - 12\bar{x} - 32\bar{y} + 42 = 0$$

となり，$\bar{x}\bar{y}$ の項が消える．$\bar{x}$ の項，$\bar{y}$ の項をそれぞれ完全平方式に直せば，

$$(\bar{x} - 3)^2 + 4(\bar{y} - 2)^2 - 4 = 0 \tag{11.15}$$

ここで，座標の平行移動を行って $\tilde{x} = \bar{x} - 3, \tilde{y} = \bar{y} - 2$ とおくと

$$\tilde{x}^2 + 4\tilde{y}^2 - 4 = 0 \tag{11.16}$$

となり，楕円の標準形が得られた（図11-3左図）．

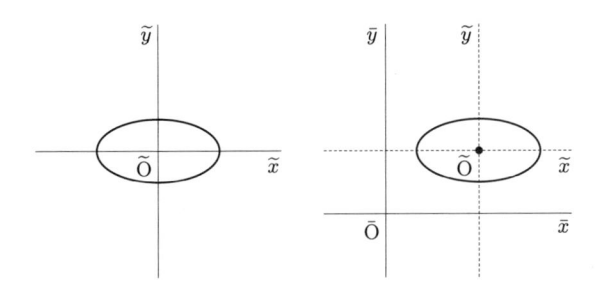

図11-3 標準形を平行移動

逆をたどると，まず座標系 $\widetilde{O}$-$\widetilde{x}\widetilde{y}$ において楕円(11.16)をとり（図11-3左図），それに座標の平行移動 $(\widetilde{x},\widetilde{y}) \to (\bar{x},\bar{y})$ を施して座標系 $\bar{O}$-$\bar{x}\bar{y}$ の楕円(11.15)を得る（図11-3右図）．

次に，座標系 $\bar{O}$-$\bar{x}\bar{y}$ の楕円(11.15)（図11-4左図）に座標の直交変換 $(\bar{x},\bar{y}) \to (x,y)$ を施して，座標系 O-xy における楕円(11.14)を得る（図11-4右図）．

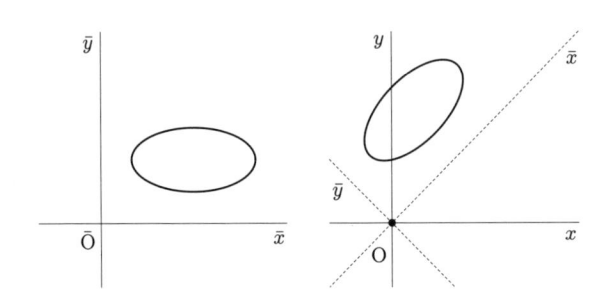

図11-4 直交変換を施す

結果から見れば，式(11.14)の表す曲線（図11-5左図の曲線）に対して，その図形に適合した座標系（今の場合には楕円の中心を通り，短軸・長軸方向の座標軸をもつ座標系）を見つけたことにほかならない（図11-5右図）．

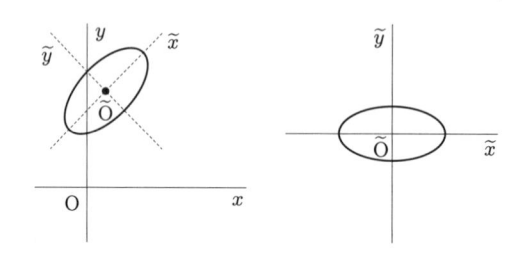

図 11-5 曲線に適合した座標系を見つける

⦿⦿⦿ 例2 ⦿⦿⦿ 次に，方程式

$$5x^2 - 6xy + 5y^2 + 10\sqrt{2}x - 22\sqrt{2}y + 50 = 0 \tag{11.17}$$

の表す曲線を考える．この式は，定数項を除いて式 (11.14) と同じである．例1と同じ直交変換と平行移動により

$$\widetilde{x}^2 + 4\widetilde{y}^2 = 0 \tag{11.18}$$

が得られる．これを満たす点は原点 $(0,0)$ のみであり，平行移動と直交変換で逆をたどれば，式 (11.17) はただ1点を表すことがわかる（図 11-6 左図）．

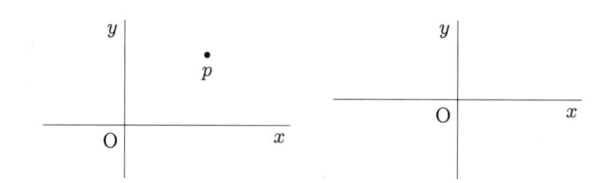

図 11-6 1点に退化（左図），空集合（右図）

⦿⦿⦿ 例3 ⦿⦿⦿ 方程式

$$5x^2 - 6xy + 5y^2 + 10\sqrt{2}x - 22\sqrt{2}y + 52 = 0 \tag{11.19}$$

の表す曲線を考える．この式も，定数項を除いて式 (11.14) と同じであり，同じ直交変換と平行移動により

$$\widetilde{x}^2 + 4\widetilde{y}^2 + 1 = 0 \tag{11.20}$$

が得られる．これを満たす点は存在せず，式 (11.19) の表す図形は空集合であることがわかる（図 11-6 右図）．

◊◊◊ 例 4 ◊◊◊ 方程式

$$x^2 + 6xy + y^2 - 26x - 30y + 94 = 0 \tag{11.21}$$

の 2 次形式 $x^2 + 6yx + y^2$ の行列は $\begin{pmatrix} 1 & 3 \\ 3 & 1 \end{pmatrix}$ で，その固有値は $4, -2$，固有ベクトルは $\begin{pmatrix} 1 \\ 1 \end{pmatrix}, \begin{pmatrix} -1 \\ 1 \end{pmatrix}$ である．したがって単位固有ベクトルからなる直交行列は

$$P = \frac{1}{\sqrt{2}} \begin{pmatrix} 1 & -1 \\ 1 & 1 \end{pmatrix}$$

となる．P による直交変換

$$x = \frac{1}{\sqrt{2}}(\bar{x} - \bar{y}), \ \ y = \frac{1}{\sqrt{2}}(\bar{x} + \bar{y})$$

により

$$4\bar{x}^2 - 2\bar{y}^2 - 28\sqrt{2}\bar{x} - 2\sqrt{2}\bar{y} + 94 = 0$$

となり，さらに平行移動 $\widetilde{x} = \bar{x} + \dfrac{7\sqrt{2}}{2}, \ \widetilde{y} = \bar{y} - \dfrac{\sqrt{2}}{2}$ により，

$$4\widetilde{x}^2 - 2\widetilde{y}^2 - 3 = 0$$

になり，この 2 次曲線は双曲線となる（図 11-7）．

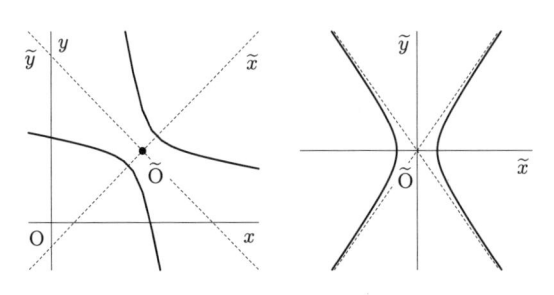

図 11-7 双曲線

◉◉◉ 例 5 ◉◉◉　方程式

$$x^2 + 6xy + y^2 - 26x - 30y + 100 = 0 \tag{11.22}$$

は，定数項を除いて式 (11.21) と一致する．例 4 と同じ直交変換と平行移動により

$$4\widetilde{x}^2 - 2\widetilde{y}^2 + 3 = 0$$

となり，図 11-7 の双曲線と同じ漸近線の反対の領域にある双曲線となる (図 11-8)．標準形では定数項の符号が異なるだけであり，このような双曲線は互いに共役であると呼ばれる．

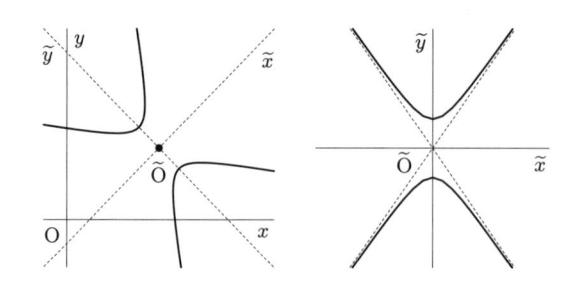

図 11-8　図 11-7 と同じ漸近線をもつ双曲線

◉◉◉ 例 6 ◉◉◉　方程式

$$x^2 + 6xy + y^2 - 26x - 30y + 97 = 0 \tag{11.23}$$

も，同じ変換により

$$4\widetilde{x}^2 - 2\widetilde{y}^2 = 0$$

となる．これは 2 直線

$$\widetilde{y} = \pm\sqrt{2}\widetilde{x}$$

を表す．この 2 直線は，前の二つの双曲線の漸近線である (図 11-9)．

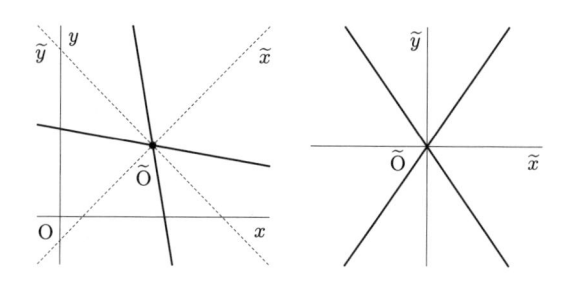

図 11-9　交わる 2 直線

●●● 例7 ●●●　方程式

$$x^2 - 2\sqrt{3}xy + 3y^2 - 4(\sqrt{3}+2)x + 4(2\sqrt{3}-1)y - 8 = 0 \tag{11.24}$$

の 2 次形式 $x^2 - 2\sqrt{3}xy + 3y^2$ の行列は $\begin{pmatrix} 1 & -\sqrt{3} \\ -\sqrt{3} & 3 \end{pmatrix}$ で，固有値は 4, 0，固有ベクトルは $\begin{pmatrix} -1 \\ \sqrt{3} \end{pmatrix}$, $\begin{pmatrix} \sqrt{3} \\ 1 \end{pmatrix}$ である．したがって単位固有ベクトルからなる直交行列は $P = \dfrac{1}{2}\begin{pmatrix} -1 & \sqrt{3} \\ \sqrt{3} & 1 \end{pmatrix}$ となる．P による直交変換 $x = \dfrac{1}{2}(-\bar{x}+\sqrt{3}\bar{y})$, $y = \dfrac{1}{2}(\sqrt{3}\bar{x}+\bar{y})$ により

$$\bar{x}^2 + 4\bar{x} - 2\bar{y} - 2 = 0$$

となり，さらに平行移動 $\bar{x} = \widetilde{x} - 2$, $\bar{y} = \widetilde{y} - 3$ により，

$$\widetilde{x}^2 - 2\widetilde{y} = 0$$

になり，この 2 次曲線は放物線となる（図 11-10）．

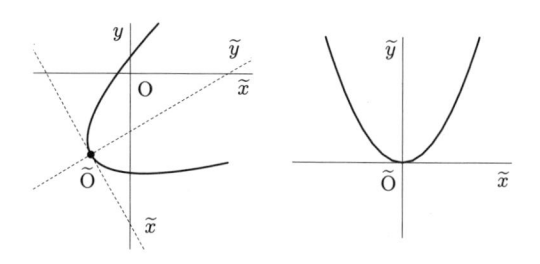

図 11-10　放物線

◉◉◉ 例8 ◉◉◉ 方程式

$$x^2 - 2\sqrt{3}xy + 3y^2 - 8x + 8\sqrt{3}y - 8 = 0 \tag{11.25}$$

の2次形式の部分は例7と同じであるから，同じ直交変換により

$$\bar{x}^2 + 4\bar{x} - 2 = 0$$

となり $\bar{y}$ を含まない式となる．さらに平行移動 $\bar{x} = \tilde{x} - 2$ により，

$$\tilde{x}^2 - 6 = 0 \quad \therefore \ \tilde{x} = \pm\sqrt{6}$$

になり，この方程式は2直線を表す（図11-11）．

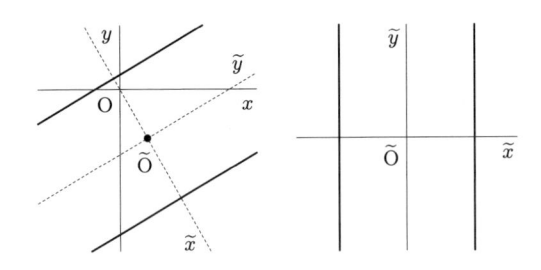

図 11-11　平行な2直線に退化

◉◉◉ 例9 ◉◉◉ 方程式

$$x^2 - 2\sqrt{3}xy + 3y^2 - 8x + 8\sqrt{3}y + 16 = 0 \tag{11.26}$$

は，定数項を除いて例8に一致するから，同じ直交変換と平行移動により

$$\tilde{x}^2 = 0 \quad \therefore \ \tilde{x} = 0$$

となり，この方程式は1直線を表す（図11-12）．

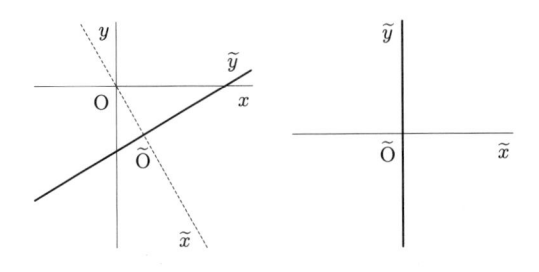

図 11-12　1直線に退化

●●● 例10 ●●●　方程式
$$x^2 - 2\sqrt{3}xy + 3y^2 - 8x + 8\sqrt{3}y + 20 = 0 \tag{11.27}$$

は，定数項を除いて例8に一致するから，同じ直交変換と平行移動により

$$\widetilde{x}^2 = -1$$

となり，この方程式の表す図形は空集合となる．

〔2〕分類

以上，いくつかの例を列挙したが，実はこれらの例は式(11.13)の2次曲線のすべてのパターンを尽くしている．これをまとめて次の定理の形に述べる．

❖ 定理 11.3 ❖

xy の2次方程式

$$ax^2 + 2bxy + cy^2 + px + qy + r = 0$$

は，座標の直交変換と平行移動により次のいずれの標準形に直すことができる．

(1) 楕円：　$\dfrac{x^2}{\alpha^2} + \dfrac{y^2}{\beta^2} = 1$

(2) 双曲線：　$\dfrac{x^2}{\alpha^2} - \dfrac{y^2}{\beta^2} = 1$

(3) 放物線：　$\dfrac{x^2}{\alpha^2} + y = 0$

(4) 2直線：　$\dfrac{x^2}{\alpha^2} - \dfrac{y^2}{\beta^2} = 0,\ \dfrac{x^2}{\alpha^2} = 1$

(5) 1直線：　$\dfrac{x^2}{\alpha^2} = 0$

(6) 1点：　$\dfrac{x^2}{\alpha^2} + \dfrac{y^2}{\beta^2} = 0$

(7) 空集合：　$\dfrac{x^2}{\alpha^2} + \dfrac{y^2}{\beta^2} = -1,\ \dfrac{x^2}{\alpha^2} = -1$

証明は例の中で述べた処理を一般的に述べればよいので省略する．また，たとえば式 (11.16) の楕円の式は

$$\frac{\widetilde{x}^2}{2^2} + \widetilde{y}^2 = 1$$

と書き直すことができることに注意せよ．なお，たとえば例 7 の放物線の式 $\widetilde{y} = \widetilde{x}^2$ については $\widetilde{x} = \widetilde{y}^2$ のパターンもあるが，$\widetilde{x}$ と $\widetilde{y}$ を入れ替える変換が，直交行列

$$\begin{pmatrix} 0 & 1 \\ 1 & 0 \end{pmatrix}$$

の引き起こす直交変換であることを考慮すれば，$\widetilde{y} = \widetilde{x}^2$ をパターンの代表としても一般性は失われないことに注意されたい．

定理 11.3 の曲線は，(7) の空集合と (4) の第 2 式の平行な 2 直線を除いて，一般に **円錐曲線** と呼ばれる．直線 $y = ax$ ($a \neq 0$) を y 軸のまわりに回転してできる円錐を平面で切るとき，その切り口として現れる曲線である．円錐は頂点に関して対称に，両側にあるものと考える（図 11-13, 11-14, 11-15 を参照）．頂点を通り円錐に含まれる直線をこの円錐の母線といい，回転の軸をこの円錐の軸という．

平面が軸に垂直で頂点を通らなければ，切り口は円となる（図 11-13 左図）．その平面が少し傾くと，切り口は楕円となる（図 11-13 中図）．その平面が頂点を通れば，切り口は 1 点となる（図 11-13 右図）．

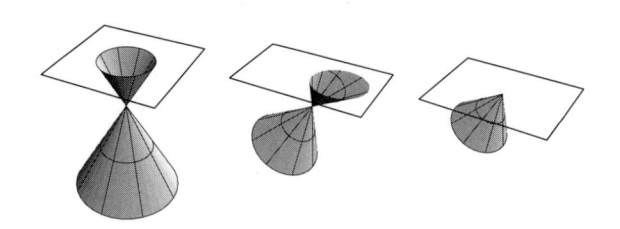

図 11-13　円，楕円，1 点

平面が一つの母線に平行で頂点を通らなければ，切り口は放物線となる（図 11-14 左図）．その平面が頂点を通れば，切り口（共通部分）は 1 直線となる（図 11-14 右図）．

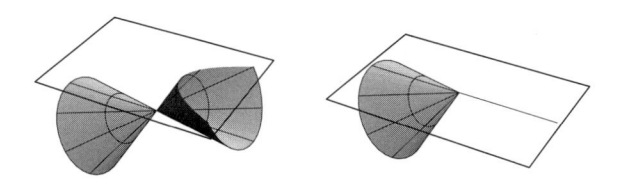

図 11-14　放物線，1 直線

平面が軸に平行で頂点を通らなければ，切り口は双曲線になる（図 11-15 左図）．その平面が頂点を通れば，切り口は 2 直線になる（図 11-15 右図）．

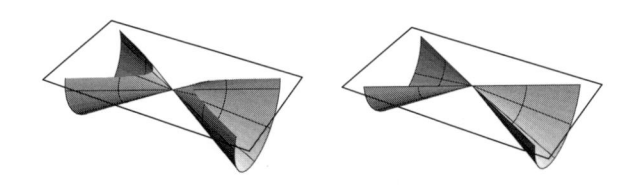

図 11-15　双曲線，2 直線

問題 11.2　次の 2 次方程式はどのような図形を表すか．

(1) $3x^2 + 4xy + 3y^2 - 25 = 0$　　(2) $x^2 + 8xy + y^2 - 5 = 0$

(3) $2x^2 + 2\sqrt{3}xy + 4y^2 - 1 = 0$

11.3　2 次曲面の分類

3 次元実数空間 $\mathbb{R}^3$ において x, y, z の 2 次方程式

$$ax^2 + by^2 + cz^2 + 2dxy + 2eyz + 2fxz + 2gx + 2hy + 2kz + l = 0 \tag{11.28}$$

の表す図形を **2 次曲面**という．係数はすべて実数で，2 次の項の係数は少なくとも一つは 0 でないものとする．

2 次曲線の場合と同様に，2 次形式の部分に対応する実対称行列

$$A = \begin{pmatrix} a & d & f \\ d & b & e \\ f & e & c \end{pmatrix} \tag{11.29}$$

を対角化する直交行列 P をとり，P による直交変換と座標系の平行移動により，2 次曲面は分類される．ここでは詳細は省略し，その分類の結果を紹介するに留める．

(1) 楕円面（図 11-16）
(2) 1 葉双曲面（図 11-17 左図）
(3) 2 葉双曲面（図 11-17 右図）
(4) 錐面（図 11-18 左図）
(5) 楕円放物面（図 11-18 右図）

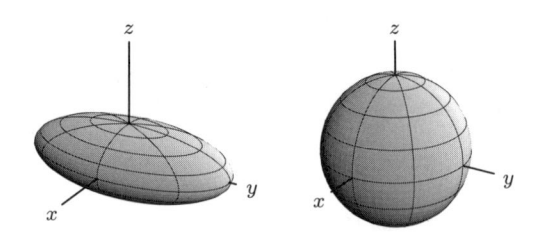

図 11-16 楕円面 $\dfrac{x^2}{a^2} + \dfrac{y^2}{b^2} + \dfrac{z^2}{c^2} = 1$，$a = b = c$ の場合は球面

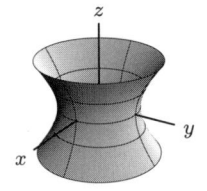

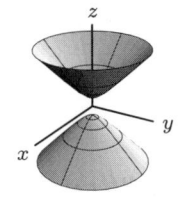

図 11-17 1 葉双曲面 $\dfrac{x^2}{a^2} + \dfrac{y^2}{b^2} - \dfrac{z^2}{c^2} = 1$，2 葉双曲面 $-\dfrac{x^2}{a^2} - \dfrac{y^2}{b^2} + \dfrac{z^2}{c^2} = 1$

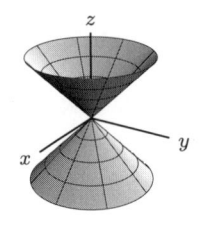

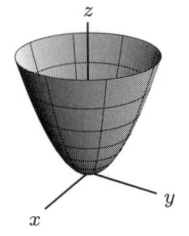

図 11-18 錐面 $\dfrac{x^2}{a^2} + \dfrac{y^2}{b^2} - \dfrac{z^2}{c^2} = 0$，楕円放物面 $\dfrac{x^2}{a^2} + \dfrac{y^2}{b^2} = z$

(6) 双曲放物面（図 11-19 左図）
(7) 楕円柱面（図 11-19 右図）
(8) 双曲柱面（図 11-20 左図）
(9) 交わる 2 平面（図 11-20 右図）
(10) 放物柱面（図 11-21 左図）
(11) 平行な 2 平面（図 11-21 右図）

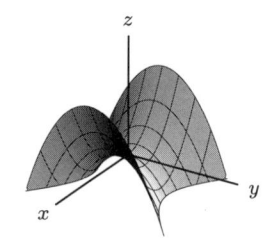

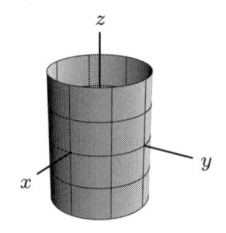

図 11-19　双曲放物面 $\dfrac{x^2}{a^2} - \dfrac{y^2}{b^2} = z$, 楕円柱面 $\dfrac{x^2}{a^2} + \dfrac{y^2}{b^2} = 1$

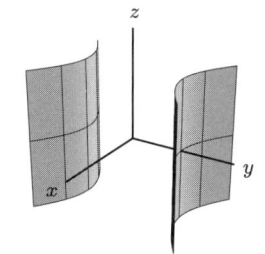

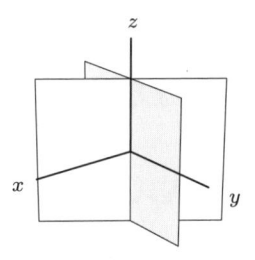

図 11-20　双曲柱面 $\dfrac{x^2}{a^2} - \dfrac{y^2}{b^2} = 1$, 交わる 2 平面 $\dfrac{x^2}{a^2} - \dfrac{y^2}{b^2} = 0$

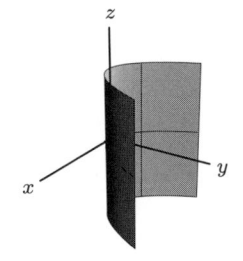

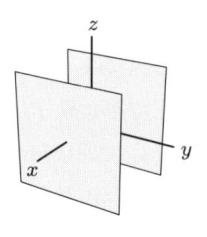

図 11-21　放物柱面 $\dfrac{x^2}{a^2} = y$, 平行な 2 平面 $\dfrac{x^2}{a^2} = 1$

(12) 1 平面（図 11-22 左図）

(13) 1 直線（図 11-22 中図）

(14) 1 点（図 11-22 右図）

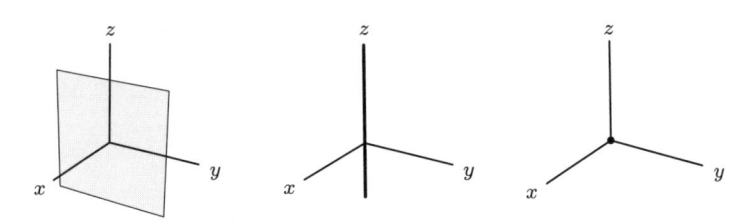

図 11-22　1 平面 $\dfrac{x^2}{a^2}=0$, 1 直線 $\dfrac{x^2}{a^2}+\dfrac{y^2}{b^2}=0$, 1 点 $\dfrac{x^2}{a^2}+\dfrac{y^2}{b^2}+\dfrac{z^2}{c^2}=0$

(15) 空集合——図では表示できないが，次の式で表される空集合

$$\frac{x^2}{a^2}+\frac{y^2}{b^2}+\frac{z^2}{c^2}=-1,\ \ \frac{x^2}{a^2}+\frac{y^2}{b^2}=-1,\ \ \frac{x^2}{a^2}=-1$$

11.4　連立微分方程式と連成振動

〔1〕連立微分方程式

いくつかの未知関数に関する微分方程式の組を**連立微分方程式**という．たとえば t を独立変数，$x(t)$, $y(t)$ を未知関数とするとき

$$\begin{cases} x'(t)=2x(t)\ -y(t) \\ y'(t)=3x(t)-2y(t) \end{cases} \tag{11.30}$$

は，連立微分方程式である．本節では連立微分方程式の一般論を述べるのが目的ではないので，〔1〕で連立微分方程式と固有値の関連の簡単な例を示し，〔2〕で連成振動を説明し，〔3〕で連成振動の連立微分方程式の固有値による解法の例を示し，〔4〕で連成振動の具体例を一つ紹介するに留める．

以下において，1 階の連立微分方程式 (11.30) の固有値による解法を述べる．式 (11.30) の右辺の係数の行列を A とおく．

$$A = \begin{pmatrix} 2 & -1 \\ 3 & -2 \end{pmatrix}$$

関数 $x(t)$, $y(t)$ を成分とする列ベクトルを $\mathbf{x}(t)$ で表し，$\mathbf{x}(t)$ の微分 $\mathbf{x}'(t)$ は成分の関数をそれぞれ微分したものであると定める．

$$\mathbf{x}(t) = \begin{pmatrix} x(t) \\ y(t) \end{pmatrix}, \quad \mathbf{x}'(t) = \begin{pmatrix} x'(t) \\ y'(t) \end{pmatrix}$$

このとき，連立微分方程式 (11.30) は

$$\mathbf{x}'(t) = A\mathbf{x}(t) \tag{11.31}$$

と簡潔に表される．もし式 (11.30) が $x(t) = ae^{\lambda t}$, $y(t) = be^{\lambda t}$ の形の解，つまり

$$\mathbf{x}(t) = \begin{pmatrix} ae^{\lambda t} \\ be^{\lambda t} \end{pmatrix} = e^{\lambda t} \begin{pmatrix} a \\ b \end{pmatrix} = e^{\lambda t}\mathbf{a} \quad \text{ただし } \mathbf{a} = \begin{pmatrix} a \\ b \end{pmatrix} \tag{11.32}$$

の形の解をもつと仮定すれば，

$$\mathbf{x}'(t) = \begin{pmatrix} \lambda ae^{\lambda t} \\ \lambda be^{\lambda t} \end{pmatrix} = \lambda e^{\lambda t} \begin{pmatrix} a \\ b \end{pmatrix} = \lambda e^{\lambda t}\mathbf{a} \tag{11.33}$$

であるから，式 (11.32)，式 (11.33) を式 (11.31) に代入して

$$\lambda e^{\lambda t}\mathbf{a} = Ae^{\lambda t}\mathbf{a}$$

関数 $e^{\lambda t}$ は任意の t に対して 0 でないから，両辺を $e^{\lambda t}$ で割って

$$\lambda \mathbf{a} = A\mathbf{a}$$

したがって，$\mathbf{x}(t) = e^{\lambda t}\mathbf{a}$ が式 (11.31) の解となる条件は，λ が A の固有値で $\mathbf{a}$ が λ に対応する固有ベクトルとなることである．A の固有値は

$$0 = \begin{vmatrix} 2-\lambda & -1 \\ 3 & -2-\lambda \end{vmatrix} = (\lambda-1)(\lambda+1) \quad \therefore \quad \lambda = \pm 1$$

であり，対応する固有ベクトルは

$$\begin{pmatrix} 2\mp 1 & -1 \\ 3 & -2\mp 1 \end{pmatrix} \begin{pmatrix} a \\ b \end{pmatrix} = 0 \quad \therefore \quad \mathbf{a} = \begin{pmatrix} a \\ b \end{pmatrix} = \begin{pmatrix} 1 \\ 1 \end{pmatrix}, \begin{pmatrix} 1 \\ 3 \end{pmatrix}$$

であるから，

$$\mathbf{x}_1(t) = e^{+1\,t}\begin{pmatrix}1\\1\end{pmatrix} = \begin{pmatrix}e^t\\e^t\end{pmatrix}, \quad \mathbf{x}_2(t) = e^{-1\,t}\begin{pmatrix}1\\3\end{pmatrix} = \begin{pmatrix}e^{-t}\\3e^{-t}\end{pmatrix} \quad (11.34)$$

はいずれも式 (11.31) の解である．微分の線形性と行列の積の線形性から，

$$C_1\,\mathbf{x}_1(t) + C_2\,\mathbf{x}_1(t)$$

も式 (11.31) の解である．したがって式 (11.30) の一般解

$$\begin{cases} x(t) = C_1\,e^t + C_2\,e^{-t} \\ y(t) = C_1\,e^t + 3C_2\,e^{-t} \end{cases} \quad (C_1,\ C_2\ \text{は任意定数}) \quad (11.35)$$

が得られた．この例は，直ちに次のように一般化される．

❖ 定理 11.4 ❖

2 次正方行列 A の固有値が相異なる実数 λ_1，λ_2 で，対応する固有ベクトルがそれぞれ $\mathbf{a}_1$，$\mathbf{a}_2$ であるとき，$x(t)$，$y(t)$ を未知関数とする 1 階連立微分方程式

$$\mathbf{x}'(t) = A\mathbf{x}(t), \quad \mathbf{x}(t) = \begin{pmatrix}x(t)\\y(t)\end{pmatrix}$$

の一般解は

$$\mathbf{x}(t) = C_1\,e^{\lambda_1 t}\mathbf{a}_1 + C_2\,e^{\lambda_2 t}\mathbf{a}_2$$

この例では，右辺の係数行列 A の固有値が相異なる実数であった．固有値が重複している場合や複素数である場合には，本質的には同じことではあるが，やや異なる表現が必要である（ここでは省略する）．

| 問題 11.3 |　次の連立微分方程式を解け．

(1) $\begin{cases} x'(t) = x(t) + 3y(t) \\ y'(t) = 2x(t) - 4y(t) \end{cases}$
(2) $\begin{cases} x'(t) = 3x(t) + y(t) \\ y'(t) = x(t) + 3y(t) \end{cases}$

〔2〕連成振動

いくつかの質点がバネで連結されている場合の振動を**連成振動**という．連成振動にもいろいろな状況があるのだが，ここでは図 11-23 に示すような最も簡単な場合を考える．

図 11-23　連成振動

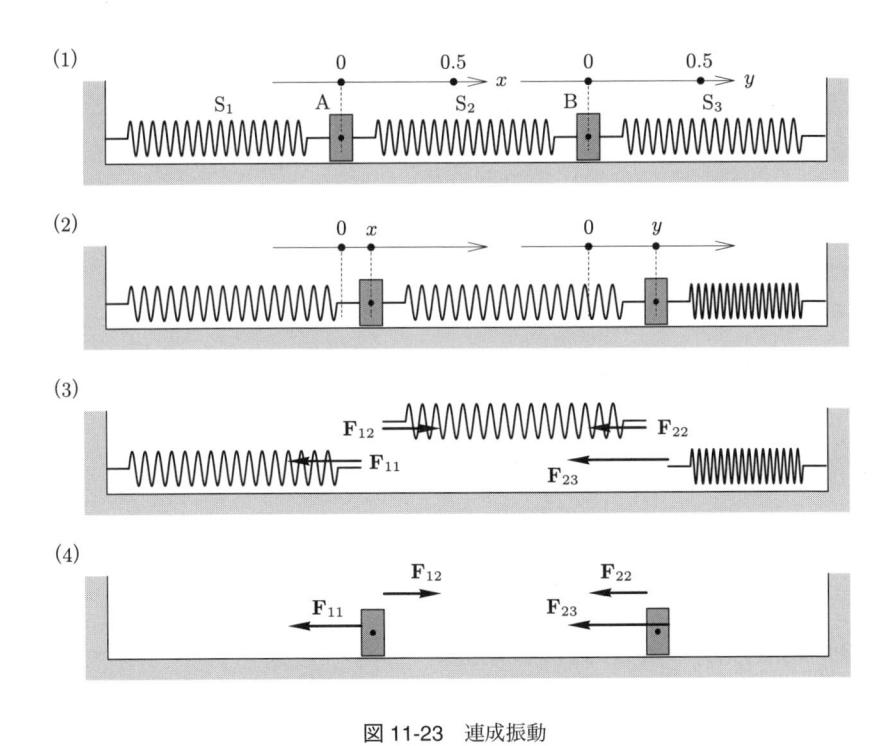

図は，二つの物体 A, B が滑らかな床の上にあって，三つのバネ S_1, S_2, S_3 で両側の壁に連結されている状況を示す．物体もバネも一つの直線の上にあり，動かしたときもすべてその直線上を動くものとし，床は十分滑らかで物体が動くとき床から受ける摩擦抵抗は無視できるほど小さいと仮定する．また，バネの質量や，運動中にバネや物体が空気から受ける抵抗も，無視できるほど小さいと仮定する．

図 11-23 (1) は，三つのバネの復元力が均衡した平衡の状態を示す．このとき

の物体Aの（中心の）位置を基準にし，時刻 t における物体Aの位置を右向きに測ったものを $x(t)$ とする．同様に，時刻 t における物体Bの位置を，平衡の位置から右向きに測ったものを $y(t)$ とする（図 11-23 (2)）．

物体の質量はいずれも m であるとし，三つのバネのバネ定数はいずれも k であると仮定する．時刻 t におけるバネ S_1, S_2, S_3 の伸びは，それぞれ（符号をこめて）$x(t)$, $y(t) - x(t)$, $-y(t)$ となる．したがって図 11-23 (3) のように，物体Aが S_1 から受ける復元力を $\mathbf{F}_{11}(t)$，S_2 から受ける復元力を $\mathbf{F}_{12}(t)$ とし，物体Bが S_2 から受ける復元力を $\mathbf{F}_{22}(t)$，S_3 から受ける復元力を $\mathbf{F}_{23}(t)$ として，これらの力を1次元ベクトルとしての成分で表せば（力の向きに注意して）

$$\mathbf{F}_{11}(t) = -k\,x(t), \quad \mathbf{F}_{12}(t) = k\,(y(t) - x(t))$$
$$\mathbf{F}_{22}(t) = -k\,(y(t) - x(t)), \quad \mathbf{F}_{23}(t) = -k\,y(t)$$

したがって，物体 A，B の受ける力はそれぞれ

$$\mathbf{F}_{11}(t) + \mathbf{F}_{12}(t) = -k\,x(t) + k\,(y(t) - x(t)) = -2k\,x(t) + k\,y(t)$$
$$\mathbf{F}_{22}(t) + \mathbf{F}_{23}(t) = -k\,(y(t) - x(t)) - k\,y(t) = k\,x(t) - 2k\,y(t)$$

となる．ゆえに，物体 A，B の運動方程式は，次の連立微分方程式となる．

$$\begin{cases} m\,x''(t) = -2k\,x(t) + k\,y(t) \\ m\,y''(t) = k\,x(t) - 2k\,y(t) \end{cases} \tag{11.36}$$

〔3〕連成振動の微分方程式の解法

式 (11.36) に対し，$\mathbf{x}(t)$ と行列 A を

$$\mathbf{x}(t) = \begin{pmatrix} x(t) \\ y(t) \end{pmatrix}, \quad A = \begin{pmatrix} -2k & k \\ k & -2k \end{pmatrix}$$

で定めると，式 (11.36) は次のように書き表すことができる．

$$m\,\mathbf{x}''(t) = A\,\mathbf{x}(t) \tag{11.37}$$

まず〔1〕の場合と同様に，微分の線形性と行列の積の線形性から，二つのベクトル関数 $\mathbf{x}_1(t)$, $\mathbf{x}_2(t)$ が式 (11.37) の解ならば，その線形結合 $C_1\,\mathbf{x}_1(t) + C_2\,\mathbf{x}_2(t)$

も解である．実際，

$$
\begin{aligned}
m\,(\,C_1\,\mathbf{x}_1(t) + C_2\,\mathbf{x}_2(t)\,)'' &= C_1\,m\,\mathbf{x}_1''(t) + C_2\,m\,\mathbf{x}_2''(t) \\
&= C_1\,A\,\mathbf{x}_1(t) + C_2\,A\,\mathbf{x}_2(t) \\
&= A\,(\,C_1\,\mathbf{x}_1(t) + C_2\,\mathbf{x}_2(t)\,)
\end{aligned}
$$

次に，今の例はバネの復元力による振動だから，式 (11.37) の解 $x(t)$, $y(t)$ も三角関数で表現できると予想される．そこで，仮に $x(t) = a\cos(\omega t + \alpha)$, $y(t) = b\cos(\omega t + \alpha)$ の形の解をもつとして[1]，つまり

$$
\mathbf{x}(t) = \begin{pmatrix} a\cos(\omega t + \alpha) \\ b\cos(\omega t + \alpha) \end{pmatrix} = \cos(\omega t + \alpha)\begin{pmatrix} a \\ b \end{pmatrix} \tag{11.38}
$$

として，定数 a, b, ω, α の満たすべき条件を調べてみる．二度微分して

$$
\begin{aligned}
\mathbf{x}''(t) &= (\cos(\omega t + \alpha))''\begin{pmatrix} a \\ b \end{pmatrix} \\
&= -\omega^2\cos(\omega t + \alpha)\begin{pmatrix} a \\ b \end{pmatrix}
\end{aligned} \tag{11.39}
$$

式 (11.38)，式 (11.39) を式 (11.37) に代入して

$$
-m\omega^2\cos(\omega t + \alpha)\begin{pmatrix} a \\ b \end{pmatrix} = \cos(\omega t + \alpha)\,A\begin{pmatrix} a \\ b \end{pmatrix}
$$

これが任意の t について成り立つから

$$
-m\omega^2\begin{pmatrix} a \\ b \end{pmatrix} = A\begin{pmatrix} a \\ b \end{pmatrix}
$$

つまり，$-m\omega^2$ は行列 A の固有値で，$\begin{pmatrix} a \\ b \end{pmatrix}$ は対応する固有ベクトルである．A の固有値方程式を解いて

$$
\begin{vmatrix} -2k - \lambda & k \\ k & -2k - \lambda \end{vmatrix} = (\lambda + k)(\lambda + 3k) = 0 \quad \therefore\ \lambda = -k,\ -3k
$$

$\lambda = -k$ つまり $\omega = \sqrt{\dfrac{k}{m}}$ のとき，固有ベクトルは

$$
\begin{pmatrix} -k & k \\ k & -k \end{pmatrix}\begin{pmatrix} a \\ b \end{pmatrix} = 0 \quad \therefore\ \begin{pmatrix} a \\ b \end{pmatrix} = \begin{pmatrix} 1 \\ 1 \end{pmatrix}
$$

---

[1] $h\sin\omega t + k\cos\omega t$ の形の式は，加法定理から $a\cos(\omega t + \alpha)$ の形で表されることに注意せよ．

$\lambda = -3k$ つまり $\omega = \sqrt{\dfrac{3k}{m}}$ のとき，固有ベクトルは

$$\begin{pmatrix} k & k \\ k & k \end{pmatrix} \begin{pmatrix} a \\ b \end{pmatrix} = 0 \quad \therefore \quad \begin{pmatrix} a \\ b \end{pmatrix} = \begin{pmatrix} 1 \\ -1 \end{pmatrix}$$

したがって，式 (11.37) の解として二つのベクトル関数

$$\mathbf{x}_1(t) = \cos(\omega_1 t + \alpha) \begin{pmatrix} 1 \\ 1 \end{pmatrix}, \quad \omega_1 = \sqrt{\dfrac{k}{m}}$$

$$\mathbf{x}_2(t) = \cos(\omega_2 t + \alpha) \begin{pmatrix} 1 \\ -1 \end{pmatrix}, \quad \omega_2 = \sqrt{\dfrac{3k}{m}}$$

が得られた．ここで α は条件がつかないので任意の定数であるが，$\mathbf{x}_1(t)$ と $\mathbf{x}_2(t)$ で共通である必要はないから，それぞれ α_1, α_2 とおくことにする．また，$\mathbf{x}_1(t)$ と $\mathbf{x}_2(t)$ の線形結合も解となるから，式 (11.37) の一般解として

$$\mathbf{x}(t) = C_1 \cos(\omega_1 t + \alpha_1) \begin{pmatrix} 1 \\ 1 \end{pmatrix} + C_2 \cos(\omega_2 t + \alpha_2) \begin{pmatrix} 1 \\ -1 \end{pmatrix}$$

つまり，

$$\begin{cases} x(t) = C_1 \cos(\omega_1 t + \alpha_1) + C_2 \cos(\omega_2 t + \alpha_2) \\ y(t) = C_1 \cos(\omega_1 t + \alpha_1) - C_2 \cos(\omega_2 t + \alpha_2) \end{cases} \tag{11.40}$$

が得られた．ここに，$\omega_1 = \sqrt{\dfrac{k}{m}}$, $\omega_2 = \sqrt{\dfrac{3k}{m}}$ はバネ定数と物体の質量から定まる定数で，C_1, C_2, α_1, α_2 は任意の定数である．

いま，式 (11.38) の形の解をもつと仮定して解 (11.40) を得たのだが，実は式 (11.37) の任意の解は式 (11.40) の形で表される（証明は省略する）．

〔4〕具体的な例

$x(0)$, $y(0)$, $x'(0)$, $y'(0)$ の値を初期条件として与えれば，式 (11.40) の任意定数 C_1, C_2, α_1, α_2 の値が確定して運動が定まる．ここでは，その計算は省略して結果を図で示すに留める．図 11-24 は $m = 0.3$, $k = 10$, $x(0) = 0.2$, $y(0) = -0.1$, $x'(0) = 0$, $y'(0) = 0$ とした連成振動の様子を示す．

11.4 連立微分方程式と連成振動　231

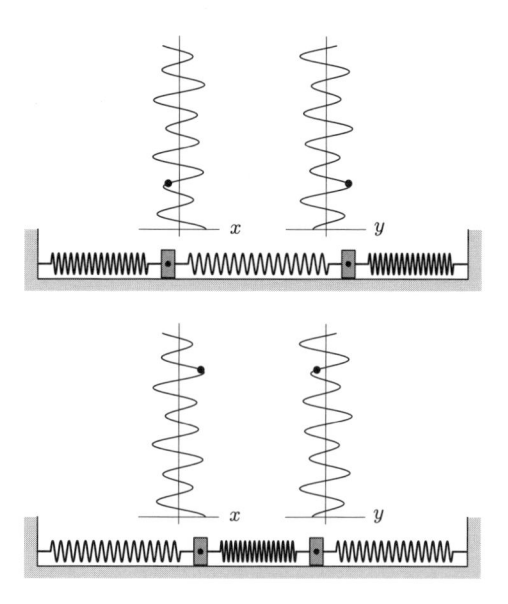

図 11-24　連成振動のグラフ

例題 11.3　上の例の運動方程式を具体的に書け．

解答

$$\begin{cases} 0.3\,x''(t) = -20\,x(t) + 10\,y(t) \\ 0.3\,y''(t) = 10\,x(t) - 20\,y(t) \end{cases}$$

$x(0) = 0.2, \ y(0) = -0.1, \ x'(0) = 0, \ y'(0) = 0$

章末問題

1 (発展問題) 3 変数の関数

$$w = f(x, y, z) = x^2 + y^2 + z^2 + xy + yz + zx + x + y + z$$

の極値を次の手順に従って求めよ (厳密な検証はしなくてもよい).

(1) $f_x(x,y,z) = f_y(x,y,z) = f_z(x,y,z) = 0$ となる点 (a,b,c) を求める.

(2) 求めた各点 (a,b,c) を中心に $f(x,y,z)$ をテーラー展開する. 展開は 2 変数の場合の類似の式

$$\begin{aligned}
&f(a+h, b+k, c+\ell) \\
&= f(a,b,c) + \{h f_x(a,b,c) + k f_y(a,b,c) + \ell f_z(a,b,c)\} \\
&\quad + \frac{1}{2}\{h^2 f_{xx}(a,b,c) + k^2 f_{yy}(a,b,c) + \ell^2 f_{zz}(a,b,c) \\
&\qquad + 2hk f_{xy}(a,b,c) + 2k\ell f_{yz}(a,b,c) + 2\ell h f_{zx}(a,b,c)\} + \cdots
\end{aligned}$$

となることを用いよ.

(3) $f(a+h, b+k, c+\ell) - f(a,b,c)$ を h, k, ℓ の 2 次形式 $Q(h,k,\ell)$ で近似し, $Q(h,k,\ell)$ を標準化して極値を判定せよ.

第12章

電気回路

　電気回路を流れる電流を記述する微分方程式は，連成振動の微分方程式と同じ形の連立微分方程式である．この本の総まとめとして，この章では微分積分学，線形代数，物理現象の相互関連を示すこの現象を取り上げよう．練習問題は特に設定せず，概念の説明に留める．

キーワード　電子，電流，コンデンサ，抵抗，コイル，LCR回路，回路の微分方程式．

12.1　電流

　11.4節で，いろいろな振動が定数係数2階線形常微分方程式で表現されることを見た．ほかにもこのタイプの微分方程式で記述される現象はさまざまにあるが，代表的なものは電気回路である．バネの振動と電気回路という一見あまり関連のない現象が，定数係数2階線形常微分方程式を媒介として，同種の現象として解析されるのである．これは不思議な感じもするが，電流はミクロで見れば電子の流れであり，それが一定の方向への流れ（直流）ではなく，周期的に方向を変える流れ（交流）ならば，振動と類似の現象となることはごく自然なことであるといえよう．

　この章では，回路の電流とバネの振動が同じ形の微分方程式で記述されることを示すに留め，電磁気学一般についての説明は行わない．しかし，電流について

あまり馴染みのない学生諸君のために，この項目に必要な事項に限って，いくつかの基本事項を確認することから始めよう．

〔1〕物質

すべての物質は，極めて微小な**分子**が集まって構成されている．たとえば，水は水の分子からできている．分子はさらに**原子**によって構成されているのだが，原子まで分解するとその物質のもっている性質が壊れる．たとえば，水の分子は水素原子2個と酸素原子1個から成り立っていて，水を水素原子と酸素原子に分解すると，水のもっている性質は失われる．分子は無数にあるが，原子は約100種類しかなく，それらの組み合わせによってさまざまな物質ができている．

原子はさらに，**原子核**と**電子**から成り立っている．原子核はさらに陽子，中性子などから構成されている．陽子はプラスの極性（厳密な定義はさておき，さしあたり乾電池のプラス極のもっている性質と考えておけばよい）をもち，電子はマイナスの極性（乾電池のマイナス極の性質）をもっていて，一つの原子の中での陽子と電子の個数は等しく，原子全体はプラスの極性でもなくマイナスの極性でもない中性である．

電子の数，つまり陽子の数はその原子の種類の固有の数として定まっている．たとえば，水素の原子1個は陽子と電子を1個ずつもっている．太陽のまわりを惑星が回っているように，それぞれの原子の中で電子が原子核のまわりを回っている（図12-1）．

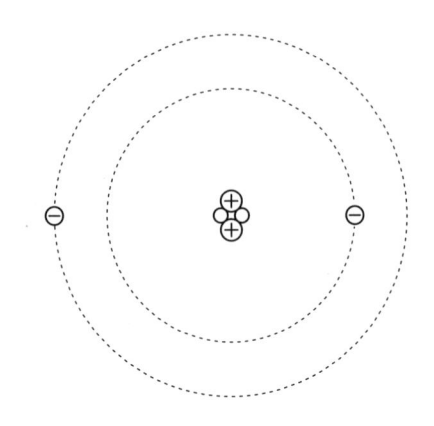

図 12-1　原子の概念図：陽子，中性子，電子

〔2〕電流

　通常，電子は 1 個の原子の中で原子核のまわりを回っているのだが，一つの原子から隣の原子に移ることもある．原子としてはいわば電子の定員は決まっているから，電子が移動したほうの原子は定員過剰となり，その中のどれかの電子がさらに隣の原子に移動することになる．このような，物質の中での電子の移動が電気の流れ，すなわち**電流**である．

　現在では，このような電流のミクロのメカニズムはよく知られているが，電磁気学ができ始めたころにはまだ原子の構造が解明されていず，電流はある種の流れであるとは考えられていたが多分に概念的なもので，たとえば電池のプラスの側からマイナス側に流れるとされていた．実際には，電子はマイナスの性質をもっていて，電子の流れはマイナス側からプラス側に向かう．

　物質の中には，電子の移動が簡単にできるものと，そうでないものがある．電子の移動しやすい物質を**伝導体**といい，移動しにくい物質を**絶縁体**という．銅は伝導体の代表的なものであり，ゴムは絶縁体の代表的なものである．

〔3〕電源

　伝導体の中においても，いつも電流が流れているわけではない．通常は物質の中に電子が均等に分布しているが，偏って分布していると平均の状態に戻る方向への電子の流れが生じる（図 12-2 上図）．これはバネが平衡の状態に戻ろうとするのに似ている．あるいは，底でつながっている二つの円筒形の容器に水を入れ

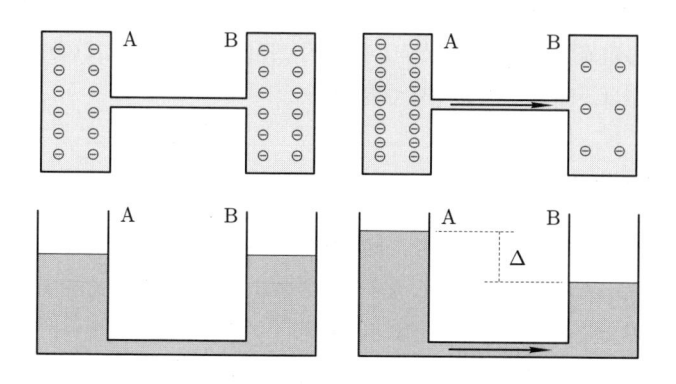

図 12-2　電子の流れ（上図），水の流れ（下図）

ると，水面は両方の容器で同じ高さになるのだが，一方から他方に水を少し移すと，元の状態に戻ろうとする流れが生ずるのに似ている（図12-2 下図）．水の場合，水面の高さの違い（図の Δ）は水位差と呼ばれ，水位差が大きいほど水流の強さは大きくなる．電流においては，水位差に相当するもの（つまり電子の分布の不均衡の度合い）が**電位差**と呼ばれる．電位差の単位はもう少し後で述べる．

電流を生じさせる身近なものとして，電池や自転車のライトの発電機がある．**電池**は，物質の化学的性質を用いて，マイナス側の物質（マイナス極）に過剰に電子が集められた状態にし，プラス側の物質（プラス極）は電子が不足した状態にしたものである（このメカニズムの説明には化学の知識が必要である）．マイナス極とプラス極を**導線**（伝導体の線）でつなぐと，電子は多いほうから少ないほうへ，つまりマイナス極からプラス極へと流れる．電子の過剰・不足を保つ化学的性質が弱まり，電子の過剰と不足が解消されて電子が均一に分布した状態になれば，電子の流れは止まる．つまり，電池が切れた状態になる．電池の場合の電子の流れは一方通行であり，これを**直流**という．電池は，図12-3 左の記号で表される（長いほうがプラス極，短いほうがマイナス極）．

図12-3　電池（直流電源），発電機（交流電源）

自転車の**発電機**は，コイル（後述）の近くで磁石を回転させて，いわば磁石の力（磁力）で電子を引っ張って流れを生じさせるものである．通常，このような発電機による電流では，流れの方向が周期的に逆向きになる．これを**交流**という．交流の発電機は，図12-3 右の記号で表される．

〔4〕コンデンサ

コンデンサは蓄電池とも呼ばれ，絶縁体の薄い膜の両側を伝導体の薄い膜（極という）で覆ったものであり，こうすることによって電気を蓄えやすくした装置である．通常はこれを巻くなどして小型化し，プラスチックで覆い，両極に導線を接続してある．図12-4 左はコンデンサの記号である．

図 12-4　コンデンサ，スイッチ（開），スイッチ（閉）

　具体的には，たとえば電池の両極をそれぞれコンデンサの両極に電線でつなぐと，スイッチを入れる前はコンデンサの両極（両方の膜）には電子が均等に分布し，全体として見れば電気的に中立である（図 12-5 (1)）．図 12-5 (2) のようにスイッチを入れると，電池のマイナス極にあった電子が移動して，マイナス極につながっている側のコンデンサの極に移動し，コンデンサの反対側の極にあった電子が電池のプラス極に引き寄せられる．この結果，コンデンサの二つの極の間には電子の分布の不均衡が起こる．このとき，実際には電子はコンデンサの絶縁体の膜を通過せず，いわば交通渋滞を起こした形なのだが，全体としてはあたかも電子がコンデンサを通過して流れているように見える．この流れは，コンデンサに蓄えられる電気が限度に達すれば止まる．この状態でスイッチを切り，電池の部分を導線で置き換えても，スイッチを入れない限りはコンデンサの両極の電子の不均衡は保たれる（図 12-5 (3)）．スイッチを入れると，導線を通って電子が流れ，コンデンサの両極の電子分布の不均衡は解消される（図 12-5 (4)）．
　図 12-5 の矢印は，慣例として定められている電気の流れる方向を示す．電子自体は，この矢印と逆向きに進む．このときの電子の流れは，遮るものがないので極めて短時間で終わる．図 12-5 に示すような，電気（電子）が流れる道筋を**回路**（電気回路）という．

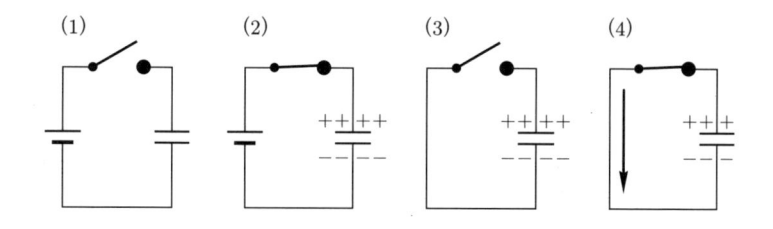

図 12-5　コンデンサに蓄えられた電気の流れ

〔5〕抵抗

　上で述べたコンデンサのほかにも，回路の電流を遮って，その結果としてさまざまな複雑で有用な現象を生み出すものがある．その中で基本的なものは抵抗とコイルである．電気抵抗，あるいは簡単に**抵抗**は，伝導体ではあるが銅などに比べると電流を通しにくい物質（たとえばニッケルとクロムの合金ニクロム）を用いて作られた，電流を調整するための装置である．図 12-6 左は，抵抗の記号である．

図 12-6　抵抗，コイル（ソレノイド）

　図 12-7 (1) のように，電気を蓄えた（充電した）コンデンサと抵抗をつないだ回路を考える．図 12-7 (2) のようにスイッチを入れると，初めは抵抗に妨げられて電流は弱いが，次第に流れは強くなり，それに伴いコンデンサの両極の電位差が小さくなるにつれ再び弱まり，やがて止まる．

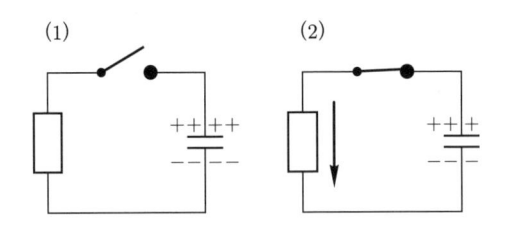

図 12-7　コンデンサと抵抗による回路

〔6〕コイル

　コイル（ソレノイドともいう）は，絶縁体で覆われた導線（たとえばエナメル線）を円筒形に巻きつけたものである．図 12-6 右は，コイルの記号である．すでに述べたように，コイルの近くで磁石を動かすとコイルに電流が生じる．実はコイルでなくても，閉じた回路に磁石を近づけたり遠ざけたりすると，あるいは磁石の力（磁力）が時間とともに変化すると，回路に微弱な電流が生じる．この現象

は**電磁誘導**と呼ばれる．コイルは，幾重にも導線を巻きつけることによって，電磁誘導が起こりやすい構造をしているのである．

逆に，コイルに電流を流すとそのまわりに磁力が生ずる．もし，その電流の強さが時間とともに変化すると，生ずる磁力も時間とともに変化し，それがまたコイル自身に電磁誘導を起こさせる．これをコイルの**自己誘導**（自己インダクタンス）という．自己誘導は，電流が増えるときには減らす方向に働き，電流が減るときには増やす方向に働く．

〔7〕電流の単位

以上に述べた，電池，交流電源，コンデンサ，抵抗，コイルなどを組み合わせた回路を作ると，それぞれのパーツがもっている性質が影響し合って，その回路に固有の電流が流れることになる．それを正確に記述するには，いろいろな単位が必要である．

まず，電気の量であるが，これは通常電荷の量あるいは単に**電荷**と呼ばれ，その最小の単位は1個の電子のもっている量である．それを**電気素量**といい，eで表す．しかし電気素量は極めて微量だから，実用上は

$$e = 1.602 \times 10^{-19} \text{ C} \tag{12.1}$$

で定まる量〔C〕を単位とする．この単位を**クーロン**という．歴史的には，まずクーロンその他の単位が定められて電磁気学の理論が確立され，その後に原子構造が解明されて電子のもつ電荷が計算されたのが式 (12.1) である．

電流を起こす力，すなわち起電力（電位差，電圧）の単位は**ボルト**であり，〔V〕で表される．厳密にはエネルギーの概念を用いて定義されるのだが，ここでは日常的に用いている用法，たとえば「乾電池の電圧は 1.5 V」などの意味で捉えておく．

次に電流の量であるが，水流でたとえれば水圧が起電力に対応するのに対し，単位時間当たりに流れる水の量にあたるのが電流の量である．水圧が高くてもパイプが細ければ結果的に1秒間に流れる水の量は少なく，水圧が低くてもパイプが太ければ流れる水の量は多い．1秒間に1クーロンの量の電荷が運ばれる電流を1**アンペア**といい，1Aで表す．つまり

$$1\,\mathrm{A} = 1\,\mathrm{C}\cdot\mathrm{s}^{-1} \tag{12.2}$$

図 12-7 のコンデンサと抵抗の回路では，短時間に電流は止まってしまうが，図 12-8 のように電池とつなげば持続的な電流が得られる．

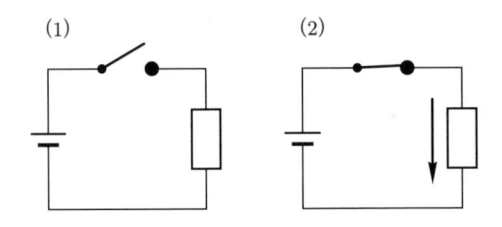

図 12-8 電池と抵抗による回路

抵抗が同じときには，電源の電位差があまり大きくなければ，電流 I は電位差 Δ に比例する．これを**オーム**（Ohm）**の法則**という．式で表せば

$$I = \frac{\Delta}{R} \tag{12.3}$$

R はその抵抗に固有の定数で電流の流れにくさを表し，**電気抵抗**あるいは同じように抵抗と呼ばれる．1 ボルトの電位差の回路に 1 アンペアの電流が流れているときの抵抗を 1 オームと呼び，1Ω で表す．つまり抵抗の単位〔Ω〕は

$$\Omega = \mathrm{V}\cdot\mathrm{A}^{-1} \tag{12.4}$$

である．オームの法則は電位差が一定のときに成り立つのだが，電位差が時間とともに変化しても，その変化があまり激しくなければ成り立つことが知られている．このような電流を**準定常電流**という．以下では特にことわらなくても，準定常電流の範囲で考えることにする．

図 12-9 (1) のようにコンデンサを電池につなぐと，スイッチを入れる前はコンデンサの両極の電子の分布は均等である．図 12-9 (2) のようにスイッチを入れると，コンデンサの両極に電荷が蓄積され始め，電荷が一定の量に達すると，それ以上は蓄積されない．同じコンデンサに図 12-9 (3) のように 2 個の電池をつなぐと，蓄積される電荷の量は倍になる．このように，コンデンサを固定して考えれ

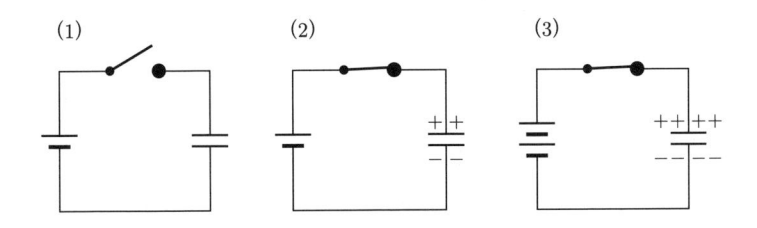

図 12-9 コンデンサに蓄えられる電荷

ば，その両極に蓄えられる電荷は電位差（電圧）に比例する．どの程度の電荷を蓄えられるかを示すのが，コンデンサの**容量**（キャパシタンス）である．1 ボルトの電位差のとき 1 クーロンの電荷（両極にそれぞれ 1 クーロンと (−1) クーロン）を蓄える容量を 1 **ファラッド**といい，1 F で表す．つまり

$$F = C \cdot V^{-1} \tag{12.5}$$

実用上 [F] は単位として大きすぎるので，通常は [μF]（マイクロファラッド，1 μF = 10^{-6} F）または [pF]（ピコファラッド，1 pF = 10^{-12} F）が用いられる．

　前項で述べたコイルの自己インダクタンスも (p.239)，そのコイルに固有の係数で表現される．詳しくいえば，コイルに流れる電流 $I(t)$ が時間 t とともに変化するとき，コイルには自己インダクタンス，つまり電流の変化を妨げる向きの起電力 $V(t)$ が働くのだが，その強さは電流の変化率 $\frac{dI}{dt}$ に比例し，その比例定数 L はコイルによって定まる．

$$V(t) = -L \frac{dI}{dt}$$

現象としての自己インダクタンスとともに，この比例定数もコイルの自己インダクタンスと呼ばれる．自己インダクタンスの単位は**ヘンリー**で，[H] で表される．つまり

$$H = V \cdot A^{-1} \cdot s \tag{12.6}$$

12.2　回路の微分方程式

　以上に述べた電池，交流電源，コンデンサ，抵抗，コイルを組み合わせることにより，さまざまな回路ができる．その回路に流れる電流 $I(t)$ は時間 t とともに変化し，それは電池の電位差 V，交流電源の電圧の変化 $\varepsilon_0 \sin(\omega t)$，コンデンサの容量 C，抵抗の電位抵抗 R，コイルの自己インダクタンス L を含んだ微分方程式で表現される．

　これらの微分方程式は，バネの復元力による振動の微分方程式と同じ，定数係数 2 階線形常微分方程式となる．以下に，いくつかの例を，振動の例と対比させて挙げよう．なぜその微分方程式で表されるかの詳細なメカニズムは説明しないが，今までの記述からおおよその推測はつくであろう．あるいは，実験の結果によって電流の変化がこのような微分方程式に従うことが確認された，といったほうが歴史的経緯に近いであろう．

◉◉◉ 例1 ◉◉◉　図 12-10 左図のように，キャパシタンス C のコンデンサと自己インダクタンス L のコイルをつないだ回路（**LC 回路**という）を考える．スイッチを切った状態でコンデンサを充電しておき，スイッチを入れた後 t 秒後に回路に流れる電流を $I(t)$ とすれば，$I(t)$ は微分方程式

$$L I''(t) + \frac{1}{C} I(t) = 0 \tag{12.7}$$

を満たす．式 (12.7) は，バネ定数 k のバネにつけた質量 m の錘の微分方程式

$$m x''(t) = -k x(t)$$

と同じタイプである．

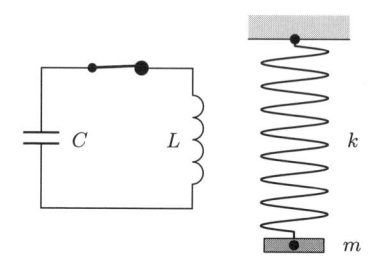

図 12-10　LC 回路，単振動

錘を下に引っ張るのが，コンデンサを充電しておくのに相当する．錘が平衡点に達してバネの復元力が 0 となっても慣性の法則から逆の方向に進み続けるのが，コンデンサの両極の電位差が 0 となってもコイルの自己誘導による起電力で電流が流れ続けるのに相当する．コイルの作用が，図 12-5 の (3) と (4) で述べたコンデンサだけによる回路では電流がすぐ止まるのとの違いとなっている．

解は初期条件（コンデンサの充電量），コンデンサの容量，コイルの自己インダクタンスによって定まり，いずれも図 12-11 に示すような単振動のグラフとなる．

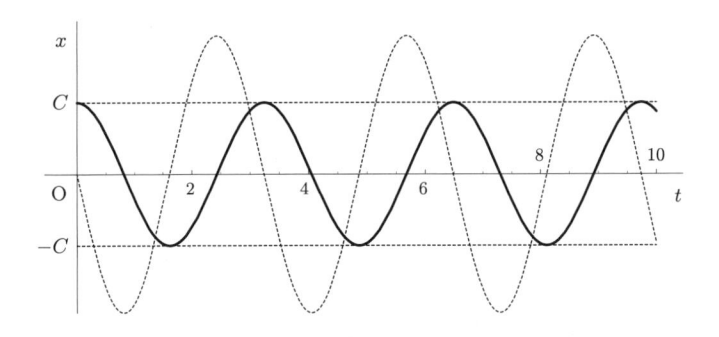

図 12-11　単振動：実線は $I(t)$, 点線は $I'(t)$ を示す

◍◍◍ 例2 ◍◍◍　図 12-12 左図は，例 1 の回路に電気抵抗 R の抵抗を挿入したもので，簡単に **LCR 回路**と呼ばれる．このときの電流の微分方程式は

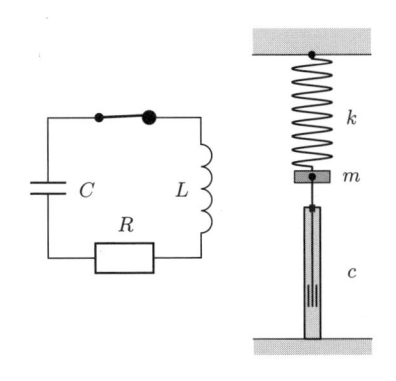

図 12-12　LCR 回路，減衰振動

$$L\,I''(t) + R\,I'(t) + \frac{1}{C}\,I(t) = 0 \tag{12.8}$$

となり，バネの錘の先に抵抗係数 k のダッシュポットをつけた場合の微分方程式

$$m\,x''(t) + c\,x'(t) + k\,x(t) = 0$$

と同じ形である．ダッシュポットの粘性抵抗が錘の運動を妨げるように，電気抵抗が電流を妨げているのである．

式 (12.8) の解は，特性方程式の解の状態によって異なる．したがってこの場合の電流も，抵抗が強すぎれば過減衰運動と同じように図 12-13 の D のようになり，抵抗があまり強くなければ減衰振動と同じように図 12-13 の B のようになり，その境目が臨界減衰運動に相当するものとなる．

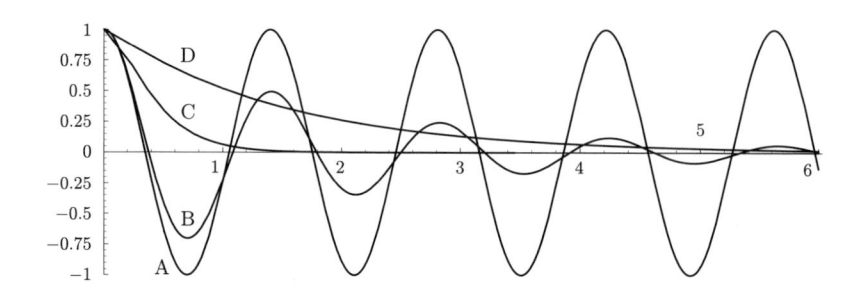

図 12-13 A：単振動，B：減衰振動，C：臨界減衰，D：過減衰

●●● 例 3 ●●● 図 12-14 左図は，例 2 の回路に起電力が $E_0 \sin \omega t$ の交流電源を接続したものである．このときの電流 $I(t)$ は微分方程式

$$L\,I''(t) + R\,I'(t) + \frac{1}{C}\,I(t) = \omega E_0 \sin \omega t \tag{12.9}$$

に従う．これは抵抗つき強制振動の微分方程式

$$m\,x''(t) + c\,x'(t) + k\,x(t) = -kr \sin \omega t \tag{12.10}$$

と同じタイプである（$\cos \alpha = -\sin(\alpha - \pi/2)$ に注意すれば，式 (12.9) と式 (12.10) の違いはバネの上端に振動を与える円盤の回転角の初期値の違いにすぎない）．したがって，式 (12.10) と同じように解くことができ，たとえば $(L, R, C, \omega, E_0) = (2, 1, 0.5, 8, 0.5)$ としたときの電流 $I(t)$ のグラフは図 12-15 のようになる．

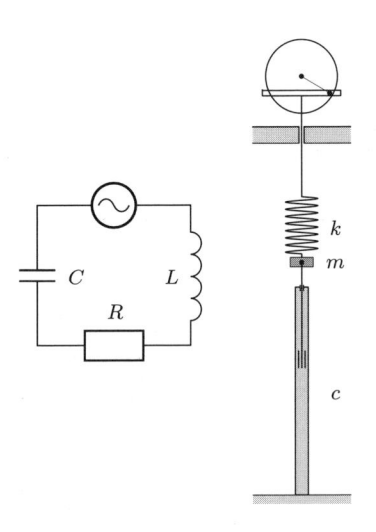

図 12-14　LCR 回路と交流電源，強制振動

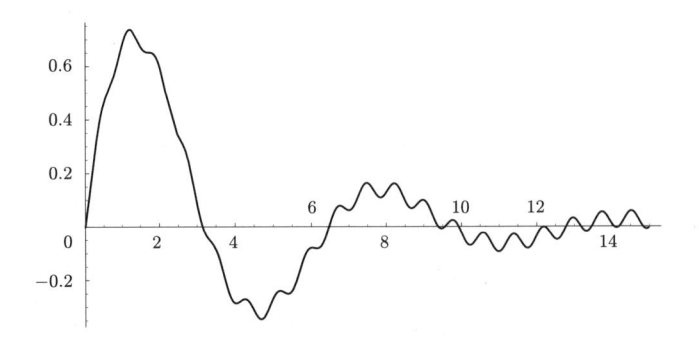

図 12-15　抵抗のある強制振動

●●● 例4 ●●●　図 12-16 上図は，LC 回路を二つつないだものである．簡単のため二つのコイルの自己インダクタンスは同じ L であるとし，三つのコンデンサのキャパシタンスも共通の C であるとしておく．

あらかじめ二つのコンデンサをそれぞれ充電しておき，同時にスイッチを入れるものとする．このとき二つのコイルに流れる電流を $I_1(t)$, $I_2(t)$ とすると，$I_1(t)$, $I_2(t)$ は連立微分方程式

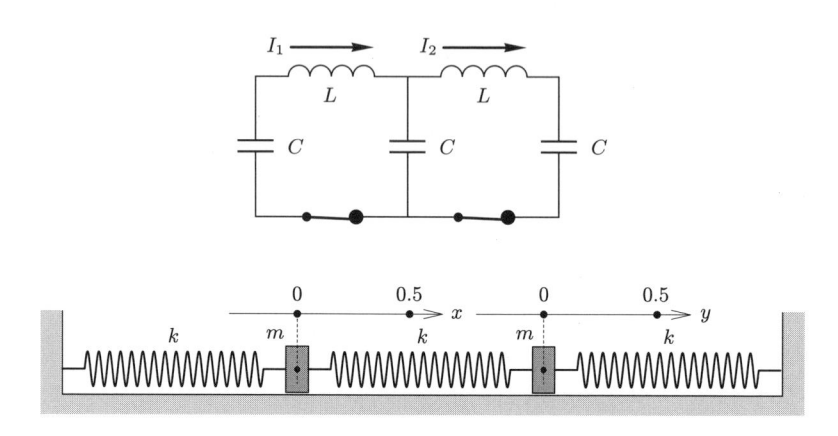

図 12-16　二つの LCR 回路の結合，連成振動

に従う．これは，図 12-16 下図に示すような同じ質量 m の二つの物体を，同じバネ定数 k のバネ 3 個でつないだ連成振動の微分方程式（p.228，式 (11.36)）

$$\begin{cases} L\,I_1''(t) = -\dfrac{1}{C}I_1(t) + \dfrac{1}{C}(I_2(t) - I_1(t)) \\ L\,I_2''(t) = -\dfrac{1}{C}(I_2(t) - I_1(t)) - \dfrac{1}{C}I_2(t) \end{cases} \tag{12.11}$$

$$\begin{cases} m\,x''(t) = -2c\,x(t) + c\,y(t) \\ m\,y''(t) = c\,x(t) - 2c\,y(t) \end{cases}$$

と同じタイプであり，右辺の係数行列の固有値・固有ベクトルを用いて解くことができる．解の関数は，たとえば図 11-24（p.231）のように与えられる．

　以上，基本的な電気回路について電流の満たすべき微分方程式と，バネの振動による微分方程式の類似性を示した．

問題の解答

第1章

1.1 (1) $2\vec{a}+3\vec{b}=(1,9)$, $\vec{a}\cdot\vec{b}=1$, $\cos\theta=1/\sqrt{26}$ (2) $\vec{p}=t(3,1)+(-1,2)$
(3) 中心 $(-2,-1)$, 半径 2 (4) $3\vec{a}+5\vec{b}=(13,1,14)$, $\vec{a}\cdot\vec{b}=3$, $\cos\theta=\sqrt{21}/14$
(5) $\vec{p}=t(1,1,1)+(-1,1,2)$ (6) 中心 $(1,-3,-2)$, 半径 2 (7) $2\sqrt{6}-2$

1.2 (1) $\begin{pmatrix}16\\3\end{pmatrix}$ (2) $(-6\ -6\ 8)$ (3) $\begin{pmatrix}2 & 4\\5 & 4\end{pmatrix}$ (4) $\begin{pmatrix}-3 & 2\\-14 & -29\end{pmatrix}$

(5) $\begin{pmatrix}3a & -c+6\\3-b & 3b-1\\3c+1 & -a\end{pmatrix}$ (6) $\begin{pmatrix}0 & 1 & 3\\-2 & -2 & -3\\7 & 3 & 1\end{pmatrix}$

1.3 省略

1.4 $\begin{pmatrix}10 & 24 & -35\\14 & 32 & 27\end{pmatrix}$

1.5 (1) $\begin{pmatrix}5 & 1\\0 & 2\end{pmatrix}$ (2) $\begin{pmatrix}1 & 0 & -6\\-2 & 2 & 1\\1 & -2 & 5\end{pmatrix}$ (3) (8) (4) $\begin{pmatrix}5 & 5 & 0\\-1 & -1 & 0\\2 & 2 & 0\end{pmatrix}$

(5) $\begin{pmatrix}2d & ac+2\\bd & b+3c\end{pmatrix}$

1.6 (1) 省略 (2) 省略 (3) $(A+B)C=\begin{pmatrix}9 & 11\\3 & 4\end{pmatrix}=AC+BC$

1.7 (1) $\begin{pmatrix}-5 & 2\\3 & -1\end{pmatrix}$ (2) 逆行列なし (3) $\begin{pmatrix}1/7 & -2/7\\2/7 & 3/7\end{pmatrix}$

(4) $\begin{pmatrix}1 & 0\\1/6 & 1/6\end{pmatrix}$

1.8 $a=-1/2$

1.9 (1) $\begin{pmatrix}1 & 1\\2 & -1\end{pmatrix}\begin{pmatrix}x\\y\end{pmatrix}=\begin{pmatrix}2\\3\end{pmatrix}$ (2) $\begin{pmatrix}5 & -2\\-2 & 1\end{pmatrix}\begin{pmatrix}x\\y\end{pmatrix}=\begin{pmatrix}4\\8\end{pmatrix}$

(3) $\begin{pmatrix} 1 & -1 & 2 \\ 3 & 2 & -1 \\ -1 & 3 & 1 \end{pmatrix} \begin{pmatrix} x \\ y \\ z \end{pmatrix} = \begin{pmatrix} 2 \\ 5 \\ -2 \end{pmatrix}$ (4) $\begin{pmatrix} 1 & -1 & 0 \\ 0 & 1 & -1 \\ -1 & 0 & 1 \end{pmatrix} \begin{pmatrix} x \\ y \\ z \end{pmatrix} = \begin{pmatrix} 1 \\ 2 \\ 3 \end{pmatrix}$

[1.10] (1) $x = 2, y = -1$ (2) $x = -5/2, y = -9/2$

[1.11] (1) $(x, y) = (-23, -13)$ (2) $(x, y, z) = (2, -3, 1)$ (3) $(x, y, z) = (2, 6, 3)$

第2章

[2.1] $(3\mathbf{a} - 2\mathbf{b}) \cdot (\mathbf{b} + 4\mathbf{c}) = -37$, $(\mathbf{a} + \mathbf{b}) \times (\mathbf{b} - \mathbf{c}) = (6, 6, -9)$

[2.2] $\mathbf{x} = s(2, 1, 1) + t(-1, 3, 2)$

[2.3] 単位法線ベクトル $(2/\sqrt{14}, -1/\sqrt{14}, 3/\sqrt{14})$, 通過する点 $(0, 1, 0)$

[2.4] (1) 1次独立 (2) 1次独立

[2.5] $2\mathbf{a} + 3\mathbf{b} = (8, 1, -1, 12, -6)$, $|\mathbf{a}| = 2\sqrt{3}$, $|\mathbf{b}| = \sqrt{22}$, $\theta = \pi/2$

[2.6]

(1) 実部 1, 虚部 1, 絶対値 $\sqrt{2}$, 偏角 $\pi/4$, 共役 $1 - i$

(2) 実部 0, 虚部 -5, 絶対値 5, 偏角 $-\pi/2$, 共役 $5i$

(3) 実部 -2, 虚部 0, 絶対値 2, 偏角 π, 共役 -2

(4) 実部 -1, 虚部 $\sqrt{3}$, 絶対値 2, 偏角 $2\pi/3$, 共役 $-1 - \sqrt{3}i$

(5) 実部 $2\sqrt{3}$, 虚部 -2, 絶対値 4, 偏角 $-\pi/6$, 共役 $2\sqrt{3} + 2i$

[2.7] 省略

[2.8] $(2 - 7i)\mathbf{a} - (3 + 5i)\mathbf{b} = (-1 - 24i, 26 + 10i, -25 - 53i)$, $\mathbf{a} \cdot \mathbf{b} = 24 - 6i$.

[2.9] $\left\{ \begin{pmatrix} 1 & 0 & 0 \\ 0 & 0 & 0 \end{pmatrix}, \begin{pmatrix} 0 & 1 & 0 \\ 0 & 0 & 0 \end{pmatrix}, \begin{pmatrix} 0 & 0 & 1 \\ 0 & 0 & 0 \end{pmatrix}, \begin{pmatrix} 0 & 0 & 0 \\ 1 & 0 & 0 \end{pmatrix}, \begin{pmatrix} 0 & 0 & 0 \\ 0 & 1 & 0 \end{pmatrix}, \begin{pmatrix} 0 & 0 & 0 \\ 0 & 0 & 1 \end{pmatrix} \right\}$

[2.10] $x^3, -x^3 \in P_3[x]$ であるが $x^3 + (-x^3) = 0 \notin P_3[x]$. よって $P_3[x]$ はベクトル空間ではない.

第3章

[3.1]

(1) 対角行列 $\begin{pmatrix} 1 & 0 & 0 \\ 0 & 2 & 0 \\ 0 & 0 & 3 \end{pmatrix}$, 三角行列 $\begin{pmatrix} 1 & 2 & 3 \\ 0 & 1 & 2 \\ 0 & 0 & 1 \end{pmatrix}$, $A = \begin{pmatrix} 1 & 2 & 3 \\ 4 & 5 & 6 \\ 7 & 8 & 9 \end{pmatrix}$ の転置行列

${}^tA = \begin{pmatrix} 1 & 4 & 7 \\ 2 & 5 & 8 \\ 3 & 6 & 9 \end{pmatrix}$, 対称行列 $\begin{pmatrix} 1 & 2 & 3 \\ 2 & 1 & 2 \\ 3 & 2 & 1 \end{pmatrix}$, 交代行列 $\begin{pmatrix} 0 & 1 & 2 \\ -1 & 0 & 1 \\ -2 & -1 & 0 \end{pmatrix}$

(2) $A = (a_{ij})$ とし, $B = (b_{ij}) = A + {}^tA$, $C = (c_{ij}) = A - {}^tA$ とおくと, $b_{ij} = a_{ij} + a_{ji}$, $c_{ij} = a_{ij} - a_{ji}$. したがって, $b_{ji} = a_{ji} + a_{ij} = a_{ij} + a_{ji} = b_{ij}$, $c_{ji} = a_{ji} - a_{ij} = -a_{ij} + a_{ji} = -(a_{ij} - a_{ji}) = -c_{ij}$. これは B が対称行列, C が交代行列であること

を示す．

(3) 上の B, C を用いて $A = \frac{1}{2}B + \frac{1}{2}C$ と書けることに注意して，
$$\begin{pmatrix} 1 & 2 & 3 \\ 4 & 5 & 6 \\ 7 & 8 & 9 \end{pmatrix} = \begin{pmatrix} 1 & 3 & 5 \\ 3 & 5 & 7 \\ 5 & 7 & 9 \end{pmatrix} + \begin{pmatrix} 0 & -1 & -2 \\ 1 & 0 & -1 \\ 2 & 1 & 0 \end{pmatrix}$$

(4) $P = (p_{ij})$ を交代行列とすれば，任意の番号 i, j に対して $p_{ij} = -p_{ji}$. 特に $i = j$ とすると，$p_{ii} = -p_{ii}$, $\therefore p_{ii} = 0$, つまり，P の対角成分はすべて 0.

$\boxed{3.2}$ $\begin{pmatrix} 1/2 & 0 & 0 & 0 \\ 0 & 1 & 0 & 0 \\ 0 & 0 & -1/3 & 0 \\ 0 & 0 & 0 & 1/7 \end{pmatrix}$

$\boxed{3.3}$ 結合法則により，$(AB)(B^{-1}A^{-1}) = A(BB^{-1})A^{-1} = AA^{-1} = E$, $(B^{-1}A^{-1})(AB) = B^{-1}(A^{-1}A)B = BB^{-1} = E$. よって AB は正則で $(AB)^{-1} = B^{-1}A^{-1}$. 後半は，$AA^{-1} = A^{-1}A = E$ より，$(A^{-1})A = E$, $A(A^{-1}) = E$. したがって行列 A^{-1} も正則で $(A^{-1})^{-1} = A$.

$\boxed{3.4}$ 省略

第4章

$\boxed{4.1}$ (1) $\psi\varphi = \begin{pmatrix} 1 & 2 & 3 & 4 & 5 \\ 2 & 3 & 1 & 4 & 5 \end{pmatrix}$ (2) $\varphi\psi = \begin{pmatrix} 1 & 2 & 3 & 4 & 5 \\ 1 & 3 & 5 & 4 & 2 \end{pmatrix}$

(3) $\varphi^{-1} = \begin{pmatrix} 1 & 2 & 3 & 4 & 5 \\ 4 & 3 & 1 & 5 & 2 \end{pmatrix}$

$\boxed{4.2}$

(1) 2次の置換——符号数 1 : $\begin{pmatrix} 1 & 2 \\ 1 & 2 \end{pmatrix}$

符号数 -1 : $\begin{pmatrix} 1 & 2 \\ 2 & 1 \end{pmatrix}$

3次の置換——符号数 1 : $\begin{pmatrix} 1 & 2 & 3 \\ 1 & 2 & 3 \end{pmatrix}$, $\begin{pmatrix} 1 & 2 & 3 \\ 2 & 3 & 1 \end{pmatrix}$, $\begin{pmatrix} 1 & 2 & 3 \\ 3 & 1 & 2 \end{pmatrix}$

符号数 -1 : $\begin{pmatrix} 1 & 2 & 3 \\ 3 & 2 & 1 \end{pmatrix}$, $\begin{pmatrix} 1 & 2 & 3 \\ 2 & 1 & 3 \end{pmatrix}$, $\begin{pmatrix} 1 & 2 & 3 \\ 1 & 3 & 2 \end{pmatrix}$

(2) $\text{sgn}\,\varphi_1 = -1$, $\text{sgn}\,\varphi_2 = -1$, $\text{sgn}\,\varphi_3 = 1$

$\boxed{4.3}$ (1) 6 (2) $7a - 5b$ (3) 0 (4) 6 (5) 6 (6) -27 (7) 0 (8) 0 (9) 120 (10) $abcd$

$\boxed{4.4}$ (1) 0 (2) -330 (3) -1 (4) -52 (5) 80

4.5 底面積を S とすると $S=|\mathbf{a}\times\mathbf{b}|$. 高さを h とすると, $\theta > \pi/2$ となる場合に注意して $h=|\mathbf{c}||\cos\theta|=|\mathbf{c}|\times|(\mathbf{a}\times\mathbf{b})\cdot\mathbf{c}|/(|\mathbf{a}\times\mathbf{b}||\mathbf{c}|)=|(\mathbf{a}\times\mathbf{b})\cdot\mathbf{c}|/|\mathbf{a}\times\mathbf{b}|$. したがって, 六面体の体積 $= S\times h = |(\mathbf{a}\times\mathbf{b})\cdot\mathbf{c}|$.

第5章

5.1 $A_{11}=-13$, $A_{12}=-2$, $A_{13}=-6$, $A_{21}=6$, $A_{22}=-1$, $A_{23}=-3$, $A_{31}=-2$, $A_{32}=-8$, $A_{33}=1$

5.2 (1) -7 (2) 209 (3) $-(a-b)^2(2a+b)$ (4) $a(b-a)(c-b)(d-c)$
(5) $(b-a)(c-a)(d-a)(c-b)(d-b)(d-c)$

5.3 (1) $-\dfrac{1}{15}\begin{pmatrix} 5 & 1 & 2 \\ -5 & -4 & 7 \\ -5 & -7 & 1 \end{pmatrix}$ (2) $\dfrac{1}{4}\begin{pmatrix} -1 & 1 & 1 \\ 1 & -5 & 3 \\ 1 & 3 & -1 \end{pmatrix}$ (3) 逆行列なし

第6章

6.1 (1) $x=1$, $y=2$, $z=-1$ (2) $x=1$, $y=3$, $z=-1$

第7章

7.1 P：第3列が k 倍される. Q：第2列と第3列が入れ替わる. R：第2列が k 倍されて第1列に加えられる.

7.2
(1) 省略
(2) $A \longrightarrow B$ ならば, 有限個の基本行列の積 P と Q があって, $PAQ=B$ と表される. 基本行列は正則で逆行列も基本行列だから, その有限個の積 P と Q も正則であり, P^{-1} と Q^{-1} は有限個の基本行列の積となる. $PAQ=B$ の両辺に左から P^{-1}, 右から Q^{-1} をかけると, $P^{-1}BQ^{-1}=A$. これは $B \longrightarrow A$ であることを示す.

7.3 (1) 3 (2) 2 (3) 3

7.4 (1) $x=1/4$, $y=1/4$, $z=5/4$ (2) $x=1$, $y=2$, $z=2$ (3) $x=3$, $y=2$, $z=0$ (4) 解なし

7.5 $a=3$ または $a=4$ で, $a=3$ ならば, 解は $x=-\alpha$, $y=-\alpha$, $z=\alpha$ (α は任意の定数), $a=4$ ならば, 解は $x=\beta$, $y=-5\beta/2$, $z=\beta$ (β は任意の定数).

7.6 (1) $\begin{pmatrix} 0 & -2 & 1 \\ 1 & 2 & -1 \\ -1 & -1 & 1 \end{pmatrix}$ (2) $\begin{pmatrix} -1 & 3 & -4 \\ 1/3 & -1 & 5/3 \\ 2/3 & -1 & 4/3 \end{pmatrix}$

(3) $\begin{pmatrix} 6/19 & 3/19 & 2/19 \\ -11/19 & 4/19 & 9/19 \\ -4/19 & -2/19 & 5/19 \end{pmatrix}$

第8章

8.1 $\begin{pmatrix} 0 & 1 \\ -1 & 0 \end{pmatrix}$

8.2

(1) (a) $\begin{pmatrix} 3 & -2 \\ -1 & 5 \end{pmatrix}$ (b) $\begin{pmatrix} 0 & 4 \\ -1 & 1 \end{pmatrix}$

(2) (a) $(1, 6)$ (b) $(3, -19)$ (c) $(-13, -13)$

(3) (a) $\begin{pmatrix} 3 & 1 \\ 2 & 1 \end{pmatrix}$ (b) $\begin{pmatrix} -17 & 11 \\ 16 & -12 \end{pmatrix}$

8.3 $x - 4y + 20 = 0$

8.4

(1) (a) $\begin{pmatrix} -3/7 & 4/7 \\ 4/7 & -3/7 \end{pmatrix}$ (b) $\begin{pmatrix} -4 & -3 \\ -7/2 & -5/2 \end{pmatrix}$ (c) 逆変換をもたない

(d) $\begin{pmatrix} 2/7 & 1/7 \\ 3/7 & -2/7 \end{pmatrix}$

(2) (a) $x - y = 1$, $(-1 + \sqrt{3})x + (1 + \sqrt{3})y = 2$ (b) $5x - 9y = 2$, $(1 + 3\sqrt{3})x + (3 - \sqrt{3})y = -4$ (c) $-x + 2y = 0$, $\sqrt{3}x + y = 0$

(d) $2x - 3y = 0$, $x - \sqrt{3}y = 0$

(3) (a) $(-1 + \sqrt{3})x + (1 + \sqrt{3})y = 4$ (b) $13x^2 + 6\sqrt{3}xy + 7y^2 = 4$

(c) $x^2 - 2\sqrt{3}xy + 3y^2 + 2\sqrt{3}x + 2y = 0$ (d) $x^2 + 2\sqrt{3}xy - y^2 = -2$

(4) 直交行列を $A = \begin{pmatrix} a_{11} & a_{12} \\ a_{21} & a_{22} \end{pmatrix}$ とおく．$\mathbf{x} = {}^t(x_1, x_2)$, $\mathbf{y} = {}^t(y_1, y_2)$ に対し式 (8.1) を用いて計算すると，

$$\begin{aligned} A\mathbf{x} \cdot A\mathbf{y} &= (a_{11}x_1 + a_{12}x_2)(a_{11}y_1 + a_{12}y_2) + (a_{21}x_1 + a_{22}x_2)(a_{21}y_1 + a_{22}y_2) \\ &= (a_{11}^2 + a_{21}^2)x_1y_1 + (a_{11}a_{12} + a_{21}a_{22})(x_1y_2 + x_2y_1) + (a_{12}^2 + a_{22}^2)x_2y_2 \\ &= x_1y_1 + x_2y_2 = \mathbf{x} \cdot \mathbf{y} \end{aligned}$$

したがって，A の定める直交変換はベクトルの内積を変えない．

8.5

(1) 部分ベクトル空間となる．

(2) $\mathbf{a} = (1, 1) \in W$, $\mathbf{b} = (-1, 1) \in W$, $\mathbf{a} + \mathbf{b} = (0, 2) \notin W$ だから，部分ベクトル空間とならない．

8.6

(1) 任意の $\lambda \in \mathbb{R}$, $\mathbf{x}, \mathbf{y} \in S$ に対し，$A(\mathbf{x} + \mathbf{y}) = A\mathbf{x} + A\mathbf{y} = 2\mathbf{b} = \mathbf{0}$ だから $\mathbf{x} + \mathbf{y} \in S$, $A(\lambda \mathbf{x}) = \lambda A(\mathbf{x}) = \lambda \mathbf{b} = \mathbf{0}$ だから $\lambda \mathbf{x} \in S$, よって S は部分ベクトル空間となる．

(2) $\mathbf{x}, \mathbf{y} \in S$ に対し, $A(\mathbf{x} + \mathbf{y}) = A\mathbf{x} + A\mathbf{y} = 2\mathbf{b} \neq \mathbf{b}$ だから, S は部分ベクトル空間とならない.

8.7
(1) 核：次元 1, 基底 $\{{}^t(-1, 1, 1)\}$
   像：次元 2, 基底 $\{{}^t(1, 2, 4), {}^t(-1, 1, -1)\}$
(2) 核：次元 2, 基底 $\{{}^t(-1, -1, 1, 0), {}^t(-1, 1, 0, 1)\}$
   像：次元 2, 基底 $\{{}^t(1, 1, 1), {}^t(-1, 2, 1)\}$

第 9 章

9.1 $M(n, n, \mathbb{R})$ の加法に関する単位元は零行列 O であるが, $n \geq 2$ ならば零行列以外に正則でない行列（つまり, $M(n, n, \mathbb{R})$ の乗法に関する逆元をもたない行列）が存在するから（たとえば, $(1, 1)$ 成分が 1 でその他の成分がすべて 0 である行列）, $M(n, n, \mathbb{R})$ は体ではない. $M(n, n, \mathbb{C})$ も同様.

9.2
(i) $a - a = 0 = 0 \times n \Rightarrow a \equiv a \pmod{n}$
(ii) $a \equiv b \pmod{n} \Rightarrow a - b = kn, \ k \in \mathbb{Z} \Rightarrow b - a = -kn, \ -k \in \mathbb{Z} \Rightarrow b \equiv a \pmod{n}$
(iii) $a \equiv b \pmod{n}$ かつ $b \equiv c \pmod{n} \Rightarrow a - b = kn$ かつ $b - c = \ell n, \ k, \ell \in \mathbb{Z} \Rightarrow a - c = (a - b) + (b - c) = (k + \ell)n, \ k + \ell \in \mathbb{Z} \Rightarrow a \equiv c \pmod{n}$

9.3
(a) $15 \equiv -5 \pmod{5}, \ 7 \not\equiv 38 \pmod{5}, \ -25 \not\equiv 41 \pmod{5}$
(b) $12 \not\equiv 32 \pmod{8}, \ -7 \equiv 33 \pmod{8}, \ 35 \not\equiv 141 \pmod{8}$

9.4 省略

9.5 $a \equiv x \pmod{n}, \ b \equiv y \pmod{n} \Leftrightarrow a - x = kn, \ b - y = \ell n, \ k, \ell \in \mathbb{Z} \Rightarrow (a + b) - (x + y) = (k + \ell)n, \ k + \ell \in \mathbb{Z} \Leftrightarrow a + b \equiv x + y \pmod{n}$

9.6 $C(1) \dotplus C(4) = C(5), \ C(-8) \dotplus C(31) = C(23) = C(5)$. また, $C(15) \dotplus C(3) = C(18) = C(0)$ だから, $C(15)$ の $\dotplus$ に関する逆元は $C(3)$.

9.7
(i) $C(a) \dottimes \bigl(C(b) \dottimes C(c)\bigr) = C(a) \dottimes C(b \times c) = C(a \times (b \times c)) = C((a \times b) \times c) = C(a \times b) \dottimes C(c) = \bigl(C(a) \dottimes C(b)\bigr) \dottimes C(c)$
(ii) $C(a) \dottimes C(1) = C(a \times 1) = C(a) = C(1 \times a) = C(1) \dottimes C(a)$
(iii) $C(a) \dottimes C(b) = C(a \times b) = C(b \times a) = C(b) \dottimes C(a)$
(iv) $C(a) \dottimes \bigl(C(b) \dotplus C(c)\bigr) = C(a) \dottimes C(b + c) = C(a \times (b + c)) = C(a \times b + a \times c) = C(a \times b) \dotplus C(a \times c) = C(a) \dottimes C(b) \dotplus C(a) \dottimes C(c)$

9.8
(1) $4 + 2 = 0, \ 3 - 5 = 4, \ 2 \times 3 = 0, \ 4 \times 3 = 0$

(2) $2+3=0$, $3-4=4$, $3\times 2=1$, $2\times 4=3$. $3\times 2=1$ より $3^{-1}=2$ だから, $4\div 3=4\times 3^{-1}=4\times 2=3$.

$\boxed{9.9}$ (1) $\begin{pmatrix} 6 & 5 & 4 \\ 1 & 3 & 6 \\ 4 & 5 & 2 \end{pmatrix}$ (2) $\begin{pmatrix} 2 & 3 & 6 \\ 0 & 4 & 3 \\ 0 & 5 & 0 \end{pmatrix}$ (3) $\begin{pmatrix} 1 & 5 & 3 \\ 3 & 1 & 2 \end{pmatrix}$ (4) 1

(5) $\begin{pmatrix} 5 & 4 \\ 5 & 6 \end{pmatrix}$

第10章

$\boxed{10.1}$

(1) 仮定により, $A\mathbf{p}=\lambda\mathbf{p}$, $\mathbf{p}\neq\mathbf{0}$. 行列の積の性質（線形性）から $A(k\mathbf{p})=k(A\mathbf{p})=k(\lambda\mathbf{p})=\lambda(k\mathbf{p})$, かつ, $k\neq 0$ だから $k\mathbf{p}\neq\mathbf{0}$. よって $k\mathbf{p}$ も λ に対応する固有ベクトルである.

(2) 仮定により $A\mathbf{p}=\lambda\mathbf{p}$, $A\mathbf{q}=\lambda\mathbf{q}$, $\mathbf{p}\neq\mathbf{0}$, $\mathbf{q}\neq\mathbf{0}$. (1) と同様に, $A(h\mathbf{p}+k\mathbf{q})=h(A\mathbf{p})+k(A\mathbf{q})=h(\lambda\mathbf{p})+k(\lambda\mathbf{q})=\lambda(h\mathbf{p}+k\mathbf{q})$, $h\mathbf{p}+k\mathbf{q}\neq\mathbf{0}$. よって $h\mathbf{p}+k\mathbf{q}$ も λ に対応する固有ベクトルである.

$\boxed{10.2}$

(1) 固有値：-2, 固有ベクトル：$\alpha\begin{pmatrix} 1 \\ 1 \end{pmatrix}$

  固有値：4, 固有ベクトル：$\beta\begin{pmatrix} -1 \\ 1 \end{pmatrix}$

(2) 固有値：$2-\sqrt{5}$, 固有ベクトル：$\alpha\begin{pmatrix} 1+\sqrt{5} \\ 2 \end{pmatrix}$

  固有値：$2+\sqrt{5}$, 固有ベクトル：$\beta\begin{pmatrix} 1-\sqrt{5} \\ 2 \end{pmatrix}$

(3) 固有値：$3-i$, 固有ベクトル：$\alpha\begin{pmatrix} -1-i \\ 2 \end{pmatrix}$

  固有値：$3+i$, 固有ベクトル：$\beta\begin{pmatrix} -1+i \\ 2 \end{pmatrix}$

(4) 固有値：0, 固有ベクトル：$\alpha\begin{pmatrix} 1 \\ 1 \\ 1 \end{pmatrix}$

  固有値：1, 固有ベクトル：$\beta\begin{pmatrix} 1 \\ 2 \\ 1 \end{pmatrix}$

固有値：2, 固有ベクトル：$\gamma \begin{pmatrix} 1 \\ 3 \\ 3 \end{pmatrix}$

10.3

(1) 固有値：1, 固有ベクトル：$\alpha \begin{pmatrix} 1 \\ 0 \end{pmatrix}$

(2) 固有値：0, 固有ベクトル：$\alpha \begin{pmatrix} 0 \\ 1 \end{pmatrix}$

(3) 固有値：-1, 固有ベクトル：$\alpha \begin{pmatrix} -1 \\ 0 \\ 1 \end{pmatrix}$

固有値：1, 固有ベクトル：$\beta \begin{pmatrix} 1 \\ 0 \\ 1 \end{pmatrix} + \gamma \begin{pmatrix} 0 \\ 1 \\ 0 \end{pmatrix}$

(4) 固有値：1, 固有ベクトル：$\alpha \begin{pmatrix} 0 \\ 1 \\ 0 \end{pmatrix}$

固有値：$-i$, 固有ベクトル：$\beta \begin{pmatrix} -i \\ 0 \\ 1 \end{pmatrix}$

固有値：i, 固有ベクトル：$\gamma \begin{pmatrix} i \\ 0 \\ 1 \end{pmatrix}$

(5) 固有値：-1, 固有ベクトル：$\alpha \begin{pmatrix} -2 \\ -1 \\ 2 \end{pmatrix}$

固有値：1 固有ベクトル：$\beta \begin{pmatrix} 0 \\ 1 \\ 0 \end{pmatrix}$

10.4

(1) $P = \begin{pmatrix} -1/\sqrt{2} & 1/\sqrt{2} \\ 1/\sqrt{2} & 1/\sqrt{2} \end{pmatrix}$, ${}^t PAP = \begin{pmatrix} 3 & 0 \\ 0 & 5 \end{pmatrix}$

(2) $P = \begin{pmatrix} -1/\sqrt{2} & 1/\sqrt{2} \\ 1/\sqrt{2} & 1/\sqrt{2} \end{pmatrix}$, ${}^t PAP = \begin{pmatrix} 2 & 0 \\ 0 & 4 \end{pmatrix}$

(3) $P = \begin{pmatrix} 2/\sqrt{5} & -1/\sqrt{5} \\ 1/\sqrt{5} & 2/\sqrt{5} \end{pmatrix}$, ${}^t PAP = \begin{pmatrix} 1 & 0 \\ 0 & 6 \end{pmatrix}$

(4) $P = \begin{pmatrix} 1/\sqrt{2} & -1/\sqrt{2} \\ 1/\sqrt{2} & 1/\sqrt{2} \end{pmatrix}$, ${}^tPAP = \begin{pmatrix} -2 & 0 \\ 0 & 4 \end{pmatrix}$

(5) $P = \begin{pmatrix} 1/\sqrt{2} & -1/\sqrt{6} & 1/\sqrt{3} \\ 0 & 2/\sqrt{6} & 1/\sqrt{3} \\ -1/\sqrt{2} & -1/\sqrt{6} & 1/\sqrt{3} \end{pmatrix}$, ${}^tPAP = \begin{pmatrix} -1 & 0 & 0 \\ 0 & -1 & 0 \\ 0 & 0 & 2 \end{pmatrix}$

(6) $P = \begin{pmatrix} \sqrt{2}/6 & 1/\sqrt{2} & 2/3 \\ \sqrt{2}/6 & -1/\sqrt{2} & 2/3 \\ -2\sqrt{2}/3 & 0 & 1/3 \end{pmatrix}$, ${}^tPAP = \begin{pmatrix} -4 & 0 & 0 \\ 0 & -2 & 0 \\ 0 & 0 & 5 \end{pmatrix}$

第 11 章

11.1

(1) (a) $\begin{pmatrix} x & y \end{pmatrix} \begin{pmatrix} 1 & 2 \\ 2 & 3 \end{pmatrix} \begin{pmatrix} x \\ y \end{pmatrix}$

(b) $\begin{pmatrix} x & y \end{pmatrix} \begin{pmatrix} 5 & 3/2 \\ 3/2 & 1 \end{pmatrix} \begin{pmatrix} x \\ y \end{pmatrix}$

(2) (a) $\begin{pmatrix} x \\ y \end{pmatrix} = \begin{pmatrix} 1/\sqrt{2} & -1/\sqrt{2} \\ 1/\sqrt{2} & 1/\sqrt{2} \end{pmatrix} \begin{pmatrix} \bar{x} \\ \bar{y} \end{pmatrix}$ によって $4\bar{x}^2 + 2\bar{y}^2$ と標準化される.

(b) $\begin{pmatrix} x \\ y \end{pmatrix} = \begin{pmatrix} -1/\sqrt{5} & 2/\sqrt{5} \\ 2/\sqrt{5} & 1/\sqrt{5} \end{pmatrix} \begin{pmatrix} \bar{x} \\ \bar{y} \end{pmatrix}$ によって $6\bar{x}^2 + \bar{y}^2$ と標準化される.

11.2

(1) $\begin{pmatrix} x \\ y \end{pmatrix} = \begin{pmatrix} 1/\sqrt{2} & -1/\sqrt{2} \\ 1/\sqrt{2} & 1/\sqrt{2} \end{pmatrix} \begin{pmatrix} \bar{x} \\ \bar{y} \end{pmatrix}$ によって $5\bar{x}^2 + \bar{y}^2 = 5^2$ と標準化され, 楕円を表す.

(2) $\begin{pmatrix} x \\ y \end{pmatrix} = \begin{pmatrix} 1/\sqrt{2} & -1/\sqrt{2} \\ 1/\sqrt{2} & 1/\sqrt{2} \end{pmatrix} \begin{pmatrix} \bar{x} \\ \bar{y} \end{pmatrix}$ によって $5\bar{x}^2 - 3\bar{y}^2 = 5$ と標準化され, 双曲線を表す.

(3) $\begin{pmatrix} x \\ y \end{pmatrix} = \begin{pmatrix} 1/2 & -\sqrt{3}/2 \\ \sqrt{3}/2 & 1/2 \end{pmatrix} \begin{pmatrix} \bar{x} \\ \bar{y} \end{pmatrix}$ によって $5\bar{x}^2 + \bar{y}^2 = 1$ と標準化され, 楕円を表す.

11.3

(1) $x(t) = \dfrac{e^{-5t}}{7} \left\{ C_1 \left(1 + 6e^{7t}\right) + 3C_2 \left(-1 + e^{7t}\right) \right\}$

$y(t) = \dfrac{e^{-5t}}{7} \left\{ 2C_1 \left(-1 + e^{7t}\right) + C_2 \left(6 + e^{7t}\right) \right\}$

(2) $x(t) = \dfrac{e^{2t}}{2} \left\{ C_1 \left(1 + e^{2t}\right) + C_2 \left(-1 + e^{2t}\right) \right\}$

$y(t) = \dfrac{e^{2t}}{2} \left\{ C_1 \left(-1 + e^{2t}\right) + C_2 \left(1 + e^{2t}\right) \right\}$

章末問題の解答

第1章

1

(A) (1) $\begin{pmatrix} -3a - 2b \\ -2a + 2b \end{pmatrix}$ (2) $\begin{pmatrix} -2x + 5y & -4y + 5z & -6z + 10x \end{pmatrix}$

(3) $\begin{pmatrix} -1 & 5 \\ -1 & 0 \end{pmatrix}$ (4) $\begin{pmatrix} 1 & 3 \\ -7 & -1 \end{pmatrix}$ (5) $\begin{pmatrix} 1 & -4 \\ -4 & 0 \\ 0 & 1 \end{pmatrix}$

(6) $\begin{pmatrix} -1 & 2 & 4 \\ -4 & 6 & 1 \\ 9 & -1 & 2 \end{pmatrix}$

(B) $\begin{pmatrix} -5 & -15 \\ -18 & 2 \end{pmatrix}$

2

(A) (1) $\begin{pmatrix} 2 & 1 \\ 4 & -1 \end{pmatrix}$ (2) $\begin{pmatrix} -2 & 1 & 4 \\ 1 & 1 & -1 \\ 1 & -2 & 3 \end{pmatrix}$ (3) $\begin{pmatrix} a + 2b + 3c \end{pmatrix}$

(4) $\begin{pmatrix} a & b & c \\ 2a & 2b & 2c \\ 3a & 3b & 3c \end{pmatrix}$ (5) $\begin{pmatrix} ax + by & ay + bx \\ cx + dy & cy + dx \end{pmatrix}$

(B) $AA - BB = \begin{pmatrix} -3 & 9 \\ -24 & 0 \end{pmatrix}$, $(A+B)(A-B) = \begin{pmatrix} 3 & 15 \\ -6 & -6 \end{pmatrix}$ となり, 異なる. 理由は, $AB \neq BA$ より $-AB + BA \neq 0$.

3

(A) (1) $\begin{pmatrix} 1/2 & 0 \\ 0 & 1/3 \end{pmatrix}$ (2) $\begin{pmatrix} 0 & 1/3 \\ 1/2 & 0 \end{pmatrix}$ (3) $\begin{pmatrix} 1 & -1 \\ 0 & 1 \end{pmatrix}$ (4) 逆行列なし

(B) $a = \pm 2$

4

(1) $x = 8/5, \ y = -1/5$

(2) $x = 18/29$, $y = -5/29$

(3) $x = -7$, $y = 5$

(4) $x = -3/2$, $y = 1/2$

5

(1) $x = 8/5$, $y = -1/5$

(2) $x = 18/29$, $y = -5/29$

(3) $x = 1/8$, $y = 5/8$

(4) $x = 5$, $y = 0$, $z = 2$

(5) $x = 1/2$, $y = 5/2$, $z = -1/2$

(6) $x = 1$, $y = 2$, $z = -1$, $w = 3$

第 2 章

1　(1) $\pi/3$　(2) $\sqrt{3}/2$　(3) $1/2$

2　$(4/9, -1, 28/9)$

3　$3\sqrt{14}$

4　$3\mathbf{a} - 5\mathbf{b} = (-7, -5, -1, 3, 4, -2)$, $|\mathbf{a}| = 4$, $|\mathbf{b}| = 2\sqrt{2}$, $\mathbf{a} \cdot \mathbf{b} = 8$, $\theta = \pi/4$

5　$(1+i)\mathbf{a} - (2-3i)\mathbf{b} = (-6+2i, 3-8i, -1+16i, -3+9i)$, $\mathbf{a} \cdot \mathbf{b} = 1 + 12i$

6　V_1 は $\mathbb{R}$ 上のベクトル空間である．V_2 に関しては，たとえば $(2,1) \in V_2$ であるが $2(2,1) = (4,2) \notin V_2$ なので，ベクトル空間ではない．V_3 に関しては，たとえば $(3,6) \in V_2$ であるが $2(3,6) = (6,12) \notin V_3$ なので，ベクトル空間ではない．

7　$f = f(x) \in \mathcal{T}$ とすると $f'' - 2f' - 3f = e^x$．このとき，$(2f)'' - 2(2f)' - 3(2f) = 2f'' - 4f' - 6f = 2(f'' - 2f' - 3f) = 2e^x \neq e^x$．したがって $2f \notin \mathcal{T}$ だから，$\mathcal{T}$ はベクトル空間ではない．

8　数列の極限に関する性質 $\lim_{n\to\infty}(a_n + b_n) = \lim_{n\to\infty} a_n + \lim_{n\to\infty} b_n$（つまり，$\{a_n\}$ と $\{b_n\}$ が収束すれば $\{a_n + b_n\}$ も収束してこの式を満たす），$\lim_{n\to\infty}(c a_n) = c \lim_{n\to\infty} a_n$ などを用いることにより，$\mathcal{S}$ は $\mathbb{R}$ 上のベクトル空間であることが示される．

第 3 章

1

(1) ${}^tA = (\bar{a}_{ij})$, ${}^t({}^tA) = (\hat{a}_{ij})$ とおくと，$\bar{a}_{ij} = a_{ji}$, $\hat{a}_{ij} = \bar{a}_{ji} = a_{ij}$．したがって，${}^t({}^tA) = (\hat{a}_{ij}) = (a_{ij}) = A$．

(2) $AB = C = (c_{ij})$, ${}^tA = (\bar{a}_{ij})$, ${}^tB = (\bar{b}_{ij})$, ${}^tC = (\bar{c}_{ij})$ とおく．$c_{ij} = \sum_{\ell=1}^k a_{i\ell} b_{\ell j}$ だから，${}^t(AB) = {}^tC = (\bar{c}_{ij}) = (c_{ji}) = \left(\sum_{\ell=1}^k a_{j\ell} b_{\ell i}\right)$．一方，${}^tB\,{}^tA = (\bar{b}_{ij})(\bar{a}_{ij}) = \left(\sum_{\ell=1}^k \bar{b}_{i\ell} \bar{a}_{\ell j}\right) = \left(\sum_{\ell=1}^k b_{\ell i} a_{j\ell}\right) = \left(\sum_{\ell=1}^k a_{j\ell} b_{\ell i}\right)$．したがって，${}^t(AB) = {}^tB\,{}^tA$．

2　$AA^{-1} = A^{-1}A = E$ の各辺を転置して章末問題 1 (2) を用いれば，${}^t(A^{-1})\,{}^tA =$

${}^tA\,{}^t(A^{-1}) = E$. この式は ${}^tA$ が正則で，$({}^tA)^{-1} = {}^t(A^{-1})$ であることを示す．

3 (1) $a = 6,\ b = 5,\ c = 8$ (2) $a = b = c = 0,\ d = -1,\ e = f = -3$

4 $AB = BA$

5 $m = n = 1$ の場合には $\begin{pmatrix} a & b \\ 0 & d \end{pmatrix}^{-1} = \begin{pmatrix} a^{-1} & -ca^{-1}b^{-1} \\ 0 & b^{-1} \end{pmatrix}$ であることから，逆行列が $\begin{pmatrix} A^{-1} & D \\ O & B^{-1} \end{pmatrix}$ の形であろうと推測して，定理 3.2 を用いて積を計算すると，$\begin{pmatrix} A & C \\ O & B \end{pmatrix} \begin{pmatrix} A^{-1} & D \\ O & B^{-1} \end{pmatrix} = \begin{pmatrix} E & AD + CB^{-1} \\ O & E \end{pmatrix}$ となる．$AD + CB^{-1} = 0$ とおくと，$D = -A^{-1}CB^{-1}$．したがって，この行列は逆行列 $\begin{pmatrix} A^{-1} & -A^{-1}CB^{-1} \\ O & B^{-1} \end{pmatrix}$ をもち，正則である．

第 4 章

1
(1) 1_N は 0 個の互換の積として表されるから，$\mathrm{sgn}\,1_N = (-1)^0 = 1$．
(2) φ が n 個の互換の積で $\varphi = (i_{11}, i_{12})(i_{21}, i_{22}) \cdots (i_{n1}, i_{n2})$ と表されたとする．$\psi = (i_{n1}, i_{n2}) \cdots (i_{21}, i_{22})(i_{11}, i_{12})$ とおくと，一般に $(i,j)(i,j) = 1_N$ であることに注意すれば，$\psi \circ \varphi = 1_N$ つまり $\psi = \varphi^{-1}$ であることがわかる．したがって，$\mathrm{sgn}\,\varphi^{-1} = (-1)^n = \mathrm{sgn}\,\varphi^{-1}$．
(3) φ が n 個の互換の積で $\varphi = (i_{11}, i_{12})(i_{21}, i_{22}) \cdots (i_{n1}, i_{n2})$ と表され，ψ が m 個の互換の積で $\psi = (j_{11}, j_{12})(j_{21}, j_{22}) \cdots (j_{m1}, j_{m2})$ と表されたとすると，$\psi \circ \varphi = (j_{11}, j_{12})(j_{21}, j_{22}) \cdots (j_{m1}, j_{m2})(i_{11}, i_{12})(i_{21}, i_{22}) \cdots (i_{n1}, i_{n2})$ と表されるから，$\mathrm{sgn}(\psi \circ \varphi) = (-1)^{m+n} = (-1)^m (-1)^n = \mathrm{sgn}\,\psi\,\mathrm{sgn}\,\varphi$．

2 (1) -96 (2) 34 (3) $8abcd$ (4) $\cos(2v)$

3 (1) $x = 1, 4$ (2) $x = 0, \dfrac{9 \pm \sqrt{3}i}{2}$

4
(1) 図の三つの立体の共通の高さを h とし，$\mathbf{a}, \mathbf{b}$ の張る平行四辺形の面積を S とすると，平行六面体の体積は $S \times h$，四面体の体積 $(1/3) \times (S/2) \times h$．したがって，四面体の体積は平行六面体の体積の $1/6$．
(2) $(1/6)|(\mathbf{a} \times \mathbf{b}) \cdot \mathbf{c}| = (1/6)|\det(\mathbf{a}\,\mathbf{b}\,\mathbf{c})| = 2$

第5章

1
(1) 0 (2) −422 (3) $(x-2)(y+2)(z-2)(x+y)(y+z)(z-x)$

(4) 与えられた式を $|A|$ とおくと, ${}^tA = -A$. 一般に, n 次正方行列 A に対し, $|kA| = k^n|A|$ となる (各行から共通因数の k が合計 n 回前に出される) ことと, 転置行列の行列式は元の行列の行列式に等しい (p.72, 定理 4.2) ことから, $|A| = |{}^tA| = |-A| = (-1)^n|A|$. 今の場合 $n = 5$ だから, $|A| = -|A|$. $\therefore |A| = 0$.

2 $(a^2 + b^2 + c^2 + d^2)^2$

3
(1) 第 n 行について展開すると, a_{j-1} の項は,

$$a_{j-1} \times (-1)^{j+n} \begin{vmatrix} x & -1 & 0 & & & & & & \\ 0 & x & -1 & & & & & & \\ & 0 & x & \cdots & 0 & & & & \\ & & & 0 & \cdots & -1 & & & \\ & & & & x & 0 & & & \\ & & & & 0 & -1 & 0 & & \\ & & & & & & x & \cdots & 0 \\ & & & & & & 0 & \cdots & -1 \end{vmatrix}$$

(対角線上に x が $(j-1)$ 個, -1 が $(n-j)$ 個並ぶ). 補助定理 4.1 (p.70) とその転置した形を繰り返し用いると, $a_{j-1}(-1)^{j+n}x^{j-1}(-1)^{n-j} = a_{j-1}x^{j-1}$. これらを加えると, 証明すべき式の右辺となる.

(2) 第 1 列に他の列をすべて加えて, 第 1 列の共通因数の $(x+na)$ を括り出すと,

$$(x+na) \begin{vmatrix} 1 & a & a & \cdots & a \\ 1 & x+a & a & \cdots & a \\ 1 & a & x+a & \cdots & a \\ \vdots & \vdots & \vdots & \ddots & \vdots \\ 1 & a & a & \cdots & x+a \end{vmatrix}$$

第 2 行以下の各行から第 1 行を引くと,

$$(x+na) \begin{vmatrix} 1 & a & a & \cdots & a \\ 0 & x & 0 & \cdots & 0 \\ 0 & 0 & x & \cdots & 0 \\ \vdots & \vdots & \vdots & \ddots & \vdots \\ 0 & 0 & 0 & \cdots & x \end{vmatrix}$$

三角行列の行列式は対角成分の積だから, $(x+na)x^{n-1}$.

第6章

1 (1) $a=b=0$ (2) $a=b=1$ (3) $a=1, b=0$ (4) 省略
2 $x = bc/(b-a)(c-a)$, $y = ca/(c-b)(a-b)$, $ab/(a-c)(b-c)$
3 $x = (4a-1)/10$, $y = -7(2a-3)/10$, $z = (2a+7)/10$

第7章

1 もし rank$(A) = n$ ならば $A \longrightarrow E$ だから，有限個の基本行列の積 B と C があって $BAC = E$ となる．したがって定理 5.2 (p.95) より，$1 = |E| = |B||A||C|$ だから $|A| \neq 0$．対偶をとれば $|A| = 0$ ならば rank$(A) \neq n$ つまり rank$(A) < n$ となる．

2 (1) $(x, y, z, w) = (7\alpha - 2, -9\alpha + 9, -3\alpha + 2, \alpha)$ (α 任意) (2) $x = y = z = w = 0$

3
(1) 基本変形 $\begin{pmatrix} 1 & 2 \\ 3 & 4 \end{pmatrix} \to \begin{pmatrix} 1 & 2 \\ 0 & -2 \end{pmatrix} \to \begin{pmatrix} 1 & 2 \\ 0 & 1 \end{pmatrix} \to \begin{pmatrix} 1 & 0 \\ 0 & 1 \end{pmatrix}$ に対応する基本行列を A に左から順にかけていけばよい．$X = R[1, 2, -2]$, $Y = P[2, -1/2]$, $Z = R[2, 1, -3]$.

(2) $A^{-1} = XYZ = R[1, 2, -2]P[2, 1/2]Q[2, 1, -3]$

(3) $A = Z^{-1}Y^{-1}X^{-1}E = R[2, 1, -3]^{-1}P[2, -1/2]^{-1}R[1, 2, -2]^{-1}$
$= R[2, 1, 3]\, P[2, -2]\, R[1, 2, 2]$

4 A を正則行列とする．定理 7.2 より有限個の基本行列の積 B と C があって，$BAC = \begin{pmatrix} E_r & 0 \\ 0 & 0 \end{pmatrix}$, $0 \leqq r \leqq n$ と表される．A, B, C は正則だから定理 5.2 (p.95) と定理 5.4 (p.99) により，$|BAC| \neq 0$．したがって，$r = n$ となり，$BAC = E_n$, $\therefore A = B^{-1}C^{-1}$. 基本行列の逆行列は基本行列だから，$A$ は基本行列の積で表される．

第8章

1 $\mathbf{y}_1, \mathbf{y}_2 \in \mathrm{Im}\, f$, $\lambda \in \mathbb{R}$ とする．$\mathbf{x}_1, \mathbf{x}_2 \in \mathbb{R}^n$ を $A\mathbf{x}_1 = \mathbf{y}_1$, $A\mathbf{x}_2 = \mathbf{y}_2$ となるようにとると，$A(\mathbf{x}_1 + \mathbf{x}_2) = A\mathbf{x}_1 + A\mathbf{x}_2 = \mathbf{y}_1 + \mathbf{y}_2$ だから $\mathbf{y}_1 + \mathbf{y}_2 \in \mathrm{Im}\, f$ であり，$A(\lambda \mathbf{x}_1) = \lambda A(\mathbf{x}_1) = \lambda \mathbf{y}_1$ だから $\mathbf{y}_1 \in \mathrm{Im}\, f$ である．したがって，$\mathrm{Im}\, f$ は $\mathbb{R}^m$ の部分ベクトル空間である．後半は，$\mathbf{z}_1, \mathbf{z}_2 \in \mathrm{Ker}\, f$, $\kappa \in \mathbb{R}$ とすると，$A(\mathbf{z}_1 + \mathbf{z}_2) = A(\mathbf{z}_1) + A(\mathbf{z}_2) = \mathbf{0} + \mathbf{0} = \mathbf{0}$ だから $\mathbf{z}_1 + \mathbf{z}_2 \in \mathrm{Ker}\, f$ であり，$A(\kappa \mathbf{z}_1) = \kappa A(\mathbf{z}_1) = \kappa \mathbf{0} = \mathbf{0}$ だから $\kappa \mathbf{z}_1 \in \mathrm{Ker}\, f$ である．したがって $\mathrm{Ker}\, f$ は $\mathbb{R}^n$ の部分ベクトル空間である．

2 A の定める線形写像を f とすると，斉次連立 1 次方程式 $A\mathbf{x} = \mathbf{0}$ の解空間は f の核 $\mathrm{Ker}\, f$ である．定理 8.4 から $\dim(\mathrm{Ker}\, f) = n - \dim(\mathrm{Im}\, f) = n - \mathrm{rank}(A) = n - r$.

3
(a) $\Rightarrow$ (b) f が 1 対 1 写像ならば，$f(\mathbf{a}) = \mathbf{0}$ となる $\mathbf{a}$ は $\mathbf{0}$ のみだから，$\mathrm{Ker}\, f = \mathbf{O}$.

よって $\dim(\mathrm{Ker}\, f) = 0$.

(b) $\Rightarrow$ (c) $\dim(\mathrm{Ker}\, f) = 0$ ならば，定理 8.4 より $\mathrm{rank}(A) = \dim(\mathrm{Im}\, f) = n - \dim(\mathrm{Ker}\, f) = n$.

(c) $\Rightarrow$ (a) $\mathrm{rank}(A) = n$ ならば，定理 8.4 より $\dim(\mathrm{Ker}\, f) = n - \dim(\mathrm{Im}\, f) = n - \mathrm{rank}(A) = 0$ だから，$\mathrm{Ker}\, f = \mathbf{O}$. $\mathbf{a} \neq \mathbf{b}$ とすると $\mathbf{a} - \mathbf{b} \neq \mathbf{0}$ だから，$f(\mathbf{a}) - f(\mathbf{b}) = f(\mathbf{a} - \mathbf{b}) \neq \mathbf{0}$ すなわち $f(\mathbf{a}) \neq f(\mathbf{b})$. したがって，$f$ は 1 対 1 写像である．

4

(a) $\Rightarrow$ (b) f が上への写像ならば $\mathrm{Im}\, f = \mathbb{R}^m$. したがって，$\dim(\mathrm{Im}\, f) = m$.

(b) $\Rightarrow$ (c) 定理 8.4 より $\mathrm{rank}(A) = \dim(\mathrm{Im}\, f) = m$.

(c) $\Rightarrow$ (a) 定理 8.4 より $\dim(\mathrm{Im}\, f) = \mathrm{rank}(A) = m$. $\mathbb{R}^m$ の部分ベクトル空間で次元が m となるのは $\mathbb{R}^m$ だけだから $\mathrm{Im}\, f = \mathbb{R}^m$. よって f は上への写像である．

5 章末問題 3 と 4 の特別な場合として $m = n$ とすると，f が 1 対 1 の写像であることと $\mathrm{rank}\, A = n$ は同値（章末問題 3），かつ $\mathrm{rank}\, A = n$ と f が上への写像であることは同値（章末問題 4）．したがって，f が 1 対 1 の写像であることと f が上への写像であることは同値となる．

6 まず，V の要素 $\mathbf{v}$ を基底の線形結合で表すときの係数 $a_1, \cdots, a_n$ のとり方はただ 1 通りだから（2.3 節〔1〕を参照），写像 φ が矛盾なく定義されることを注意しておく．

(1) $\mathbf{v} = \sum a_i \mathbf{e}_i$, $\mathbf{w} = \sum b_i \mathbf{e}_i$ とするとき，$\mathbf{v} \neq \mathbf{w}$ ならば $a_j \neq b_j$ となる番号 j があるから，$\varphi(\mathbf{v}) = (a_1, \cdots, a_n) \neq (b_1, \cdots, b_n) = \varphi(\mathbf{w})$. したがって，$\varphi$ は 1 対 1 の写像である．また，$\mathbb{R}^n$ の任意の要素 $\mathbf{x} = (a_1, \cdots, a_n)$ に対して，$\mathbf{v} = \sum a_i \mathbf{e}_i \in V$ とおけば，$\varphi(\mathbf{v}) = \mathbf{x}$ であるから，φ は上への写像である．したがって，φ は V から $\mathbb{R}^n$ への 1 対 1 対応であり，逆写像 φ^{-1} をもつ．

V の要素 $\mathbf{v} = \sum a_i \mathbf{e}_i$, $\mathbf{w} = \sum b_i \mathbf{e}_i$ に対し，$\varphi(\mathbf{v} + \mathbf{w}) = \varphi(\sum a_i \mathbf{e}_i + \sum b_i \mathbf{e}_i) = \varphi(\sum (a_i + b_i) \mathbf{e}_i) = (a_1 + b_1, \cdots, a_n + b_n) = (a_1, \cdots, a_n) + (b_1, \cdots, b_n) = \varphi(\mathbf{v}) + \varphi(\mathbf{w})$，かつ $\varphi(\lambda \mathbf{v}) = \varphi(\lambda \sum a_i \mathbf{e}_i) = \varphi(\sum \lambda a_i \mathbf{e}_i) = (\lambda a_1, \cdots, \lambda a_n) = \lambda (a_1, \cdots, a_n) = \lambda \varphi(\mathbf{v})$ だから，φ は線形写像である．同様にして，φ^{-1} も線形写像であることが示される．

(2) 同様に，V の別な基底 $\mathbf{f}_1, \cdots, \mathbf{f}_m$ が定める線形写像を $\psi : V \to \mathbb{R}^m$ とすると，ψ は 1 対 1 対応で，ψ, ψ^{-1} はともに線形写像である．したがって，合成写像 $f = \psi \circ \varphi^{-1} : \mathbb{R}^n \to \mathbb{R}^m$ は 1 対 1 かつ上への線形写像である．f を定める $m \times n$ 行列を A とすると（定理 8.1），f が 1 対 1 写像であることから $\mathrm{rank}(A) = n$ であり（第 8 章の章末問題 3），かつ，f が上への写像であることから $\mathrm{rank}(A) = m$ である（第 8 章の章末問題 4）．よって，$m = n$ が示された．

第9章

$\boxed{1}$ (1) $(1,0,0,1,1)$ (2) $(1,1,0,0,1)$ (3) $\begin{pmatrix} 0 & 1 \\ 0 & 1 \end{pmatrix}$ (4) $\begin{pmatrix} 1 & 0 & 1 \\ 1 & 1 & 1 \end{pmatrix}$

(5) $\begin{pmatrix} 1 & 0 & 1 & 0 \\ 0 & 1 & 1 & 0 \end{pmatrix}$ (6) $\begin{pmatrix} 0 & 0 & 1 & 1 & 0 & 1 \\ 1 & 1 & 1 & 0 & 1 & 1 \end{pmatrix}$ (7) $\begin{pmatrix} 1 & 1 & 0 \\ 1 & 0 & 1 \\ 0 & 0 & 1 \end{pmatrix}$ (8) 0

(9) $\begin{pmatrix} 1 & 1 & 1 \\ 1 & 1 & 0 \\ 1 & 0 & 1 \end{pmatrix}$

$\boxed{2}$ 区間 I の 1 点 a をとり，$f(x) = x - a$ とする．$f(x)$ は $\mathbb{R}[x]$, $\mathcal{F}(I)$, $\mathcal{C}(I)$, $\mathcal{D}(I)$ のいずれの要素でもある．関数の積に関する $f(x)$ の逆元 $g(x)$ は $f(x)g(x) = 1$ となるような関数 $g(x)$ であるが，このような $g(x)$ は $x = a$ において定義されない．したがって，$\mathbb{R}[x]$, $\mathcal{F}(I)$, $\mathcal{C}(I)$, $\mathcal{D}(I)$ のいずれも積に関する $f(x)$ の逆元をもたず，体とはならない．

$\boxed{3}$ 一般に，写像 $f: X \to Y$, $g: Y \to Z$, $h: Z \to W$ の合成に関して結合律 $(f \circ g) \circ h = f \circ (g \circ h)$ が成り立つ．また，同じ集合の写像 $f: X \to X$ の場合は，恒等写像 $\mathrm{id}: X \to X$, $\mathrm{id}(x) = x$ に関して，常に $f \circ \mathrm{id} = \mathrm{id} \circ f = f$ が成り立つ．この問題の場合，線形変換 $f \in \mathcal{L}(\mathbb{R}^n)$ に対して，定理 8.1 (p.132) から n 次正方行列 A がただ一つ対応し，f が 1 対 1 写像であることから第 8 章の章末問題 5 により上への写像でもあり，したがって逆写像 f^{-1} をもつ．ゆえに，$\mathcal{L}(\mathbb{R}^n)$ は写像の合成に関して群をなす．

別解：定理 8.1 と第 8 章の章末問題 5 により，$\mathcal{L}(\mathbb{R}^n)$ は n 次正則行列全体の集合 $GL(n,\mathbb{R})$ と 1 対 1 に対応し (8.3 節 〔1〕の，逆写像には逆行列が対応することを用いる)，かつ，写像の合成は行列の積に対応する (8.3 節 〔3〕)．9.1 節 〔1〕の例 5 より，$GL(n,\mathbb{R})$ が行列の積に関して群をなすことを用いれば，$\mathcal{L}(\mathbb{R}^n)$ が写像の合成に関して群をなすことが示される．

$\boxed{4}$ n 次直交行列全体の集合を $O(n)$ で表す．$A, B \in O(n)$ とすると，定義から ${}^t\!AA = E$, ${}^t\!BB = E$. このとき，第 3 章の章末問題 1 (2) を用いれば，${}^t(AB)(AB) = ({}^t\!B{}^t\!A)(AB) = {}^t\!B({}^t\!AA)B = {}^t\!BEB = {}^t\!BB = E$. したがって，$AB \in O(n)$. 明らかに $E \in O(n)$ である．また，$A \in O(n)$ ならば，${}^t\!AA = E$ より ${}^t\!A = A^{-1}$ であることに注意して，$AA^{-1} = E$ の両辺の転置行列をとれば，${}^t(A^{-1}){}^t\!A = E$ だから，これに ${}^t\!A = A^{-1}$ を代入して，${}^t(A^{-1})(A^{-1}) = E$. これは A^{-1} が直交行列であることを示す．行列の積は結合律を満たすから，$O(n)$ は行列の積に関して群をなす．直交行列と直交変換は 1 対 1 に対応し，行列の積に写像の合成が対応するから，$\mathcal{O}(\mathbb{R}^n)$ も写像の合成に関して群をなす．

$\boxed{5}$
(1) $m, n \in \mathbb{Z}$ とすると，$\rho_\theta{}^n = \rho_{n\theta}$ であることに注意すれば，$\rho_\theta{}^m \circ \rho_\theta{}^n = \rho_\theta{}^{m+n} \in \mathcal{R}_\theta$. 写像の合成に関する単位元は $\rho_\theta{}^0 \in \mathcal{R}_\theta$, $\rho_\theta{}^m$ の逆元は $\rho_\theta{}^{-m} \in \mathcal{R}_\theta$. したがって $\mathcal{R}_\theta$ は写像の合成に関して群をなす．

(2) θ/π が有理数で $\theta/\pi = m/n$ $(m, n \in \mathbb{Z})$ であるとすると，$\theta = m\pi/n$．このとき $k \equiv \ell \pmod{2n}$ なる k, ℓ に対して $k - \ell = 2nh$ $(h \in \mathbb{Z})$ だから，${\rho_\theta}^k = \rho_{k\theta} = \rho_{(\ell+2nh)\theta} = \rho_{\ell\theta + hm(2\pi)} = \rho_{\ell\theta} = {\rho_\theta}^\ell$．したがって ${\rho_\theta}^n$ $(n \in \mathbb{Z})$ の中で異なるものは高々 $2n$ 個である．ゆえに $\mathcal{R}_\theta$ は有限群である．

(3) θ/π が無理数であるとすると，もし ${\rho_\theta}^k = {\rho_\theta}^\ell$ $(k, \ell \in \mathbb{Z}, k \neq \ell)$ ならば，$k\theta = \ell\theta + h(2\pi)$ $(h \in \mathbb{Z})$ と表されるから $\theta/\pi = 2h/(k-\ell)$．これは θ/π が無理数であることに矛盾するから，任意の $k, \ell \in \mathbb{Z}$，$k \neq \ell$ に対して ${\rho_\theta}^k \neq {\rho_\theta}^\ell$ となり，$\mathcal{R}_\theta$ は無限個の要素からなる．

第 10 章

1
(1) $P = \begin{pmatrix} 1/\sqrt{2} & -1/\sqrt{2} \\ 1/\sqrt{2} & 1/\sqrt{2} \end{pmatrix}$, ${}^t\!PAP = \begin{pmatrix} 1 & 0 \\ 0 & -1 \end{pmatrix}$

(2) $P = \begin{pmatrix} 1/\sqrt{3} & 1/\sqrt{2} & 1/\sqrt{6} \\ 1/\sqrt{3} & 0 & -2/\sqrt{6} \\ 1/\sqrt{3} & -1/\sqrt{2} & 1/\sqrt{6} \end{pmatrix}$, ${}^t\!PAP = \begin{pmatrix} 0 & 0 & 0 \\ 0 & 1 & 0 \\ 0 & 0 & 3 \end{pmatrix}$

(3) $P = \begin{pmatrix} 1/\sqrt{3} & 1/\sqrt{2} & 1/\sqrt{6} \\ -1/\sqrt{3} & 0 & 2/\sqrt{6} \\ 1/\sqrt{3} & -1/\sqrt{2} & 1/\sqrt{6} \end{pmatrix}$, ${}^t\!PAP = \begin{pmatrix} -1 & 0 & 0 \\ 0 & 2 & 0 \\ 0 & 0 & 2 \end{pmatrix}$

2 λ, μ に対応する固有ベクトルをそれぞれ $\mathbf{p} = (p_i)$, $\mathbf{q} = (q_i)$ とおくと，

$$(A\mathbf{p}) \cdot \mathbf{q} = \left(\begin{pmatrix} a_{11} & \cdots & a_{1n} \\ \vdots & & \vdots \\ a_{n1} & \cdots & a_{nn} \end{pmatrix} \begin{pmatrix} p_1 \\ \vdots \\ p_n \end{pmatrix} \right) \cdot \begin{pmatrix} q_1 \\ \vdots \\ q_n \end{pmatrix}$$

$$= \begin{pmatrix} \sum_i a_{1i} p_i \\ \vdots \\ \sum_i a_{ni} p_i \end{pmatrix} \cdot \begin{pmatrix} q_1 \\ \vdots \\ q_n \end{pmatrix} = \sum_j \left(\sum_i a_{ji} p_i q_j \right) = \sum_{j,i} a_{ji} p_i q_j$$

同様に，$(A\mathbf{q}) \cdot \mathbf{p} = \sum_{j,i} a_{ji} q_i p_j$．ここでダミーインデックス（3.1 節 [1]（p.55）を参照）i, j を入れ替え，仮定から $a_{ij} = a_{ji}$ であることを用いれば，$(A\mathbf{q}) \cdot \mathbf{p} = \sum_{j,i} a_{ji} q_i p_j = \sum_{j,i} a_{ij} p_j q_i$．したがって，$(A\mathbf{q}) \cdot \mathbf{p} = (A\mathbf{p}) \cdot \mathbf{q}$．一方 $(A\mathbf{p}) \cdot \mathbf{q} = (\lambda \mathbf{p}) \cdot \mathbf{q} = \lambda(\mathbf{p} \cdot \mathbf{q})$ であり，$(A\mathbf{q}) \cdot \mathbf{p} = (\mu \mathbf{q}) \cdot \mathbf{p} = \mu(\mathbf{p} \cdot \mathbf{q})$ であるから，$(\lambda - \mu)(\mathbf{p} \cdot \mathbf{q}) = 0$．よって $\lambda \neq \mu$ より $\mathbf{p} \cdot \mathbf{q} = 0$ となり，$\mathbf{p}$ と $\mathbf{q}$ は垂直である．

3 a, b に対応する A の単位固有ベクトルをそれぞれ $\mathbf{p}, \mathbf{q}$ とする．定理 10.4 から $\mathbf{p}, \mathbf{q}$ は互いに垂直であるが，必要ならば $-\mathbf{q}$ をあらためて $\mathbf{q}$ とおくことにより，$\mathbf{p}$ を正の向きに $\pi/2$ 回転したものが $\mathbf{q}$ であるとしてもよい．角 θ を $\mathbf{p} = {}^t(\cos\theta, \sin\theta)$ となるようにと

れば，$\mathbf{q} = {}^t(\cos(\theta+\pi/2), \sin(\theta+\pi/2)) = {}^t(-\sin\theta, \cos\theta)$ となる．したがって $\mathbf{p}$, $\mathbf{q}$ を列ベクトルとする直交行列 $P = \begin{pmatrix} \cos\theta & -\sin\theta \\ \sin\theta & \cos\theta \end{pmatrix}$ は，原点のまわりの回転の行列となる．$B = \begin{pmatrix} a & 0 \\ 0 & b \end{pmatrix}$ とおけば，定理 10.7 により，${}^tPAP = B$ つまり $A = PB{}^tP = PBP^{-1}$ と表される．B の定める線形変換は φ であるから，P の定める回転を ρ とおくと，$f = \rho \circ \varphi \circ \rho^{-1}$ と表される．

4

(1) $\mathbf{a}\cdot\mathbf{b} = -1+1 = 0$, $\mathbf{b}\cdot\mathbf{c} = -1+1 = 0$, $\mathbf{c}\cdot\mathbf{a} = -2+1+1 = 0$. よって $\mathbf{a}$, $\mathbf{b}$, $\mathbf{c}$ は互いに垂直である．

(2) $\begin{pmatrix} -2/\sqrt{6} & 0 & 1/\sqrt{3} \\ 1/\sqrt{6} & -1/\sqrt{2} & 1/\sqrt{3} \\ 1/\sqrt{6} & 1/\sqrt{2} & 1/\sqrt{3} \end{pmatrix}$

(3) ${}^tPAP = \begin{pmatrix} -1 & 0 & 0 \\ 0 & 1 & 0 \\ 0 & 0 & 2 \end{pmatrix}$ だから，$A = P \begin{pmatrix} -1 & 0 & 0 \\ 0 & 1 & 0 \\ 0 & 0 & 2 \end{pmatrix} {}^tP = \begin{pmatrix} 0 & 1 & 1 \\ 1 & 1 & 0 \\ 1 & 0 & 1 \end{pmatrix}$.

5

(i) まず，$\mathbf{b}_1$, $\mathbf{b}_2$ がいずれも $\mathbf{0}$ でなく互いに垂直であり，$\mathbf{a}_1$, $\mathbf{a}_2$ の線形結合で表されることを示す．$\mathbf{b}_1 = \mathbf{a}_1 \neq \mathbf{0}$ である．$\mathbf{b}_2 = \mathbf{a}_2 - ((\mathbf{a}_2\mathbf{b}_1)/(\mathbf{b}_1\mathbf{b}_1))\mathbf{b}_1$ は $\mathbf{b}_1 = \mathbf{a}_1$ と $\mathbf{a}_2$ の線形結合である．もし $\mathbf{b}_2 = \mathbf{0}$ であるとすれば $\mathbf{a}_2 = ((\mathbf{a}_2\mathbf{b}_1)/(\mathbf{b}_1\mathbf{b}_1))\mathbf{a}_1$ となり，$\mathbf{a}_1$, $\mathbf{a}_2$ が 1 次独立であることに反する．したがって $\mathbf{b}_2 \neq \mathbf{0}$. また，$\mathbf{b}_2 = \mathbf{a}_2 - ((\mathbf{a}_2\mathbf{b}_1)/(\mathbf{b}_1\mathbf{b}_1))\mathbf{b}_1$ の両辺と $\mathbf{b}_1$ の内積をとれば，$\mathbf{b}_2 \cdot \mathbf{b}_1 = \mathbf{a}_2 \cdot \mathbf{b}_1 - ((\mathbf{a}_2\mathbf{b}_1)/(\mathbf{b}_1\mathbf{b}_1))\mathbf{b}_1 \cdot \mathbf{b}_1 = 0$. したがって，$\mathbf{b}_1$, $\mathbf{b}_2$ は互いに垂直である．

(ii) 次に，$\mathbf{b}_1, \cdots, \mathbf{b}_k$ がいずれも $\mathbf{0}$ でなく互いに垂直であり，$\mathbf{a}_1, \cdots, \mathbf{a}_k$ の線形結合で表されると仮定すれば，$\mathbf{b}_{k+1}$ も $\mathbf{0}$ でなく，$\mathbf{b}_1, \cdots, \mathbf{b}_k$ のいずれにも垂直であり，$\mathbf{a}_1, \cdots, \mathbf{a}_{k+1}$ の線形結合で表されることを示す．$\mathbf{b}_{k+1} = \mathbf{0}$ ならば，$\mathbf{a}_{k+1} = \sum_{i=1}^{k}((\mathbf{a}_{k+1}\mathbf{b}_i)/(\mathbf{b}_i\mathbf{b}_i))\mathbf{b}_i$ と表され $\mathbf{b}_1, \cdots, \mathbf{b}_k$ は $\mathbf{a}_1, \cdots, \mathbf{a}_k$ の線形結合だから $\mathbf{a}_{k+1}$ は $\mathbf{a}_1, \cdots, \mathbf{a}_k$ の線形結合となり，$\mathbf{a}_1, \cdots, \mathbf{a}_k, \mathbf{a}_{k+1}$ が 1 次独立であることに矛盾する．したがって $\mathbf{b}_{k+1} \neq \mathbf{0}$ であり，$\mathbf{b}_{k+1}$ は $\mathbf{a}_1, \cdots, \mathbf{a}_k, \mathbf{a}_{k+1}$ の線形結合で表される．$\mathbf{b}_{k+1} = \mathbf{a}_{k+1} - \sum_{i=1}^{k}((\mathbf{a}_{k+1}\mathbf{b}_i)/(\mathbf{b}_i\mathbf{b}_i))\mathbf{b}_i$ の両辺と $\mathbf{b}_j$ $(1 \leq j \leq k)$ の内積をとり，$\mathbf{b}_1, \cdots, \mathbf{b}_k$ が互いに垂直であることを用いれば，$\mathbf{b}_{k+1} \cdot \mathbf{b}_j = \mathbf{a}_{k+1} \cdot \mathbf{b}_j - ((\mathbf{a}_{k+1}\mathbf{b}_i)/(\mathbf{b}_j\mathbf{b}_j))\mathbf{b}_j \cdot \mathbf{b}_j = 0$. したがって，$\mathbf{b}_{k+1}$ は $\mathbf{b}_1, \cdots, \mathbf{b}_k$ のいずれにも垂直である．

(i) から出発し，帰納的に $k = 2, 3, \cdots, n-1$ として (ii) を適用すれば，$\mathbf{b}_1, \cdots, \mathbf{b}_n$ はいずれも $\mathbf{0}$ でなく互いに垂直であることが示される．

6 $\left\{ \begin{pmatrix} 1/\sqrt{2} \\ 1/\sqrt{2} \\ 0 \end{pmatrix}, \begin{pmatrix} 1/\sqrt{6} \\ -1/\sqrt{6} \\ 2/\sqrt{6} \end{pmatrix}, \begin{pmatrix} -1/\sqrt{3} \\ 1/\sqrt{3} \\ 1/\sqrt{3} \end{pmatrix} \right\}$

第11章

1

(1) $(x, y, z) = (-1/4, -1/4, -1/4)$

(2) $f(-1/4+h, -1/4+k, -1/4+\ell) = -3/8 + (h^2 + k^2 + \ell^2 + hk + k\ell + \ell h) + \cdots$

(3) $Q = h^2 + k^2 + \ell^2 + hk + k\ell + \ell h$ を $\begin{pmatrix} h \\ k \\ \ell \end{pmatrix} = \begin{pmatrix} 1/\sqrt{3} & -1/\sqrt{2} & -1/\sqrt{6} \\ 1/\sqrt{3} & 0 & 2/\sqrt{6} \\ 1/\sqrt{3} & 1/\sqrt{2} & -1/\sqrt{6} \end{pmatrix} \begin{pmatrix} \bar{h} \\ \bar{k} \\ \bar{\ell} \end{pmatrix}$ で標準化すると $2\bar{h}^2 + (1/2)\bar{k}^2 + (1/2)\bar{\ell}^2$. したがって,$f(x, y, z)$ は $(-1/4, -1/4, -1/4)$ で極小値 $-3/8$ をとる.

参考文献

微分積分学と同様に線形代数に関してもたくさんの教科書や参考書があるが，代表的なものとして

　[1] 佐武一郎『線型代数学』裳華房
　[2] 齋藤正彦『線型代数入門』東京大学出版会

を，そしてコンパクトにまとまった本として

　[3] 三宅敏恒『線形代数入門』培風館
　[4] 泉谷周一ほか『行列と連立1次方程式』共立出版

を挙げておく．また，行列に関する古典的な本として

　[5] 高木貞治『代数学講義』共立出版

を，そして群・環・体の入門書として

　[6] 片山孝次『代数学入門』新曜社

を紹介したい．振動や回路の微分方程式については

　[7] 卯本重郎『基礎電気数学』オーム社
　[8] 山本邦夫『工科系の物理』学術図書

を挙げておく．

索引

■ 英数字

1次
　　——従属　36, 41, 46, 48
　　——独立　35, 37, 41, 46, 48
2次
　　——曲線　212
　　——曲面　221
　　——形式　205
　　——形式の行列　206
　　——形式の標準化　207
　　——形式の標準形　206

n次元
　　——実数空間　39
　　——実数ベクトル　38
　　——複素数空間　44
　　——複素数ベクトル　44
nを法として合同　161

■ あ

位置ベクトル　5

エルミート積　45
円錐曲線　220
円のベクトル方程式　6

同じ型　9

■ か

解
　　——空間　146
　　——の自由度　123
　　——の重複度　192
階数　119
外積　31

回転の行列　139, 140
可換　16
　　——環　159
　　——群　158
核　151
角　41
拡大係数行列　21
加群　158
環　159

奇置換　65
基底　48
基本
　　——行列　115
　　——ベクトル　3, 38, 42
　　——変形　25
逆
　　——行列　17
　　——元　158
　　——数　168
　　——置換　62
　　——変換　142
球面のベクトル方程式　6
行　9
　　——に関する基本変形　115
　　——ベクトル　58
共役　44
行列　9
　　——式　66
　　——式の展開　88
　　——の定める線形写像　131
　　——のスカラー倍　10
　　——の和　10
虚部　42

偶置換　65
クラーメルの公式　108
クロネッカーのデルタ　54

群　158

係数行列　21
原点に関する対称移動　137

合成変換　141
交代行列　56
恒等
　　——置換　62
　　——変換　136
合同式　162
コーシー・シュワルツの不等式　40
互換　63
固有
　　——空間　183
　　——多項式　188
　　——値　182
　　——ベクトル　182
　　——方程式　188

■ さ ─────────────

差積　64
座標の平行移動　210
サラスの方法　68
三角行列　55

軸　117
次元　48
実行列　131
実数体　160
実対称行列　195
実部　42
自明な
　　——解　125
　　——部分ベクトル空間　146
シュミットの直交化　203
小行列　58
　　——式　85
消去法　25
剰余類　162

推移律　162
数ベクトル　38, 44
スカラー　9, 47
　　——3重積　80
　　——倍　39, 45

斉次連立1次方程式　125

整数環　159
正則　56
成分　9
　　——表示　3
正方行列　9
積　62, 159
絶対値　42
零
　　——行列　10
　　——ベクトル　2
線形
　　——演算　10
　　——空間　47
　　——結合　38
　　——写像　131, 174
　　——従属　36
　　——性　131
　　——独立　35
　　——変換　131

像　135, 151
相似変換　137

■ た ─────────────

体　160
対角
　　——行列　9, 55
　　——成分　9, 55
対称
　　——移動　138
　　——行列　56
　　——群　63
　　——律　162
互いに素　170
ダミーインデックス　55
単位
　　——行列　9
　　——元　158
　　——ベクトル　2

置換
　　——群　63
　　——の符号　65
直線のベクトル方程式　5
直交
　　——行列　144
　　——変換　145

転置行列　55

■な

内積　4
長さ　40, 46

■は

掃き出し法　25
掃き出す　117
反射律　162

非可換
　　——群　158
　　——性　16
非自明な解　125
左基本変形　115
左手系　150
ピボット　117

複素
　　——数体　161
　　——平面　42
部分
　　——空間の次元　147
　　——ベクトル空間　145
分割表示　58

平面
　　——のベクトル方程式　33
　　——の方程式　35
ベクトル　38, 47
　　——空間　47
　　——空間の公理　47
　　——の長さ　2

　　——のなす角　4
　　——の和　2
偏角　42
変数の直交変換　207

■ま

右基本変形　115
右手系　150

無限次元　48

■や

有限
　　——群　161
　　——体　161
有向線分　1
有理数体　160

余因子　85
要素　9

■ら

零因子　16
列　9
　　——に関する基本変形　115
　　——ベクトル　58
連成振動　227
連立
　　——1次方程式　20
　　——微分方程式　224

■わ

和　39, 45, 159

【著者紹介】

田澤義彦（たざわ・よしひこ）

　　　　　　1942年生まれ
　学　歴　北海道大学理学部数学科卒業
　　　　　北海道大学大学院修士課程修了（数学専攻）
　　　　　ミシガン州立大学大学院博士課程修了（数学専攻），ph.D.
　現　在　東京電機大学情報環境学部教授

しっかり学ぶ　線形代数

2007年4月10日　第1版1刷発行　　ISBN 978-4-501-62220-6 C3041
2012年5月20日　第1版2刷発行

　著　者　田澤義彦
　　　　　© Tazawa Yoshihiko　2007

　発行所　学校法人　東京電機大学　〒120-8551 東京都足立区千住旭町5番
　　　　　東京電機大学出版局　　　〒101-0047 東京都千代田区内神田1-14-8
　　　　　　　　　　　　　　　　　Tel. 03-5280-3433（営業）03-5280-3422（編集）
　　　　　　　　　　　　　　　　　Fax. 03-5280-3563　振替口座 00160-5-71715
　　　　　　　　　　　　　　　　　http://www.tdupress.jp/

JCOPY　<(社)出版者著作権管理機構 委託出版物>

本書の全部または一部を無断で複写複製（コピーおよび電子化を含む）することは，著作権法上での例外を除いて禁じられています。本書からの複写を希望される場合は，そのつど事前に，(社)出版者著作権管理機構の許諾を得てください。また，本書を代行業者等の第三者に依頼してスキャンやデジタル化をすることはたとえ個人や家庭内での利用であっても，いっさい認められておりません。

［連絡先］Tel. 03-3513-6969，Fax. 03-3513-6979，E-mail: info@jcopy.or.jp

制作：(株)グラベルロード　印刷：新灯印刷(株)　製本：渡辺製本(株)
装丁：福田和雄(FUKUDA DESIGN)
落丁・乱丁本はお取り替えいたします。　　　　　　　　　　Printed in Japan